普通高等学校计算机教育
"十二五"规划教材

卓越工程师培养计划推荐教材
——软件开发类

SQL Server

数据库
管理、开发与实践

■ 郑诚 主编 　■ 余美华 王国明 李力东 副主编

人民邮电出版社
北京

图书在版编目（CIP）数据

SQL Server数据库管理、开发与实践 / 郑诚主编
. -- 北京：人民邮电出版社，2012.12
普通高等学校计算机教育"十二五"规划教材
ISBN 978-7-115-29789-1

Ⅰ．①S… Ⅱ．①郑… Ⅲ．①关系数据库系统－数据
库管理系统－高等学校－教材 Ⅳ．①TP311.138

中国版本图书馆CIP数据核字(2012)第287375号

内 容 提 要

本书作为 SQL Server 技术课程的教材，系统全面地介绍了有关 SQL Server 及 SQL 语言的各类知识，并分别结合 Visual Basic、ASP.NET 和 JSP 这 3 种语言讲述了 SQL Server 数据库在实际开发中的应用。全书共分 16 章，内容包括数据库基础、认识 SQL Server 2008、Transact-SQL 语法基础、数据库和表、SQL 查询、视图操作、索引与数据完整性、SQL 常用函数、存储过程和触发器、游标的使用、事务与锁、SQL Server 2008 的维护、SQL Server 2008 数据库安全、综合案例——图书综合管理系统、课程设计——ASP.NET+SQL Server 2008 实现图书馆管理系统、课程设计——JSP+SQL Server 2008 实现博客网站。全书每章内容都与实例紧密结合，有助于学生对知识点的理解和应用，达到学以致用的目的。

本书附有配套 DVD 光盘，光盘中提供有本书所有实例、综合实例、实验、综合案例和课程设计的源代码、制作精良的电子课件 PPT 及教学录像。其中，源代码全部经过精心测试，能够在 Windows XP、Windows 2003、Windows 7 系统下编译和运行。

本书可作为应用型本科计算机类专业、软件学院、高职软件专业及相关专业的教材，同时也适合 SQL Server 爱好者以及初、中级的程序开发人员参考使用。

普通高等学校计算机教育"十二五"规划教材

SQL Server 数据库管理、开发与实践

◆ 主　编　郑　诚
　　副主编　余美华　王国明　李力东
　　责任编辑　刘　博

◆ 人民邮电出版社出版发行　北京市崇文区夕照寺街 14 号
　　邮编　100061　电子邮件　315@ptpress.com.cn
　　网址　http://www.ptpress.com.cn
　　北京昌平百善印刷厂印刷

◆ 开本：787×1092　1/16
　　印张：24.75　　　　2012 年 12 月第 1 版
　　字数：647 千字　　2012 年 12 月北京第 1 次印刷

ISBN 978-7-115-29789-1

定价：52.00 元（附光盘）

读者服务热线：(010)67170985　印装质量热线：(010)67129223
反盗版热线：(010)67171154

前　言

SQL Server 是由美国微软公司制作并发布的一种性能优越的关系型数据库管理系统（Relational Database Management System，简称 RDBMS），其具有良好的数据库设计、管理与网络功能，因此成为数据库产品的首选。目前，无论是高校的计算机专业还是 IT 培训学校，都将 SQL Server 作为教学内容之一，这对于培养学生的计算机应用能力具有非常重要的意义。

在当前的教育体系下，实例教学是计算机语言教学的最有效的方法之一。本书将 SQL Server 知识和实例有机结合起来，一方面，知识讲解全面、系统，另一方面，设计典型的实例，将实例融入到知识讲解中，使知识与实例相辅相成，既有利于学生学习知识，又有利于指导学生实践。另外，本书在每一章的后面还提供了习题和实验，方便读者及时验证自己的学习效果（包括理论知识和动手实践能力）。

本书作为教材使用时，课堂教学建议 40～50 学时，实验教学建议 14～22 学时。各章主要内容和学时建议分配如下，老师可以根据实际教学情况进行调整。

章	主要内容	课堂学时	实验学时
第 1 章	数据库基础，包括数据库系统简介、数据模型、数据库的体系结构	1	
第 2 章	SQL Server 2008 概述，包括初识 SQL Server 2008、SQL Server 2008 的安装、SQL Server 2008 的服务、注册 SQL Server 2008 服务器	2	
第 3 章	Transact-SQL 语法基础，包括 T-SQL 概述、常量、变量、注释符、运算符与通配符、流程控制。综合实例——修改数据库中的表	4	1
第 4 章	数据库和表，包括认识数据库、SQL Server 的命名规范、数据库操作、数据表操作、数据操作、表与表之间的关联。综合实例——批量插入数据	2	1
第 5 章	SQL 查询，包括 Select 检索数据、UNION 合并多个查询结果、子查询与嵌套查询、联接查询、使用 CASE 函数进行查询。综合实例——按照升序排列前三的数据	6	1
第 6 章	视图操作，包括视图概述、视图中的数据操作。综合实例——使用视图过滤数据	2	
第 7 章	索引与数据完整性，包括索引的概念、索引的优缺点、索引的分类、索引的操作、索引的分析与维护、全文索引、数据完整性。综合实例——Transact-SQL 维护全文索引	4	1
第 8 章	SQL 常用函数，包括聚合函数、数学函数、字符串函数、日期和时间函数、转换函数、元数据函数。综合实例——查看商品信息表中价格最贵的记录	4	1

续表

章	主要内容	课堂学时	实验学时
第 9 章	存储过程和触发器，包括存储过程概述、存储过程的创建与管理、触发器概述、触发器的创建与管理。综合实例——使用触发器向 MingRiBook 数据库的 user 表中添加数据	2	1
第 10 章	游标的使用，包括游标的概述、游标的基本操作、使用系统过程查看游标。综合实例——利用游标在商品表中返回指定商品行数据	2	1
第 11 章	事务与锁，包括事务的概念、显式事务与隐式事务、使用事务、锁、分布式事务处理。综合实例——使用事务对表进行添加和查询操作	3	1
第 12 章	SQL Server 2008 的维护，包括分离和附加数据库、导入导出数据、备份和恢复数据库、收缩数据库和文件、生成与执行 SQL 脚本。综合实例——查看用户创建的所有数据库	2	1
第 13 章	SQL Server 2008 数据库安全，包括数据库安全概述、登录管理、用户及权限管理。综合实例——设置数据库的访问权限	2	1
第 14 章	综合案例——图书综合管理系统，包括需求分析、总体设计、数据库设计、公共模块设计、主要模块开发、程序调试	6	
第 15 章	课程设计——ASP.NET+SQL Server 2008 实现图书馆管理系统，包括课程设计目的、功能描述、总体设计、数据库设计、实现过程、调试运行、课程设计总结	5	
第 16 章	JSP+SQL Server 2008 实现博客网站，包括课程设计目的、功能描述、总体设计、数据库设计、实现过程、调试运行、课程设计总结	5	

本书由郑诚主编，余美华（江西信息应用职业技术学院）、王国明（安徽理工大学）、李力东副主编，其中余美华老师编写了第 4、5、6、7 章，王国明老师编写了第 8、9、10 章。

由于编者水平有限，书中难免存在疏漏和不足之处，敬请广大读者批评指正，使本书得以改进和完善。

编　者

2012 年 10 月

目　录

第1章
数据库基础

本章要点:

- 什么是 SQL 程序语言
- 数据库技术的发展
- 数据库系统的组成
- 常见的数据模型
- 关系数据库的规范化

SQL 是结构化查询语言(Structured Query Language),该语言是用来访问关系数据库的语言,用于表达由数据库服务器处理的语句。本章将简单介绍 SQL 语言、数据库系统。

1.1 数据库系统简介

数据库系统(DataBase System)是由数据库及其管理软件组成的系统,人们常把与数据库有关的硬件和软件系统称为数据库系统。

1.1.1 数据库技术的发展

数据库技术是应数据管理任务的需求而产生的,随着计算机技术的发展,对数据管理技术也不断地提出更高的要求,其先后经历了人工管理、文件系统和数据库系统 3 个阶段。下面分别对这 3 个阶段进行介绍。

1. 人工管理阶段

20 世纪 50 年代中期以前,计算机主要用于科学计算。当时硬件和软件设备都很落后,数据基本依赖于人工管理。人工管理数据具有如下特点。

- 数据不保存。
- 使用应用程序管理数据。
- 数据不共享。
- 数据不具有独立性。

2. 文件系统阶段

20 世纪 50 年代后期到 60 年代中期,硬件和软件技术都有了进一步发展,有了磁盘等存储设备和专门的数据管理软件即文件系统,该阶段具有如下特点。

- 数据可以长期保存。
- 由文件系统管理数据。
- 共享性差，数据冗余大。
- 数据独立性差。

3. 数据库系统阶段

20 世纪 60 年代后期以来，计算机应用于管理系统，而且规模越来越大，应用越来越广泛，数据量急剧增长，对共享功能的要求越来越强烈，这样使用文件系统管理数据已经不能满足要求，于是为了解决一系列问题，出现了数据库系统来统一管理数据。数据库系统的出现，满足了多用户、多应用共享数据的需求，比文件系统具有明显的优点，标志着数据管理技术的飞跃。

1.1.2　数据库系统的组成

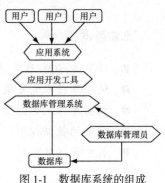

图 1-1　数据库系统的组成

数据库系统（DataBase System，缩写为 DBS）是采用数据库技术的计算机系统，是由数据库（数据）、数据库管理系统（软件）、数据库管理员（人员）、硬件平台（硬件）和软件平台（软件）5 部分构成的运行实体。其中数据库管理员（DataBase Administrator，缩写为 DBA）是对数据库进行规划、设计、维护和监视等的专业管理人员，在数据库系统中起着非常重要的作用。

1.2　数据模型

数据模型是一种对客观事物抽象化的表现形式，它对客观事物加以抽象，通过计算机来处理现实世界中的具体事物。它客观地反映了现实世界，易于理解，与人们对外部事物描述的认识相一致。

1.2.1　数据模型的概念

数据模型是数据库系统的核心与基础，是关于描述数据与数据之间的联系、数据的语义、数据一致性约束的概念性工具的集合。

数据模型通常是由数据结构、数据操作和完整性约束 3 部分组成的，其说明分别如下。

- 数据结构：是对系统静态特征的描述，描述对象包括数据的类型、内容、性质和数据之间的相互关系。
- 数据操作：是对系统动态特征的描述，是对数据库各种对象实例的操作。
- 完整性约束：是完整性规则的集合，它定义了给定数据模型中数据及其联系所具有的制约和依存规则。

1.2.2　常见的数据模型

常用的数据库数据模型主要有层次模型、网状模型和关系模型，下面分别进行介绍。

（1）层次模型：用树形结构表示实体类型及实体间联系的数据模型称为层次模型。它具有以下特点。

❑　每棵树有且仅有一个无双亲结点，称为根。

❑　树中除根外所有结点有且仅有一个双亲。

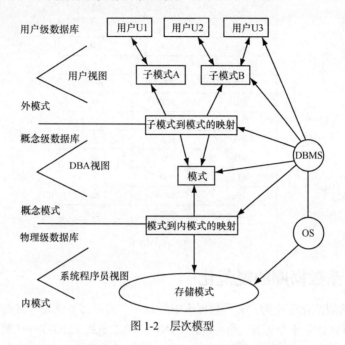

图 1-2　层次模型

（2）网状模型：用有向图结构表示实体类型及实体间联系的数据模型称为网状模型。用网状模型编写应用程序极其复杂，数据的独立性较差。

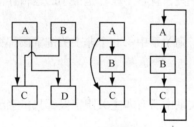

图 1-3　网状模型

（3）关系模型：以二维表来描述数据。关系模型中，每个表有多个字段列和记录行，每个字段列有固定的属性（数字、字符、日期等）。关系模型数据结构简单、清晰，具有很高的数据独立性，因此是目前主流的数据库数据模型。

关系模型的基本术语如下。

❑　关系：一个二维表就是一个关系。

❑　元组：就是二维表中的一行，即表中的记录。

❑　属性：就是二维表中的一列，用类型和值表示。

❑　域：每个属性取值的变化范围，如性别的域为{男，女}。

关系中的数据约束如下。

❑　实体完整性约束：约束关系的主键中属性值不能为空值。

❑　参照完整性约束：关系之间的基本约束。

❑　用户定义的完整性约束：它反映了具体应用中数据的语义要求。

学生信息表

学生姓名	年级	家庭住址
张三	2000	成都
李四	2000	北京
王五	2000	上海

成绩表

学生姓名	课程	成绩
张三	数学	100
张三	物理	95
张三	社会	90
李四	数学	85
李四	社会	90
王五	数学	80
王五	物理	75

图 1-4　关系模型

1.2.3　关系数据库的规范化

关系数据库的规范化理论为：关系数据库中的每一个关系都要满足一定的规范。根据满足规范的条件不同，可以分为 5 个等级：第一范式（1NF）、第二范式（2NF）……第五范式（5NF）。其中，NF 是 Normal Form 的缩写。一般情况下，只要把数据规范到第三范式标准就可以满足需要了。

（1）第一范式（1NF）。

在一个关系中，消除重复字段，且各字段都是最小的逻辑存储单位。

（2）第二范式（2NF）。

若关系模型属于第一范式，则关系中每一个非主关键字段都完全依赖于主关键字段，不能只部分依赖于主关键字的一部分。

（3）第三范式（3NF）。

若关系属于第一范式，且关系中所有非主关键字段都只依赖于主关键字段，第三范式要求去除传递依赖。

1.2.4　关系数据库的设计原则

数据库设计是指对于一个给定的应用环境，根据用户的需求，利用数据模型和应用程序模拟现实世界中该应用环境的数据结构和处理活动的过程。

数据库设计原则如下。

（1）数据库内数据文件的数据组织应获得最大限度的共享、最小的冗余度，消除数据及数据依赖关系中的冗余部分，使依赖于同一个数据模型的数据达到有效分离。

（2）保证输入、修改数据时数据的一致性与正确性。

（3）保证数据与使用数据的应用程序之间的高度独立性。

1.2.5　实体与关系

实体是指客观存在并可相互区别的事物。实体既可以是实际的事物，也可以是抽象的概念或关系。实体之间有 3 种关系，分别如下所示。

- 一对一关系：是指表 A 中的一条记录在表 B 中有且只有一条相匹配的记录。在一对一关系中，大部分相关信息都在一个表中。
- 一对多关系：是指表 A 中的行可以在表 B 中有许多匹配行，但是表 B 中的行只能在表 A 中有一个匹配行。
- 多对多关系：是指关系中每个表的行在相关表中具有多个匹配行。在数据库中，多对多关系的建立是依靠第 3 个表（称作连接表）实现的，连接表包含相关的两个表的主键列，然后从两个相关表的主键列分别创建与连接表中的匹配列的关系。

1.3　数据库的体系结构

数据库具有一个严谨的体系结构，这样可以有效地组织、管理数据，提高数据库的逻辑独立性和物理独立性。数据库领域公认的标准结构是三级模式结构。

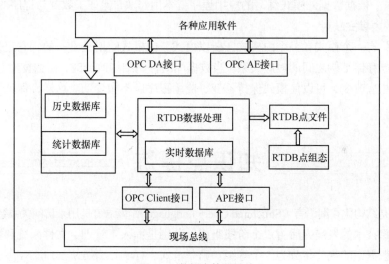

图 1-5　数据库体系结构

1.3.1　数据库三级模式结构

数据库系统的三级模式结构是指模式、外模式和内模式。下面分别进行介绍。

1. 模式

模式也称逻辑模式或概念模式，是数据库中全体数据的逻辑结构和特征的描述，是所有用户的公共数据视图。一个数据库只有一个模式。模式处于三级结构的中间层。

　　　定义模式时不仅要定义数据的逻辑结构，而且要定义数据之间的联系，定义与数据有关的安全性、完整性要求。

2. 外模式

外模式也称用户模式，它是数据库用户（包括应用程序员和最终用户）能够看见和使用的局部数据的逻辑结构和特征的描述，是数据库用户的数据视图，是与某一应用有关的数据的逻辑表示。外模式是模式的子集，一个数据库可以有多个外模式。

外模式是保证数据安全性的一个有力措施。

3. 内模式

内模式也称存储模式，一个数据库只有一个内模式。它是数据物理结构和存储方式的描述，是数据在数据库内部的表示方式。

1.3.2 三级模式之间的映射

为了能够在内部实现数据库的三个抽象层次的联系和转换，数据库管理系统在三级模式之间提供了两层映射，分别为外模式／模式映射和模式／内模式映射，下面分别介绍。

1. 外模式／模式映射

对于同一个模式可以有任意多个外模式。对于每一个外模式，数据库系统都有一个外模式／模式映射。当模式改变时，由数据库管理员对各个外模式／模式映射作相应的改变，可以使外模式保持不变。这样，依据数据外模式编写的应用程序就不用修改，保证了数据与程序的逻辑独立性。

2. 模式／内模式映射

数据库中只有一个模式和一个内模式，所以模式／内模式映射是唯一的，它定义了数据库的全局逻辑结构与存储结构之间的对应关系。当数据库的存储结构改变时，由数据库管理员对模式/内模式映射做相应改变，可以使模式保持不变，应用程序也不做变动。这样，保证了数据与程序的物理独立性。

知识点提炼

（1）SQL 是结构化查询语言（Structured Query Language），该语言是用来访问关系数据库的语言。

（2）数据库技术的发展先后由 3 个阶段组成，分别是：人工管理、文件系统和数据库系统。

（3）关系数据库的规范化分为 5 个等级：第一范式（1NF）、第二范式（2NF）……第五范式（5NF）。

（4）常用的数据库数据模型主要有层次模型、网状模型和关系模型。

（5）数据模型通常是由数据结构、数据操作和完整性约束 3 部分组成的。

（6）实体之间有 3 种关系：一对一关系，一对多关系和多对多关系

（7）数据库系统的三级模式结构是指模式、外模式和内模式。

习　　题

1-1　什么是 SQL 数据库？

1-2　常用的数据库数据模型主要有哪几种？

1-3　数据库的规范化有什么？分别对它们有什么样的理解？

1-4　实体与关系之间分为几种关系？

1-5　数据模型通常有哪三部分组成？

第2章
SQL Server 2008 概述

本章要点：

- SQL Server 2008 的特点
- SQL Server 2008 的安装
- SQL Server 2008 的服务
- 注册 SQL Server 2008 服务器

SQL Server 是由微软公司开发的一个大型的关系数据库系统。它为用户提供了一个安全、可靠、易管理和高端的客户/服务器数据库平台。SQL Server 数据库系列历经多次升级已经发展到 SQL Server 2008，SQL Server 2008 是 SQL Server 的最新版本，是迄今为止最强大和最全面的 SQL Server 版本。本章将对 SQL Server 2008 的基础内容进行讲解。

2.1 初识 SQL Server 2008

2.1.1 SQL Server 2008 的简介

SQL Server 2008 是一个重大的产品版本，它推出了许多新的特性和关键的改进，使得它成为至今为止最强大和最全面的 SQL Server 版本。SQL Server 是使用客户机/服务器体系结构的关系型数据库管理系统（RDBMS）。1996 年，微软公司推出了 SQL Server 6.5 版本，1998 年推出了 SQL Server 7.0 版本，2000 年推出了 SQL Server 2000，2005 年推出了 SQL Server 2005，2008 年推出了 SQL Server 2008。目前，SQL Server 已经是世界上应用最普遍的大型数据库之一。

SQL Server 2008 在 Microsoft 的数据平台上发布，可以随时随地地管理数据，可以将数据结构化、半结构化和非结构化文档的数据直接存储到数据库中。SQL Server 2008 提供了一系列丰富的集成服务，可以对数据进行查询、搜索、同步、报告和分析等操作。

2.1.2 SQL Server 2008 的特点

SQL Server 2008 使得企业可以运行它们最关键任务的应用程序，同时降低了管理数据基础设施以及发送观察和信息给所有用户的成本。SQL Server 2008 提供了一个可信的高效率智能数据平台，可以满足所有的数据需求。

1．SQL Server 2008 的主要特点

SQL Server 2008 的主要特点如下。

❑ 可信任的：使得公司可以以很高的安全性、可靠性和可扩展性来运行它们最关键任务的应用程序。

❑ 高效的：使得公司可以降低开发和管理其数据基础设施的时间和成本。

❑ 智能的：提供了一个全面的平台，可以在用户需要的时候给他发送观察和信息。

2．SQL Server 2008 组件中新增的功能

SQL Server 2008 数据库引擎引入了一些新功能和增强功能，这些功能可以提高设计、开发和维护数据存储系统的架构师，开发人员和管理员的能力以及工作效率，下面分别介绍。

❑ 数据库引擎方面增加的功能如下。

• 可用性增强功能：通过增强数据库镜像功能，Microsoft SQL Server 2008 数据库的可用性得到改进。可以使用数据库镜像创建备用服务器，从而提供快速故障转移且已提交的事务不会丢失数据。

• 易管理性增强功能：通过增强工具和监视功能，SQL Server 2008 数据库引擎的易管理性得到简化。

• 针对可编程性的增强功能：包括新数据存储功能、新数据类型、新全文搜索体系结构以及对 Transact-SQL 所做的许多改进和添加。

• 针对可扩展性和性能的增强功能：包括筛选索引和统计信息、新表和查询提示、新查询性能和查询处理功能。

• 针对安全性的增强功能：包括新加密函数、透明数据加密及可扩展密钥管理功能以及针对 DES 算法的澄清。

❑ Microsoft SQL Server Analysis Services 组件的新功能和增强功能如下。

• 创建维持测试集。

• 筛选模型事例。

• 多个挖掘模型的交叉验证。

• 支持 Office 2007 数据挖掘外接程序。

• Microsoft 时序算法的增强功能。

• 获取到结构事例和结构列。

• 对挖掘模型列使用别名。

• 查询数据挖掘架构行集。

• 新示例位置。

• 与 SQL Server 2005 Analysis Services 并行安装。

• 备份和还原 Analysis Services 数据库。

❑ Microsoft Integration Services 组件的新功能和增强功能如下。

• 安装功能：包括一个新示例位置以及对 Data Transformation Services 的支持。

• 组件增强功能：包括一个增强的查找转换、新增 ADO.NET 组件、新增数据事件探查功能、新的连接向导、新的脚本环境和升级选项。

• 数据管理增强功能：包括增强的数据类型处理、新的日期和时间数据类型以及增强的 SQL 语句。

• 性能和故障排除增强功能：包括一个新的更改数据捕获功能和新的调试转储文件。

❑　Microsoft SQL Server Reporting Services 组件的新功能和增强功能如下。

●　报表制作功能：介绍了 Tablix、图表和仪表数据区域，还介绍了对具有丰富格式的文本、新的数据源类型和 Report Builder 2.0 的支持。

●　针对报表处理和呈现的新增功能：介绍用于 Microsoft Word 的新增呈现扩展插件以及 Excel 和 CSV 呈现扩展插件的增强功能。

●　服务器体系结构和工具中的新增功能：介绍了可对以前由 Internet Information Services （IIS）提供的功能提供内在支持的新的报表服务器体系结构。

●　针对报表可编程性的新增功能：介绍用于提供报表定义预处理功能的新增服务器扩展插件，还介绍了用于 ReportServer2006 端点的新方法，这些方法可以消除之前在本机模式的报表服务器和 SharePoint 集成模式的报表服务器之间存在的功能差异。

❑　Microsoft SQL Server Service Broke 组件的新增功能如下。

●　支持会话优先级。

●　新的命令提示符实用工具，用于诊断 Service Broker 配置和会话。

●　新的性能对象和计数器。

●　支持 SQL Server Management Studio 中的 Service Broker。

3. SQL Server 2008 新增技术

SQL Server 2008 中新增的技术主要如下。

❑　Microsoft Sync Framework：Microsoft Sync Framework 是一个功能完善的同步平台，实现了应用程序、服务和设备的协作和脱机访问。它提供了一些可支持在脱机状态下漫游、共享和获取数据的技术和工具。

❑　Microsoft Sync Services for ADO.NET：Microsoft Sync Services for ADO.NET 支持在数据库之间进行同步，它提供了一个直观且灵活的 API，可用来构建面向脱机和协作应用方案的应用程序。

❑　SQL Server Compact：SQL Server Compact 可以创建精简版数据库，可将这些数据库部署到台式机和智能设备中。SQL Server Compact 与其他 SQL Server 版本共享一个通用的编程模型，可用于开发本机和托管应用程序。SQL Server Compact 提供了以下关系数据库功能：可靠的数据源、优化的查询处理器以及可伸缩的可靠连接。

2.2　SQL Server 2008 的安装

对 SQL Server 2008 有了初步了解之后，就可以安装 SQL Server 2008 了。由于 SQL Server 2008 的安装程序提供了浅显、易懂的图形化操作界面，所以安装过程相对简单、快捷。但是，因为 SQL Server 2008 是由一系列相互协作的组件构成的，又是网络数据库产品，所以安装时就必须要了解其中的选项含义及其参数配置，否则将直接影响安装过程。本节将向读者详细介绍 SQL Server 2008 的安装要求以及安装的全过程。

2.2.1　SQL Server 2008 安装必备

安装 SQL Server 2008 之前，首先要了解安装 SQL Server 2008 所需的必备条件。检查计算机的软硬件配置是否满足 SQL Server 2008 开发环境的安装要求，具体要求如表 2-1 所示。

软硬件	描　述
软件	SQL Server 安装程序需要使用 Microsoft Windows Installer 4.5 或更高版本以及 Microsoft 数据访问组件(MDAC) 2.8 SP1 或更高版本
处理器	1.4GHz 处理器，建议使用 2.0 GHz 或速度更快的处理器
RAM	最小 512MB，建议使用 1.024GB 或更大的内存
可用硬盘空间	至少 2.0 GB 的可用磁盘空间
CD-ROM 驱动器或 DVD-ROM	从磁盘进行安装时需要相应的 CD 或 DVD 驱动器
显示器	SQL Server 2008 图形工具需要使用 VGA 或更高分辨率：分辨率至少为 1 024 像素×768 像素

表 2-1　　安装 SQL Server 2008 所需的必备条件

2.2.2　SQL Server 2008 的安装

安装 SQL Server 2008 数据库的步骤如下。

（1）将安装盘放入光驱，光盘会自动运行，运行界面如图 2-1 所示。

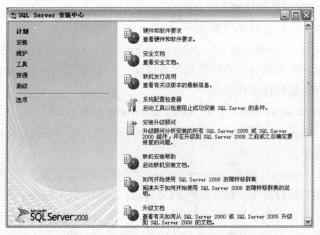

图 2-1　SQL Server 安装中心

（2）在 SQL Server 安装中心窗体中单击左侧的"安装"选项，如图 2-2 所示。

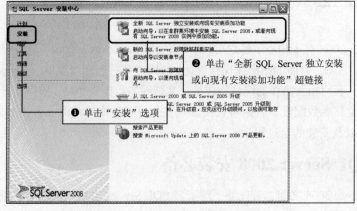

图 2-2　单击左侧的"安装"选项

（3）单击"全新 SQL Server 独立安装或向现有安装添加功能"超链接，打开"安装程序支持规则"窗口，如图 2-3 所示。

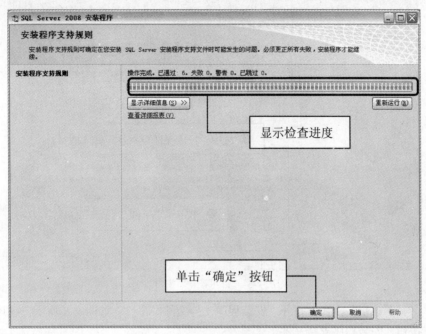

图 2-3　"安装程序支持规则"窗口

（4）单击"确定"按钮，打开"产品密钥"窗口，如图 2-4 所示，在该窗口中输入产品密钥。

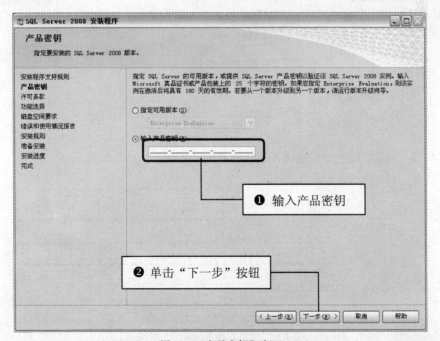

图 2-4　"产品密钥"窗口

（5）单击"下一步"按钮，进入"许可条款"窗口，如图 2-5 所示，选中"我接受许可条款"复选框。

图 2-5 "许可条款"窗口

（6）单击"下一步"按钮，打开"安装程序支持文件"窗口，如图 2-6 所示，在该窗口中单击"安装"按钮，安装程序支持文件。

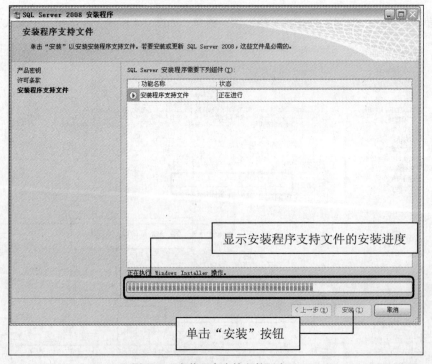

图 2-6 "安装程序支持文件"窗口

（7）安装完程序支持文件后，窗体上会出现"下一步"按钮，单击"下一步"按钮，进入"安装程序支持规则"窗口，如图 2-7 所示，该窗口中，如果所有规则都通过，则"下一步"按钮可用。

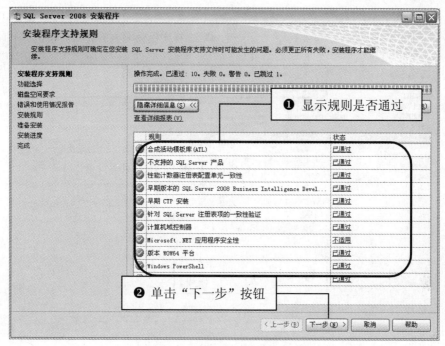

图 2-7　"安装程序支持规则"窗口

（8）单击"下一步"按钮，进入"功能选择"窗口，这里可以选择要安装的功能，如果全部安装，则可以单击"全选"按钮进行选择，如图 2-8 所示。

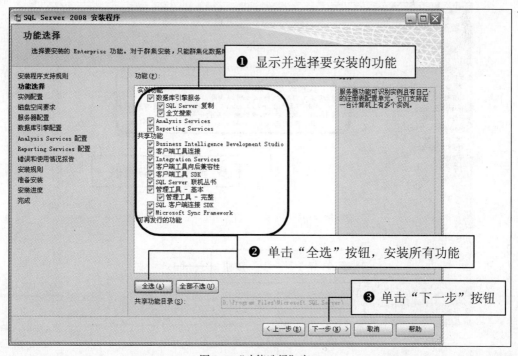

图 2-8　"功能选择"窗口

（9）单击"下一步"按钮，进入"实例配置"窗口，在该窗口中选择实例的命名方式并命名实例，然后选择实例根目录，如图 2-9 所示。

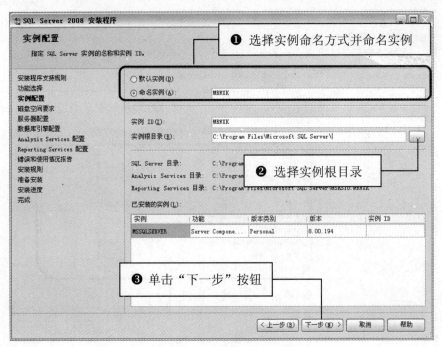

图 2-9 "实例配置"窗口

（10）单击"下一步"按钮，进入"磁盘空间要求"窗口，该窗口中显示安装 SQL Server 2008 所需的磁盘空间，如图 2-10 所示。

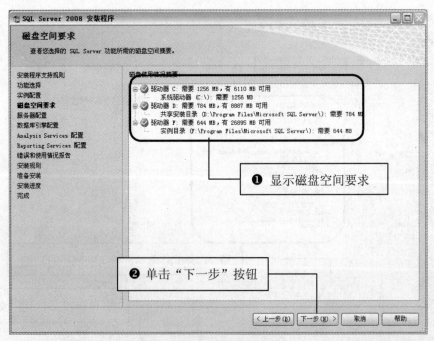

图 2-10 "磁盘空间要求"窗口

（11）单击"下一步"按钮，进入"服务器配置"窗口，如图 2-11 所示，在该窗口中，单击"对所有 SQL Server 服务使用相同的账户"按钮，以便为所有的 SQL Server 服务设置统一账户。

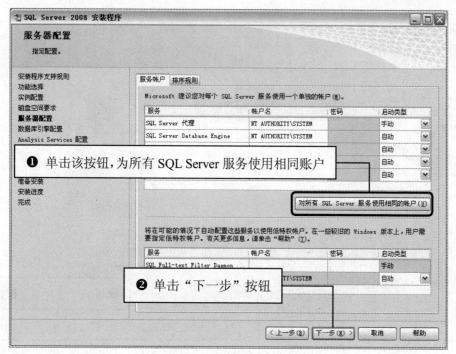

图 2-11　"服务器配置"窗口

（12）单击"下一步"按钮，进入"数据库引擎配置"窗口，在该窗口中选择身份验证模式，并输入密码。然后单击"添加当前用户"按钮，如图 2-12 所示。

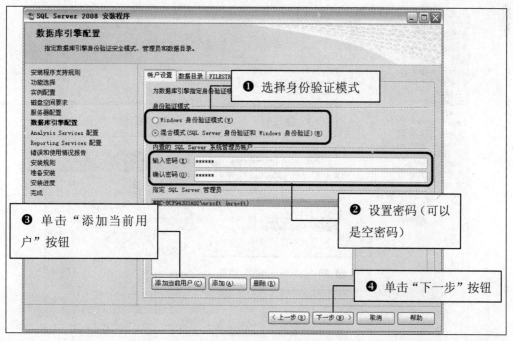

图 2-12　"数据库引擎配置"窗口

（13）单击"下一步"按钮，进入"Analysis Services 配置"窗口，在该窗口中单击"添加当前用户"按钮，如图 2-13 所示。

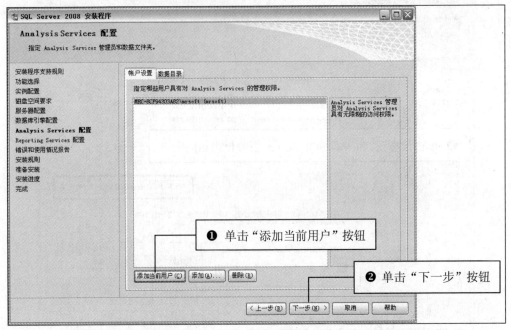

图 2-13 "Analysis Services 配置"窗口

（14）单击"下一步"按钮，进入"Reporting Services 配置"窗口，在该窗口中选择"安装本机模式默认配置"单选按钮，如图 2-14 所示。

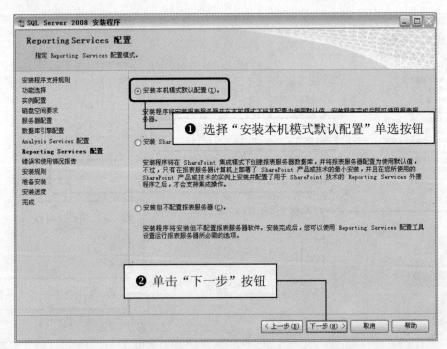

图 2-14 "Reporting Services 配置"窗口

（15）单击"下一步"按钮，进入"错误和使用情况报告"窗口，如图 2-15 所示。该窗口中设置是否将错误和使用情况报告发送到 Microsoft，这里选择默认设置。

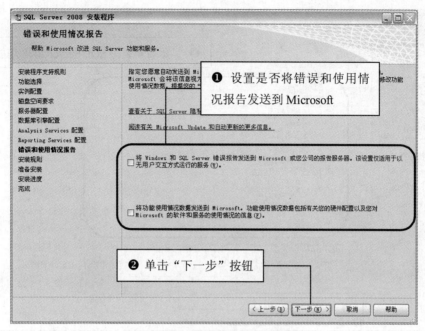

图 2-15　"错误和使用情况报告"窗口

（16）单击"下一步"按钮，进入"安装规则"窗口，如图 2-16 所示。该窗口中，如果所有规则都通过，则"下一步"按钮可用。

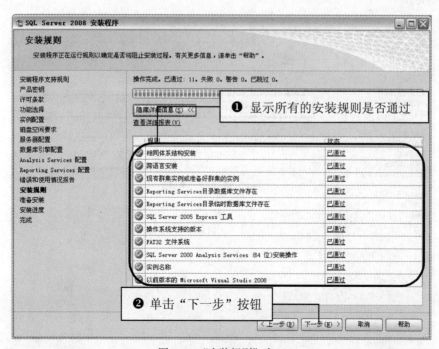

图 2-16　"安装规则"窗口

（17）单击"下一步"按钮，进入"准备安装"窗口，如图 2-17 所示。该窗口中显示准备安装的 SQL Server 2008 功能。

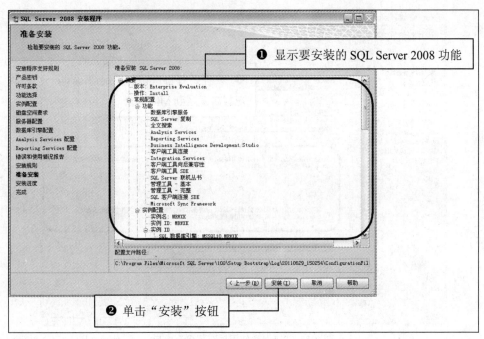

图 2-17 "准备安装"窗口

（18）单击"安装"按钮，进入"安装进度"窗口，如图 2-18 所示。该窗口中显示 SQL Server 2008 的安装进度。

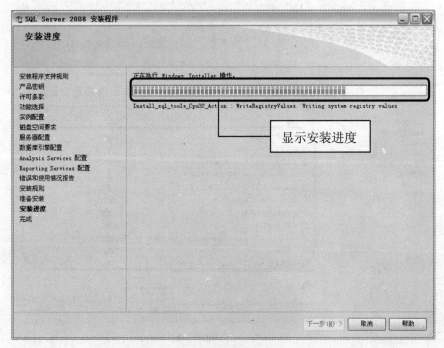

图 2-18 "安装进度"窗口

（19）安装完成后，在"安装进度"窗口中显示安装的所有功能，如图 2-19 所示。

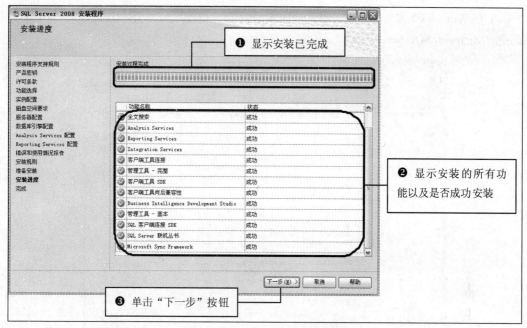

图 2-19　显示安装的所有功能

（20）单击"下一步"按钮，进入"完成"窗口，如图 2-20 所示。单击"关闭"按钮，即可完成 SQL Server 2008 的安装。

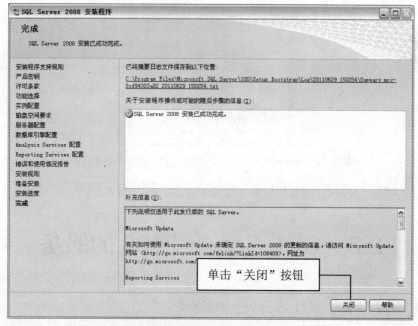

图 2-20　"完成"窗口

2.2.3　SQL Server 2008 的卸载

如果 SQL Server 2008 损坏而导致无法使用时，读者可以将其卸载。卸载 SQL Server 2008 的步骤如下。

（1）在 Windows 7 操作系统中，打开"控制面板"/"程序"/"程序和功能"，在打开的窗口中选中"Microsoft SQL Server 2008"，如图 2-21 所示。

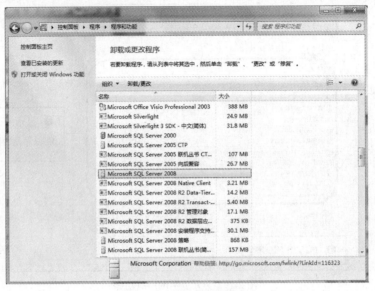

图 2-21　添加或删除程序

（2）选中"Microsoft SQL Server 2008"后，单击"卸载/更改"按钮进入 Microsoft SQL Server 2008 的添加、修复和删除页面，如图 2-22 所示。

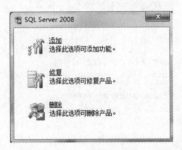

图 2-22　Microsoft SQL Server 2008 添加、修复和删除页面

（3）单击"删除"按钮，即可根据向导卸载 SQL Server 2008 数据库。

2.3　SQL Server 2008 的服务

2.3.1　后台启动 SQL Server 2008

后台启动 SQL Server 2008 服务的操作步骤如下。

（1）选择"开始"/"控制面板"/"系统和安全"/"管理工具"/"服务"命令，打开"服务"窗口。

（2）在"服务"窗口中找到需要启动的 SQL Server 2008 服务，单击鼠标右键，弹出的快捷菜单如图 2-23 所示。

图 2-23　"服务"窗口

（3）在弹出的快捷菜单中选择"启动"命令，等待 Windows 启动 SQL Server 2008 的服务。

2.3.2　通过 SQL Server 配置管理器启动 SQL Server2008

通过 SQL Server 配置管理器（即 SQL Server Configuration Manager）启动 SQL Server 2008 服务的步骤如下。

（1）选择"开始"/"所有程序"/"Microsoft SQL Server 2008"/"配置工具"/"SQL Server 配置管理器"命令，打开"SQL Server Configuration Manager"管理工具。

（2）选择"SQL Server Configuration Manager"管理工具中左边树型结构下"SQL Server 服务"，这时右边将显示 SQL Server 中的服务，如图 2-24 所示。

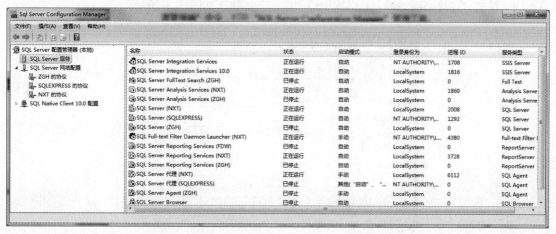

图 2-24　"SQL Server Configuration Manager"管理工具

（3）在"SQL Server Configuration Manager"管理工具右边列出的 SQL Server 服务中选择需要启动的服务，单击鼠标右键，在弹出的快捷菜单中选择"启动"命令，启动所选中的服务。如图 2-25 所示。

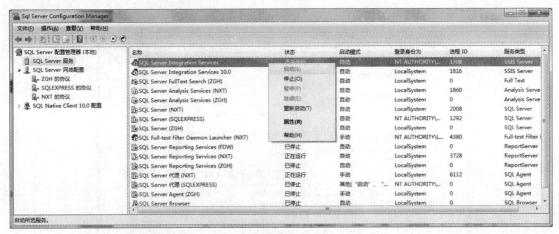

图 2-25　在"SQL Server Configuration Manager"管理工具中启动 SQL Server 的服务

2.4　注册 SQL Server 2008 服务器

创建服务器组可以将众多已注册的服务器进行分组化的管理。而通过注册服务器，可以储存服务器连接的信息，以供在连接该服务器时使用。

2.4.1　服务器组的创建与删除

1. 创建服务器组

使用 SQL Server 2008 创建服务器组的步骤如下。

（1）选择"开始"/"所有程序"/"Microsoft SQL Server 2008"/"SQL Server Management Studio"菜单打开"SQL Server Management Studio"工具。

（2）单击"连接到服务器"对话框中的"取消"按钮。如图 2-26 所示。

图 2-26　"连接到服务器"对话框

（3）执行 SQL Server Management Studio 中"视图"/"已注册的服务器"菜单命令，将"已注册的服务器"面板添加到 SQL Server Management Studio 中。添加"已注册的服务器"面板后的 SQL Server Management Studio 如图 2-27 所示。

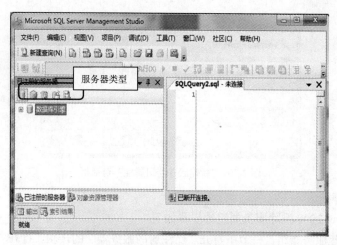

图 2-27　SQL Server Management Studio

（4）在"已注册的服务器"面板中选择服务器组要创建在哪种服务器类型当中。服务器类型如表 2-2 所示。

表 2-2　　　　　　　　　　　"已注册的服务器"面板中服务器的类型

图　标	服务器类型
	数据库引擎
	Analysis Services
	Reporting Services
	SQL Server Mobile Edition　数据库
	Integration Services

（5）选择服务器后，在"已注册的服务器"面板的显示服务器区域中选择"SQL Server 组"，单击鼠标右键，在弹出的快捷菜单中选择"新建服务器组"命令。如图 2-28 所示。

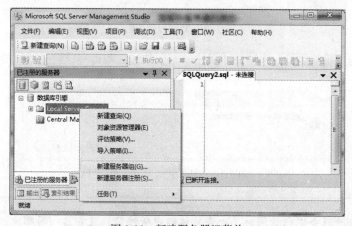

图 2-28　新建服务器组菜单

（6）在弹出的"新建服务器组属性"对话框中的"组名"文本框中输入要创建服务器组的名称；在"组说明"文本框中写入关于创建的这个服务器组的简要说明，如图 2-29 所示。信息输入完毕后，单击"确定"按钮即可完成服务器组的创建。

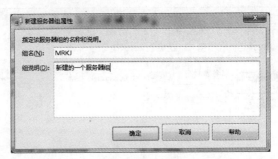

图 2-29　"新建服务器组属性"对话框

2. 删除服务器组

使用 SQL Server 2008 删除服务器组的步骤如下。

（1）按照"创建服务器组"一节中打开"已注册的服务器"的步骤，打开"已注册的服务器"页面。

（2）选择需要删除的服务器组，单击鼠标右键，在弹出的菜单中选择"删除"命令，如图 2-30 所示。

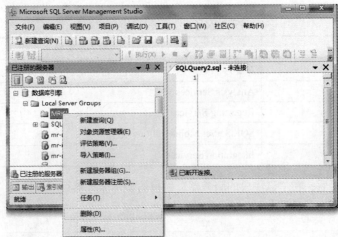

图 2-30　删除服务器组

（3）在弹出的"确认删除"对话框中单击"是"按钮，即可完成服务器组的删除，如图 2-31 所示。

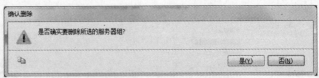

图 2-31　"确认删除"对话框

在删除服务器组的同时，也会将该组内所注册的服务器一同删除。

2.4.2　服务器的注册与删除

服务器是计算机的一种，它是网络上一种为客户端计算机提供各种服务的高性能的计算机，它在网络操作系统的控制下，也能为网络用户提供集中计算、信息发表及数据管理等服务。本节将讲解如何注册服务器以及删除服务器。

1．注册服务器

使用 SQL Server 2008 注册服务器的步骤如下。

（1）按照 2.4.1 节中打开"已注册的服务器"的步骤，打开"已注册的服务器"页面。

（2）选择完服务器后，在"已注册的服务器"页面的显示服务器区域中选择"SQL Server 组"，单击鼠标右键，在弹出的快捷菜单中选择"新建服务器注册"命令。如图 2-32 所示。

图 2-32　"新建服务器注册"菜单命令

（3）弹出"新建服务器注册"对话框。在"新建服务器注册"对话框中有"常规"与"连接属性"两个选项卡。

❑ "常规"选项卡中包括：服务器类型、服务器名称、登录时身份验证的方式、登录所用的用户名、密码、已注册的服务器名称、已注册的服务器说明等设置信息。"新建服务器注册"对话框的"常规"选项卡如图 2-33 所示。

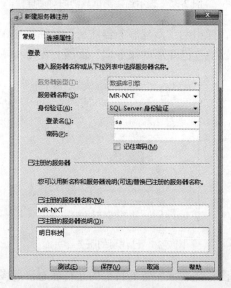

图 2-33　"新建服务器注册"对话框的"常规"选项卡

❑ "连接属性"选项卡中包括：所要连接服务器中的数据库、连接服务器时使用的网络协议、发送的网络数据包的大小、连接时等待建立连接的秒数、连接后等待任务执行的秒数等设置信息。"连接属性"选项卡如图 2-34 所示。

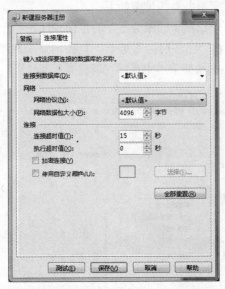

图 2-34 "新建服务器注册"对话框的"连接属性"选项卡

设置完成这些信息后，单击"测试"按钮，测试与所注册服务器的连接，如果成功连接，则弹出图 2-35 所示的对话框。

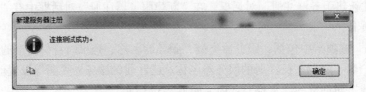

图 2-35 提示连接测试成功的对话框

单击"确定"按钮后，在弹出的"新建服务器注册"对话框中单击"保存"按钮，即可完成服务器的注册。注册了服务器的"已注册的服务器"面板如图 2-36 所示。

图 2-36 已注册的服务器页面

每个服务器名称前面的图标代表该服务器目前的运行状态。各图标所代表的服务器运行状态如表 2-3 所示。

表 2-3	图标所代表服务器运行状态的说明

图　标	含　义
	服务器正常运行
	服务器暂停运行
	服务器停止运行
	服务器无法联系

2. 删除服务器

使用 SQL Server 2008 删除服务器的步骤如下。

（1）按照 2.4.1 节中打开"已注册的服务器"的步骤，打开"已注册的服务器"页面。

（2）选择需要删除的服务器，单击鼠标右键，在弹出的菜单中选择"删除"命令。如图 2-37 所示。

图 2-37　删除服务器菜单

（3）在弹出的"确认删除"对话框中单击"是"按钮，即可完成注册服务器的删除，如图 2-38 所示。

图 2-38　"确认删除"对话框

知识点提炼

（1）SQL Server 2008 是一个重大的产品版本，它推出了许多新的特性和关键的改进，使得它成为至今为止最强大和最全面的 SQL Server 版本。SQL Server 是使用客户机/服务器体系结构的关系型数据库管理系统（RDBMS）。

（2）启动 SQL Server 2008 服务步骤：选择"开始"/"控制面板"/"系统和安全"/"管理工具"/"服务"命令，打开"服务"窗口，在弹出的快捷菜单中选择 SQL Server 2008"启动"命令，等待 Windows 启动 SQL Server 2008 的服务。

（3）SQL Server 2008 的卸载，选择"开始"/"控制面板"/"程序"/"程序和功能"就可以卸载或者更改服务。

（4）SQL Server 2008 的主要特点如下。

❑ 可信任的——使得公司可以以很高的安全性、可靠性和可扩展性来运行它们最关键任务的应用程序。

❑ 高效的——使得公司可以降低开发和管理其数据基础设施的时间和成本。

❑ 智能的——提供了一个全面的平台，可以在你的用户需要的时候给他发送观察和信息。

习　　题

2-1　如何介绍 SQL Server 2008？

2-2　SQL Server 2008 如何安装？

2-3　SQL Server 2008 怎样卸载？

2-4　怎样创建服务器组？

第3章
Transact-SQL 语法基础

本章要点：

- T-SQL 语言的组成
- T-SQL 语句结构
- T-SQL 语句分类
- 常量
- 变量
- 注释符、运算符与通配符
- 流程控制语句

Transact-SQL（T-SQL）是标准 SQL 程序设计语言的增强版，是应用程序与 SQL Server 数据库引擎沟通的主要语言。不管应用程序的用户接口是什么，都会通过 Transact-SQL 语句与 SQL Server 数据库引擎进行沟通。

3.1 T-SQL 概述

3.1.1 T-SQL 语言的组成

T-SQL 语言是具有强大查询功能的数据库语言。除此以外，T-SQL 还可以控制 DBMS 为其用户提供的所有功能，主要包括如下几种。

- 数据定义语言（DDL，Data Definition Language）：SQL 让用户定义存储数据的结构和组织，以及数据项之间的关系。
- 数据检索语言：SQL 允许用户或应用程序从数据库中检索存储的数据并使用它。
- 数据操作语言（DML，Data Manipulation Language）：SQL 允许用户或应用程序通过添加新数据、删除旧数据和修改以前存储的数据对数据库进行更新。
- 数据控制语言（DCL，Data Control Language）：可以使用 SQL 来限制用户检索、添加和修改数据的能力，保护存储的数据不被未授权的用户访问。
- 数据共享：可以使用 SQL 来协调多个并发用户共享数据，确保它们不会相互干扰。
- 数据完整性：SQL 在数据库中定义完整性约束条件，使它不会由不一致的更新或系统失败而遭到破坏。

因此，T-SQL 是一种综合性语言，用来控制并与数据库管理系统进行交互作用。T-SQL 是数据库子语言，包含大约 40 条专用于数据库管理任务的语句。各类的 SQL 语句分别如表 3-1～表 3-5 所示。

数据操作类 SQL 语句如表 3-1 所示。

表 3-1　　　　　　　　　　　　数据操作类 SQL 语句

语　句	功　能
SELECT	从数据库表中检索数据行和列
INSERT	把新的数据记录添加到数据库中
DELETE	从数据库中删除数据记录
UPDATE	修改现有的数据库中的数据

数据定义类 SQL 语句如表 3-2 所示。

表 3-2　　　　　　　　　　　　数据定义类 SQL 语句

语　句	功　能
CREATE TABLE	在一个数据库中创建一个数据库表
DROP TABLE	从数据库删除一个表
ALTER TABLE	修改一个现存表的结构
CREATE VIEW	把一个新的视图添加到数据库中
DROP VIEW	从数据库中删除视图
CREATE INDEX	为数据库表中的一个字段构建索引
DROP INDEX	从数据库表中的一个字段中删除索引
CREATE PROCEDURE	在一个数据库中创建一个存储过程
DROP PROCEDURE	从数据库中删除存储过程
CREATE TRIGGER	创建一个触发器
DROP TRIGGER	从数据库中删除触发器
CREATE SCHEMA	向数据库添加一个新模式
DROP SCHEMA	从数据库中删除一个模式
CREATE DOMAIN	创建一个数据值域
ALTER DOMAIN	改变域定义
DROP DOMAIN	从数据库中删除一个域

数据控制类 SQL 语句如表 3-3 所示。

表 3-3　　　　　　　　　　　　数据控制类 SQL 语句

语　句	功　能
GRANT	授予用户访问权限
DENY	拒绝用户访问
REVOKE	删除用户访问权限

事务控制类 SQL 语句如表 3-4 所示。

表 3-4　　　　　　　　　　　　　　事务控制类 SQL 语句

语　　句	功　　能
COMMIT	结束当前事务
ROLLBACK	中止当前事务
SET TRANSACTION	定义当前事务数据访问特征

程序化 SQL 语句如表 3-5 所示。

表 3-5　　　　　　　　　　　　　　程序化 SQL 语句

语　　句	功　　能
DECLARE	定义查询游标
EXPLAN	描述查询描述数据访问计划
OPEN	检索查询结果打开一个游标
FETCH	检索一条查询结果记录
CLOSE	关闭游标
PREPARE	为动态执行准备 SQL 语句
EXECUTE	动态地执行 SQL 语句
DESCRIBE	描述准备好的查询

3.1.2　T–SQL 语句结构

每条 SQL 语句均由一个谓词（Verb）开始，该谓词描述这条语句要产生的动作，例如 SELECT 或 UPDATE 关键字。谓词后紧接着一个或多个子句（Clause），子句中给出了被谓词作用的数据或提供谓词动作的详细信息。每一条子句都由一个关键字开始。下面以 SELECT 语句为例介绍 T-SQL 语句的结构，语法格式如下。

```
SELECT  子句
[INTO 子句]
FROM 子句
[WHERE 子句]
[GROUP BY 子句]
[HAVING 子句]
[ORDER BY 子句]
```

【例 3-1】　在 Student 数据库中查询"course"表的信息。在查询分析器中运行的结果如图 3-1 所示。（实例位置：光盘\MR\源码\第 3 章\3-1。）

图 3-1　查询"course"数据表的信息

SQL 语句如下。

```
use student
select *  from course where 课程类别='艺术类'   order by 课程内容
```

3.2　常　　量

常量也叫常数，是指在程序运行过程中不发生改变的量。它可以是任何数据类型，本节将对常量使用进行详细讲解。

3.2.1　字符串常量

字符串常量定义在单引号内。字符串常量包含字母、数字字符（a~z、A~Z 和 0~9）及特殊字符（如数字号#、感叹号!、at 符@）。

例如，以下为字符串常量：

```
'Hello World'
'Microsoft Windows'
'Good Morning '
```

3.2.2　二进制常量

在 Transact-SQL 中定义二进制常量，需要使用 0x，并采用十六进制来表示，不再需要括号。

例如，以下为二进制常量：

```
0xB0A1
0xB0C4
0xB0C5
```

3.2.3　bit 常量

在 Transact-SQL 中，bit 常量使用数字 0 或 1 即可，并且不包括在引号中。如果使用一个大于 1 的数字，则该数字将转换为 1。

3.2.4　日期和时间常量

定义日期和时间常量需要使用特定格式的字符日期值，并使用单引号。

例如，以下为日期和时间常量：

```
'2008 年 1 月 9 日'
'15:39:15'
'01/09/2008'
'06:59 AM'
```

3.3　变　　量

数据在内存中存储可以变化的量叫变量。为了在内存存储信息，用户必须指定存储信息的单元，并为该存储单元命名，以方便获取信息，这就是变量的功能。Transact-SQL 可以使用两种变量，一种是局部变量，另外一种是全局变量，局部变量和全局变量的主要区别在于存储的数据作用范围不一样，本节将对变量的使用进行详细讲解。

3.3.1　局部变量

局部变量是用户可自定义的变量，它的作用范围仅在程序内部。局部变量的名称是用户自定义的，命名的局部变量名要符合 SQL Server 标识符命名规则，局部变量名必须以@开头。

1．声明局部变量

局部变量的声明需要使用 DECLARE 语句。语法格式如下。

```
DECLARE
{
@varaible_name    datatype   [ ,… n  ]
}
```

参数说明。

- ❑ @varaible_name：局部变量的变量名必须以@开头，另外变量名的形式必须符合 SQL Server 标识符的命名方式。
- ❑ datatype：局部变量使用的数据类型可以是除 text、ntext 或者 image 类型外所有的系统数据类型和用户自定义数据类型。一般来说，如果没有特殊的用途，建议在应用时尽量使用系统提供的数据类型。这样做，可以减少维护应用程序的工作量。

例如：声明局部变量 @ songname，SQL 语句如下。

```
declare  @songname    char(10)
```

2．为局部变量赋值

为变量赋值的方式一般有两种，一种是使用 SELECT 语句，一种是使用 SET 语句。使用 SELECT 语句为变量赋值的语法如下。

```
SELECT    @varible_name  = expression
[FROM    table_name [ ,… n ]
WHERE   clause ]
```

上面的 SELECT 语句的作用是为了给变量赋值，而不是为了从表中查询出数据。而且在使用 SELECT 语句进行赋值的过程中，并不一定非要使用 FROM 关键字和 WHERE 子句。

【例 3-2】　在 "student" 数据库的 "course" 表中，把 "课程内容" 是 "艺术类" 信息赋值给局部变量@songname，并把它的值用 print 关键字显示出来。在查询分析器中运行的结果如图 3-2 所示。（实例位置：光盘\MR\源码\第 3 章\3-2。）

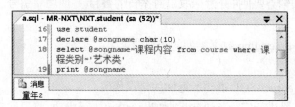

图 3-2　把查询内容赋值给局部变量

SQL 语句如下。

```
use     student
declare  @songname   char(10)
select  @songname=课程内容  from  course where 课程类别='艺术类'
print    @songname
```

SELECT 语句赋值和查询不能混淆，例如声明一个局部变量名是@ b 并赋值的 SQL 语句如下。

```
declare @b int
select  @b=1
```

另一种为局部变量赋值的方式是使用 SET 语句。使用 SET 语句对变量进行赋值的常用语法如下。

```
{ SET @varible_name = ecpression } [ ,… n ]
```

下面是一个简单的赋值语句。

```
DECLARE  @song char(20)
SET  @song = 'I love flower'
```

还可以为多个变量一起赋值，相应的 SQL 语句如下所示。

```
declare @b int, @c char(10),@a int
select @b=1, @c='love',@a=2
```

 　　数据库语言和编程语言有一些关键字，关键字是在某一环境下能够促使某一操作发生的字符组。为避免冲突和产生错误，在命名表、列、变量以及其他对象时应避免使用关键字。

3.3.2　全局变量

全局变量是 SQL Server 系统内部事先定义好的变量，不需要用户参与定义，对用户而言，其作用范围并不局限于某一程序，而是任何程序均可随时调用。全局变量通常用于存储一些 SQL Server 的配置设定值和效能统计数据。

SQL Server 一共提供了 30 多个全局变量，本节只对一些常用变量的功能和使用方法进行介绍。全局变量的名称都是以@@开头的。

1. @@CONNECTIONS

记录自最后一次服务器启动以来，所有针对这台服务器进行的连接数目，包括没有连接成功的尝试。

使用@@CONNECTIONS 可以让系统管理员很容易地得到今天所有试图连接本服务器的连接数目。

2. @@CUP_BUSY

记录自上次启动以来尝试的连接数，无论连接成功还是失败，都以 ms 为单位的 CPU 工作时间。

3. @@CURSOR_ROWS

返回在本次服务器连接中，打开游标取出数据行的数目。

4. @@DBTS

返回当前数据库中 timestamp 数据类型的当前值。

5. @@ERROR

返回执行上一条 Transact-SQL 语句所返回的错误代码。

在 SQL Server 服务器执行完一条语句后，如果该语句执行成功，将返回@@ERROR 的值为 0，如果该语句执行过程中发生错误，将返回错误的信息，而@@ERROR 将返回相应的错误编号，该编号将一直保持下去，直到下一条语句得到执行为止。

由于@@ERROR 在每一条语句执行后被清除并且重置，应在语句验证后立即检查它，或将其保存到一个局部变量中以备事后查看。

【例 3-3】 在 "pubs" 数据库中修改 "authors" 数据表时，用@@ERROR 检测限制查询冲突。在查询分析器中运行的结果如图 3-3 所示。（实例位置：光盘\MR\源码\第 3 章\3-3。）

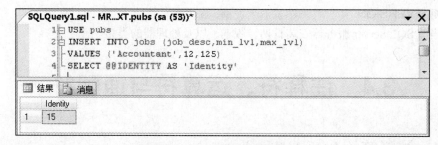

图 3-3　修改数据时检测错误

SQL 语句如下。

```
USE pubs
GO
UPDATE authors SET au_id = '172 32 1176'
WHERE au_id = '172-32-1176'
IF @@ERROR = 547
  print 'A check constraint violation occurred'
```

6. @@FETCH_STATUS

返回上一次使用游标 FETCH 操作所返回的状态值，且返回值为整型。

返回值描述如表 3-6 所示。

表 3-6　　　　　　　　　　@@FETCH_STATUS 返回值的描述

返　回　值	描　　　述
0	FETCH 语句成功
−1	FETCH 语句失败或此行不在结果集中
−2	被提取的行不存在

例如，到了最后一行数据后，还要接着取下一行数据，返回的值为−2，表示返回的值已经丢失。

7. @@IDENTITY

返回最近一次插入的 identity 列的数值，返回值是 numeric。

【例 3-4】　在 "pubs" 数据库中的 "jobs" 数据表中，插入一行数据，并用@@identity 显示新行的标识值。在查询分析器运行的结果如图 3-4 所示。（实例位置：光盘\MR\源码\第 3 章\3-4。）

图 3-4　显示新行的标识值

SQL 语句如下。

```
USE pubs
INSERT INTO jobs (job_desc,min_lvl,max_lvl)
VALUES ('Accountant',12,125)
SELECT @@IDENTITY AS 'Identity'
```

8. @@IDLE

返回以 ms 为单位计算 SQL Server 服务器自最近一次启动以来处于停顿状态的时间。

9. @@IO_BUSY

返回以 ms 为单位计算的 SQL Server 服务器自最近一次启动以来花在输入和输出上的时间。

10. @@LOCK_TIMEOUT

返回当前对数据锁定的超时设置。

11. @@PACK_RECEIVED

返回 SQL Server 服务器自最近一次启动以来一共从网络上接收数据分组的数目。

12. @@PACK_SENT

返回 SQL Server 服务器自最近一次启动以来一共向网络上发送数据分组的数目。

13. @@PROCID

返回当前存储过程的 ID 标识。

14. @@REMSERVER

返回在登录记录中记载远程 SQL Server 服务器的名字。

15. @@ROWCOUNT

返回上一条 SQL 语句所影响到数据行的数目。对所有不影响数据库数据的 SQL 语句，这个全局变量返回的结果是 0。在进行数据库编程时，经常要检测@@ROWCOUNT 的返回值，以便明确所执行的操作是否达到了目标。

16. @@SPID

返回当前服务器进程的 ID 标识。

17. @@TOTAL_ERRORS

返回自 SQL Server 服务器启动以来，所遇到读写错误的总数。

18. @@TOTAL_READ

返回自 SQL Server 服务器启动以来，读磁盘的次数。

19. @@TOTAL_WRITE

返回自 SQL Server 服务器启动以来，写磁盘的次数。

20. @@TRANCOUNT

返回当前连接中，处于活动状态事务的数目。

21. @@VERSION

返回当前 SQL Server 服务器安装日期、版本，以及处理器的类型。

3.4 注释符、运算符与通配符

3.4.1 注释符（Annotation）

注释语句不是可执行语句，不参与程序的编译，通常是一些说明性的文字，对代码的功能或者代码的实现方式给出简要的解释和提示。

在 Transact-SQL 中，可使用两类注释符。

❑ ANSI 标准的注释符（-- ），用于单行注释。例如下面 SQL 语句所加的注释。

```
use  pubs   --打开数据表
```

❑　与 C 语言相同的程序注释符号，即"/*"和"*/"，"/*"用于注释文字的开头，"*/"用于注释文字的结尾，可在程序中标识多行文字为注释。例如有多行注释的 SQL 语句如下。

```
use     student
declare  @songname  char(10)
select  @songname=课程内容  from  course where 课程类别='艺术类'
print   @songname
/*打开 student 数据库，定义一个变量
把查询到的结果赋值给所定义的变量*/
```

把所选的行一次都注释的快捷键是：Shift+Ctrl+C。一次取消多行注释的快捷键是：Shift+Ctrl+R。

3.4.2　运算符（Operator）

运算符是一种符号，用来进行常量、变量或者列之间的数学运算和比较操作，它是 Transact-SQL 语言很重要的部分。运算符有几种类型，分别为：算术运算符、赋值运算符、比较运算符、逻辑运算符、位运算符和连接运算符。

1．算术运算符

算术运算符在两个表达式上执行数学运算，这两个表达式可以是数字数据类型分类的任何数据类型。算术运算符包括：+（加）、–（减）、×（乘）、/（除）、%（取余）。

例如：5%3=2，3%5=3。

示例。

求 2 对 5 取余。在查询分析中运行的结果如图 3-5 所示。

SQL 语句如下。

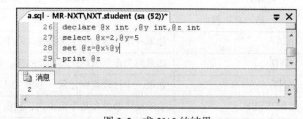

```
declare @x int ,@y int,@z int
select @x=2,@y=5
set @z=@x%@y
print @z
```

图 3-5　求 2%5 的结果

注意　　取余运算两边的表达式必须是整型数据。

2．赋值运算符

T-SQL 有一个赋值运算符，即等号（＝）。在下面的示例中，创建了@songname 变量。然后利用赋值运算符将 @songname 设置成一个由表达式返回的值。

```
DECLARE @songname  char(20)
SET @songname='loving'
```

还可以使用 SELECT 语句进行赋值，并输出该值。

```
DECLARE @songname  char(20)
SELECT @songname ='loving'
print @songname
```

3．比较运算符

比较运算符测试两个表达式是否相同。除了 text、ntext 或 image 数据类型的表达式外，比较运算符可以用于所有的表达式。比较运算符包括：>（大于）、<（小于）、=（等于）、>=（大于等

于）、<=（小于等于）、!=（不等于）、!>（不大于）、!<（不小于），其中! =、!>和!<不是 ANSI 标准的运算符。

比较运算符的结果，布尔数据类型有 3 种值：TRUE、FALSE 及 UNKNOWN。那些返回布尔数据类型的表达式被称为布尔表达式。

和其他 SQL Server 数据类型不同，不能将布尔数据类型指定为表列或变量的数据类型，也不能在结果集中返回布尔数据类型。

例如：3>5=FALSE,6!=9=TRUE。

【例 3-5】　用查询语句搜索"pubs"数据库中的"titles"表，返回书的价格打了 8 折后仍大于 12 美元的书的代号、书的种类以及书的原价。（实例位置：光盘\MR\源码\第 3 章\3-5。）

SQL 语句如下。

```
use pubs
go
select title_id as 书号,type as 种类,price as 原价
from titles
where price-price*0.2>12
```

4. 逻辑运算符

逻辑运算符对某个条件进行测试，以获得其真实情况。逻辑运算符和比较运算符一样，返回带有 TRUE 或 FALSE 值的布尔数据类型。SQL 支持的逻辑运算符如表 3-7 所示。

表 3-7　　　　　　　　　　　　　　　SQL 支持的逻辑运算符

运　算　符	行　　　为
ALL	如果一个比较集中全部都是 TRUE，则值为 TRUE
AND	如果两个布尔表达式均为 TRUE，则值为 TRUE
ANY	如果一个比较集中任何一个为 TRUE，则值为 TRUE
BETWEEN	如果操作数是在某个范围内，则值为 TRUE
EXISTS	如果子查询包含任何行，则值为 TRUE
IN	如果操作数与一个表达式列表中的某个相等的话，则值为 TRUE
LIKE	如果操作数匹配某个模式的话，则值为 TRUE
NOT	对任何其他布尔运算符的值取反
OR	如果任何一个布尔表达式是 TRUE，则值为 TRUE
SOME	如果一个比较集中的某些为 TRUE 的话，则值为 TRUE

例如：8>5 and 3>2=TRUE。

【例 3-6】　在"student"表中，查询女生中年龄大于 21 岁的学生信息。在查询分析器中运行的结果如图 3-6 所示。（实例位置：光盘\MR\源码\第 3 章\3-6。）

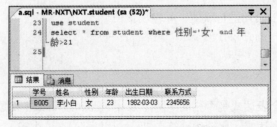

图 3-6　查询年龄大于 21 的女生信息

SQL 语句如下。

```
use student
select *
from student
where 性别='女' and 年龄>21
```

当 NOT、AND 和 OR 出现在同一表达中，优先级是：NOT、AND、OR。

例如：3>5 or 6>3 and not 6>4=FALSE。

先计算 NOT 6>4=FALSE；然后再计算 6>3 AND FALSE=FALSE，最后计算 3>5 or FALSE=FALSE。

5. 位运算符

位运算符的操作数可以是整数数据类型或二进制串数据类型（image 数据类型除外）范畴的。SQL 支持的位运算符如表 3-8 所示。

表 3-8　　　　　　　　　　　　　　　位运算符

运　算　符	说　　明
&	按位 AND
|	按位 OR
^	按位互斥 OR
~	按位 NOT

6. 字符串连接运算符

连接运算符 "+" 用于连接两个或两个以上的字符或二进制串、列名或者串和列的混合体，将一个串加入到另一个串的末尾。

语法为

```
<expression1>+<expression2>
```

【例 3-7】　用 "+" 连接两个字符串。在查询分析器中运行的结果如图 3-7 所示。（实例位置：光盘\MR\源码\第 3 章\3-7。）

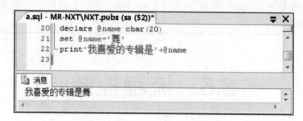

图 3-7　用"+"连接两个字符串

SQL 语句如下。

```
declare @name    char(20)
set @name='舞'
print '我喜爱的专辑是'+@name
```

7. 运算符优先级

当一个复杂表达式中包含有多个运算符时，运算符的优先级决定了表达式计算和比较操作的先后顺序。运算符的优先级由高到低的顺序如下。

（1）+（正）-（负）~（位反）

（2）*（乘）/（除）%（取余）

（3）+（加）+（字符串串联运算符）-（减）

（4）=、>、<、>=、<=、<>、!=、!>、!<（比较运算符）

（5）^（按位异或）&（按位与）|（按位或）

（6）NOT

（7）AND

（8）ALL ANY BETWEEN IN LIKE OR SOME（逻辑运算符）

（9）=（赋值）

若表达式中含有相同优先级的运算符，则从左向右依次处理。还可以使用括号来提高运算的优先级，在括号中的表达式优先级最高。如果表达式有嵌套的括号，那么首先对嵌套最内层的表达式求值。

例如：

```
DECLARE @num int
SET @num = 2 * (4 + (5 - 3))
```

先计算（5-3），然后再加4，最后再和2相乘。

3.4.3　通配符（Wildcard）

在 SQL 中通常用 LIKE 关键字与通配符结合起来实现模式查询。其中 SQL 支持的通配符如表 3-9 所示。

表 3-9　　　　　　　　　　　SQL 支持的通配符的描述和示例

通　配　符	描　　述	示　　例
%	包含零个或更多字符的任意字符	"loving%"可以表示："loving"、"loving you"、"loving?"
_（下划线）	任何单个字符	"loving_"可以表示："lovingc"。后面只能再接一个字符
[ ]	指定范围([a ~ f])或集合([abcdef])中的任何单个字符	[0 ~ 9]123 表示以 0 ~ 9 之间任意一个字符开头，以'123'结尾的字符
[^]	不属于指定范围([a ~ f])或集合([abcdef])的任何单个字符	[^0 ~ 5]123 表示不以 0 ~ 5 之间任意一个字符开头，却以'123'结尾的字符

3.5　流程控制

流程控制语句是用来控制程序执行流程的语句。使用流程控制语句可以提高编程语言的处理能力。与程序设计语言（如 C 语言）一样，Transact-SQL 语言提供的流程控制语句如表 3-10 所示。

表 3-10　　　　　　　　　　　Transact-SQL 语言提供的流程控制语句

BEGIN...END	WAITFOR	GOTO
WHILE	IF...ELSE	BREAK
RETURN	CONTINUE	

3.5.1　BEGIN...END

BEGIN...END 语句用于将多个 Transact-SQL 语句组合为一个逻辑块。当流程控制语句必须执行一个包含两条或两条以上的 T-SQL 语句的语句块时，使用 BEGIN...END 语句。

语法为

```
BEGIN
{sql_statement...}
END
```

其中，sql_statement 是指包含的 Transact-SQL 语句。

BEGIN 和 END 语句必须成对使用，任何一条语句均不能单独使用。BEGIN 语句后为 Transact-SQL 语句块。最后，END 语句行指示语句块结束。

【例 3-8】 在 BEGIN...END 语句块中完成把两个变量的值交换。在查询分析器运行的结果如图 3-8 所示。（实例位置：光盘\MR\源码\第 3 章\3-8。）

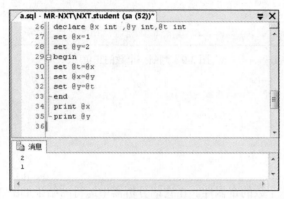

图 3-8 交换两个变量的值

SQL 语句如下。

```
declare  @x int,  @y int,@t int
set @x=1
set @y=2
begin
set @t=@x
set @x=@y
set @y=@t
end
print @x
print @y
```

此例子不用 BEGIN...END 语句结果也完全一样，但 BEGIN...END 和一些流程控制语句结合起来就有作用了。在 BEGIN...END 中可嵌套另外的 BEGIN...END 来定义另一程序块。

3.5.2 IF

在 SQL Server 中为了控制程序的执行方向，也会像其他语言（如 C 语言）有顺序、选择和循环 3 种控制语句，其中 IF 就属于选择判断结构。IF 结构的语法为

```
IF<条件表达式>
    {命令行|程序块}
```

其中<条件表达式>可以是各种表达式的组合，但表达式的值必须是逻辑值"真"或"假"。命令行和程序块可以是合法 Transact-SQL 任意语句，但含两条或两条以上的语句的程序块必须加 BEGIN...END 子句。

执行顺序是：遇到选择结构 IF 子句，先判断 IF 子句后的条件表达式。如果条件表达式的逻辑值是"真"，就执行后面的命令行或程序块，然后再执行 IF 结构下一条语句；如果条件式的逻辑值是"假"，就不执行后面的命令行或程序块，直接执行 IF 结构的下一条语句。

【例 3-9】 判断一个数是否是正数。在查询分析器中运行的结果如图 3-9 所示。（实例位置：光盘\MR\源码\第 3 章\3-9。）

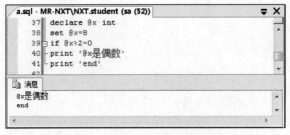

图 3-9　判断一个数的正负

SQL 语句如下。

```
declare  @x int
set @x=3
if @x>0
print '@x 是正数'
print'end'
```

【例 3-10】 判断一个数的奇偶性。在查询分析器中运行的结果如图 3-10 所示。（实例位置：光盘\MR\源码\第 3 章\3-10。）

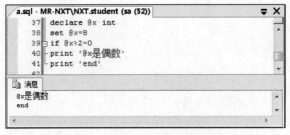

图 3-10　判断一个数的奇偶性

SQL 语句如下。

```
declare  @x int
set @x=8
if @x % 2=0
print '@x 偶数'
print'end'
```

3.5.3　IF…ELSE

IF 选择结构可以带 ElSE 子句。IF…ELSE 的语法为

```
IF<条件表达式>
    {命令行 1|程序块 1}
[ELSE
    {命令行 2|程序块 2}
```

　　如果逻辑判断表达式返回的结果是"真"，那么程序接下来会执行命令行 1 或程序块 1；如果逻辑判断表达式返回的结果是"假"，那么程序接下来会执行命令行 2 或程序块 2。无论哪种情况，最后都要执行 IF...ELSE 语句的下一条语句。

　　【例 3-11】　判断两个数的大小。在查询分析器运行的结果如图 3-11 所示。（实例位置：光盘 \MR\源码\第 3 章\3-11。）

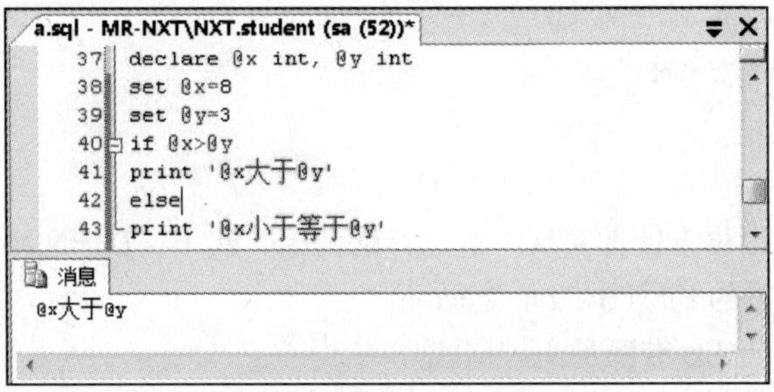

```
a.sql - MR-NXT\NXT.student (sa (52))*              ≡ ×
37    declare @x int, @y int
38    set @x=8
39    set @y=3
40 ┌ if @x>@y
41 │ print '@x大于@y'
42 │ else
43 └ print '@x小于等于@y'

消息
@x大于@y
```

图 3-11　判断两个数的大小

SQL 语句如下。

```
declare  @x int,@y int
set @x=8
set @y=3
if @x>@y
print '@x 大于@y'
else
print'@x 小于等于@y'
```

IF...ELSE 结构还可以嵌套解决一些复杂的判断。

　　【例 3-12】　输入一个坐标值，然后判断它在哪一个象限。在查询分析器中的运行结果如图 3-12 所示。（实例位置：光盘\MR\源码\第 3 章\3-12。）

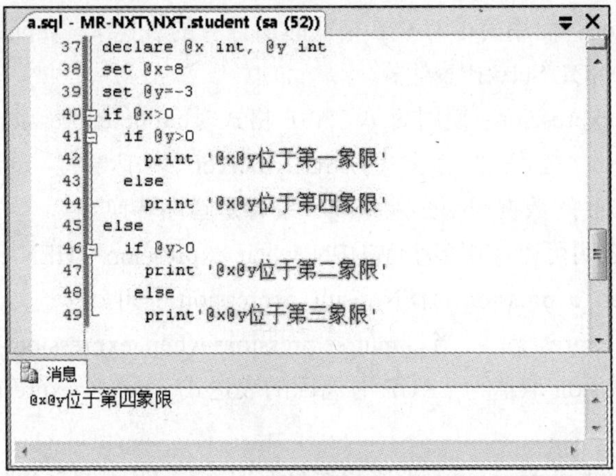

```
a.sql - MR-NXT\NXT.student (sa (52))              ≡ ×
37    declare @x int, @y int
38    set @x=8
39    set @y=-3
40 ┌ if @x>0
41 │   if @y>0
42 │     print '@x@y位于第一象限'
43 │   else
44 │     print '@x@y位于第四象限'
45 │ else
46 │   if @y>0
47 │     print '@x@y位于第二象限'
48 │   else
49 └     print'@x@y位于第三象限'

消息
@x@y位于第四象限
```

图 3-12　判断坐标位于的象限

SQL 语句如下。

```
declare  @x int,@y int
set @x=8
set @y=-3
if @x>0
```

```
if @y>0
   print'@x@y 位于第一象限'
else
   print'@x@y 位于第四象限'
else
  if @y>0
   print'@x@y 位于第二象限'
  else
   print'@x@y 位于第三象限'
```

3.5.4 CASE

使用 CASE 语句可以很方便地实现多重选择的情况，比 IF...THEN 结构有更多选择和判断的机会，可以避免编写多重的 IF...THEN 嵌套循环。

Transact-SQL 支持 CASE 有两种语句格式。

简单 CASE 函数。

```
CASE input_expression
  WHEN when_expression THEN result_expression
    [ ...n ]
  [
    ELSE else_result_expression
  END
```

CASE 搜索函数。

```
CASE
  WHEN Boolean_expression THEN result_expression
    [ ...n ]
  [
    ELSE else_result_expression
  END
```

参数说明。

❑ input_expression：使用简单 CASE 格式时所计算的表达式。input_expression 是任何有效的 Microsoft® SQL Server™表达式。

❑ WHEN when_expression：使用简单 CASE 格式时 input_expression 所比较的简单表达式。when_expression 是任意有效的 SQL Server 表达式。input_expression 和每个 when_expression 的数据类型必须相同，或者是隐性转换。

❑ n：占位符，表明可以使用多个 WHEN when_expression THEN result_expression 子句或 WHEN Boolean_expression THEN result_expression 子句。

❑ THEN result_expression：当 input_expression=when_expression 取值为 TRUE，或者 Boolean_expression 取值为 TRUE 时返回的表达式。result_expression 是任意有效的 SQL Server 表达式。

❑ ELSE else_result_expression：当比较运算取值不为 TRUE 时返回的表达式。如果省略此参数并且比较运算取值不为 TRUE，CASE 将返回 NULL 值。else_result_expression 是任意有效的 SQL Server 表达式。else_result_expression 和所有 result_expression 的数据类型必须相同，或者必须是隐性转换。

❑ WHEN Boolean_expression：使用 CASE 搜索格式时所计算的布尔表达式。Boolean_expression 是任意有效的布尔表达式。

两种格式的执行顺序。

简单 CASE 函数：

（1）计算 input_expression，然后按指定顺序对每个 WHEN 子句的 input_expression=when_expression 进行计算。

（2）返回第一个取值为 TRUE 的(input_expression = when_expression)的 result_expression。

（3）如果没有取值为 TRUE 的 input_expression = when_expression，则当指定 ELSE 子句时，SQL Server 将返回 else_result_expression，若没有指定 ELSE 子句，则返回 NULL 值。

CASE 搜索函数：

（1）按指定顺序为每个 WHEN 子句的 Boolean_expression 求值。

（2）返回第一个取值为 TRUE 的 Boolean_expression 的 result_expression。

（3）如果没有取值为 TRUE 的 Boolean_expression，则当指定 ELSE 子句时，SQL Server 将返回 else_result_expression，若没有指定 ELSE 子句，则返回 NULL 值。

【例 3-13】　在"pubs"数据库的"titles"表中，使用带有简单 CASE 函数的 SELECT 语句。在查询分析器中运行的结果如图 3-13 所示。（实例位置：光盘\MR\源码\第 3 章\3-13。）

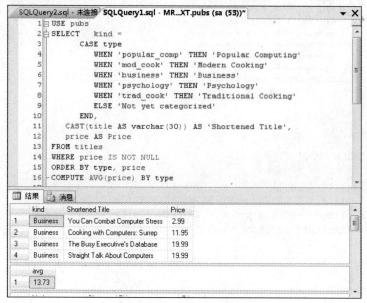

图 3-13　统计"titles"数据表

SQL 语句如下。

```
USE pubs
SELECT   kind =
    CASE type
      WHEN 'popular_comp' THEN 'Popular Computing'
      WHEN 'mod_cook' THEN 'Modern Cooking'
      WHEN 'business' THEN 'Business'
      WHEN 'psychology' THEN 'Psychology'
      WHEN 'trad_cook' THEN 'Traditional Cooking'
      ELSE 'Not yet categorized'
    END,
  CAST(title AS varchar(30)) AS 'Shortened Title',
  price AS Price
```

```
FROM titles
WHERE price IS NOT NULL
ORDER BY type, price
COMPUTE AVG(price) BY type
```

下面的例子应用了 CASE 格式的第二种。

【例 3-14】 在"pubs"数据库的"titles"表中，应用 CASE 格式的第二种进行查询。在查询分析器中的语句如图 3-14 所示。（实例位置：光盘\MR\源码\第 3 章\3-14。）

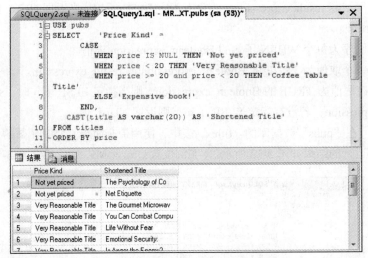

图 3-14　应用第二种格式的 CASE 语句

SQL 语句如下。

```
USE pubs
SELECT    'Price Kind' =
     CASE
        WHEN price IS NULL THEN 'Not yet priced'
        WHEN price < 20 THEN 'Very Reasonable Title'
        WHEN price >= 20 and price < 20 THEN 'Coffee Table Title'
        ELSE 'Expensive book!'
     END,
   CAST(title AS varchar(20)) AS 'Shortened Title'
FROM titles
ORDER BY price
```

3.5.5　WHILE

WHILE 子句是 T-SQL 语句支持的循环结构。在条件为真的情况下，WHILE 子句可以循环地执行其后的一条 T-SQL 命令。如果想循环执行一组命令，则需要使用 BEGIN...END 子句。

语法为

```
WHILE<条件表达式>
BEGIN
    <命令行|程序块>
END
```

遇到 WHILE 子句，先判断条件表达式的值，当条件表达式的值为"真"时，执行循环体中的命令行或程序块，遇到 END 子句会自动地再次判断条件表达式值的真假，决定是否执行循环体中的语句。只有当条件表达式的值为"假"时，才结束执行循环体的语句。

【例 3-15】　求 1～10 之间的和。在查询分析器中运行的结果如图 3-15 所示。（实例位置：光盘\MR\源码\第 3 章\3-15。）

SQL 语句如下。

```
declare  @n int,@sum int
set @n=1
set @sum=0
while @n<=10
begin
set @sum=@sum+@n
set @n=@n+1
end
print @sum
```

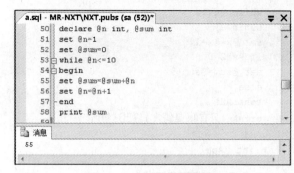

图 3-15　求 1～10 之间的和

3.5.6　WHILE…CONTINUE…BREAK

循环结构 WHILE 子句还可以用 CONTINUE 和 BREAK 命令控制 WHILE 循环中语句的执行。语法为

```
WHILE<条件表达式>
BEGIN
    <命令行|程序块>
    [BREAK]
    [CONTINUE]
    [命令行|程序块]
END
```

其中，CONTINUTE 命令可以让程序跳过 CONTINUE 命令之后的语句，回到 WHILE 循环的第一行命令。BREAK 命令则让程序完全跳出循环，结束 WHILE 命令的执行。

【例 3-16】　求 1～10 之间的偶数的和，并用 CONTINUE 控制语句的输出。在查询分析器中运行的结果如图 3-16 所示。（实例位置：光盘\MR\源码\第 3 章\3-16。）

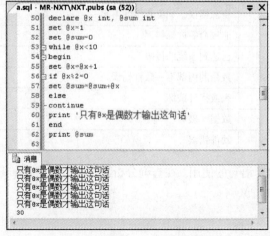

图 3-16　求 1～10 之间偶数的和

SQL 语句如下。

```
declare @x int,@sum int
set @x=1
set @sum=0
```

```
while @x<10
begin
set @x=@x+1
if @x%2=0
set @sum=@sum+@x
else
continue
print '只有@x 是偶数才输出这句话'
end
print @sum
```

3.5.7　RETURN

RETURN 语句用于从查询过程中无条件退出。RETURN 语句可在任何时候用于从过程、批处理或语句块中退出。位于 RETURN 之后的语句不会被执行。

语法为

```
RETURN[整数值]
```

在括号内可指定一个返回值。如果没有指定返回值，SQL Server 系统会根据程序执行的结果返回一个内定值，内定值如表 3-11 所示。

表 3-11　　　　　　　　　　　　　RETYRN 命令返回的内定值

返　回　值	含　　义
0	程序执行成功
−1	找不到对象
−2	数据类型错误
−3	死锁
−4	违反权限原则
−5	语法错误
−6	用户造成的一般错误
−7	资源错误，如磁盘空间不足
−8	非致命的内部错误
−9	已达到系统的极限
−10 或−11	致命的内部不一致性错误
−12	表或指针破坏
−13	数据库破坏
−14	硬件错误

【例 3-17】　RETURN 语句的使用。在查询分析器中运行的结果如图 3-17 所示。（实例位置：光盘\MR\源码\第 3 章\3-17。）

SQL 语句如下。

```
DECLARE @X INT
set @x=3
if @x>0
print'遇到 return 之前'
return
print'遇到 return 之后'
```

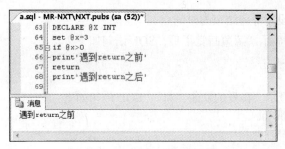

图 3-17　RETURN 语句的应用

3.5.8　GOTO

GOTO 命令用来改变程序执行的流程，使程序跳到标识符指定的程序行再继续往下执行。
语法为

```
GOTO  标识符
```

标识符需要在其名称后加上一个冒号 "："。

例如："33："，"loving："。

【例 3-18】　用 GOTO 语句实现跳转输入其下的值。在查询分析器中执行的结果如图 3-18 所示。（实例位置：光盘\MR\源码\第 3 章\3-18。）

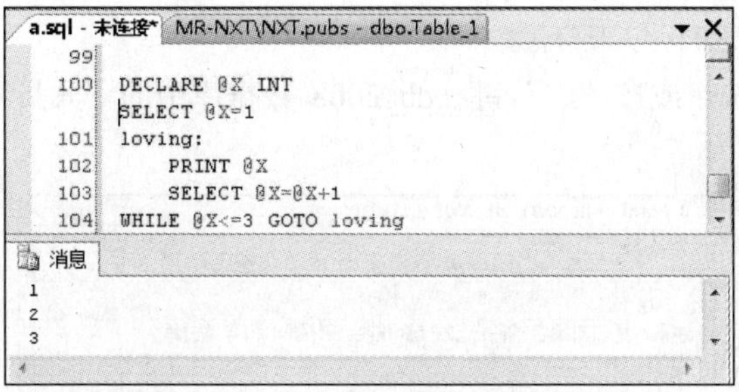

图 3-18　GOTO 语句的应用

SQL 语句如下。

```
DECLARE @X INT
SELECT @X=1
loving:
    PRINT @X
    SELECT @X=@X+1
WHILE @X<=3 GOTO loving
```

3.5.9　WAITFOR

WAITFOR 指定触发器、存储过程或事务执行的时间、时间间隔或事件；还可以用来暂时停止程序的执行，直到所设定的等待时间已过才继续往下执行。
语法为

```
WAITFOR{DELAY<'时间'>|TIME<'时间'>
```

其中 "时间" 必须为 DATETIME 类型的数据，如 "11:15:27"，但不能包括日期。各关键字含义如下。

❑　DELAY：用来设定等待的时间，最多可达 24 小时。

   ❑   TIME：用来设定等待结束的时间点。

例如，再过 3 秒钟显示"葱葱睡觉了!"，SQL 语句如下。

```
WAITFOR DELAY'00:00:03'
PRINT'葱葱睡觉了! '
```

例如，等到 15 点显示"喜爱的歌曲：舞"，SQL 语句如下。

```
WAITFOR TIME'15:00:00'
PRINT'喜爱的歌曲：舞'
```

3.6　综合实例——修改数据库中的表

下面将分别修改 db_2008 数据库中的"人员表"的名称以及该表中"电话"字段的名称。具体操作步骤如下。

1. 修改"人员表"的名称

（1）单击"开始"→"Microsoft SQL Server 2008"→"新建查询"，将出现 Microsoft SQL Server 2008 新建查询。

（2）在"对象资源管理器"中展开"数据库"节点的下拉列表框中选择 db_2008 数据库。

（3）在"新建查询"编辑器中输入下面的语句。

```
EXEC sp_rename'人员表','人员信息表'
```

（4）单击"执行"按钮或按"F5"键，db_2008 数据库中的"人员表"将被改为"人员信息表"，如图 3-19 所示。

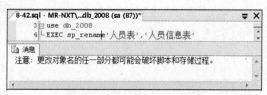

图 3-19　修改"人员表"的名称

2. 修改"人员信息表"中"电话"字段的名称

（1）单击"开始"→"Microsoft SQL Server 2008"→"新建查询"，将出现 Microsoft SQL Server 2008 新建查询。

（2）在"对象资源管理器"中展开"数据库"节点的下拉列表框中选择 db_2008 数据库。

（3）在"新建查询"编辑器中输入下面的语句。

```
EXEC sp_rename'人员信息表.电话','联系电话','COLUMN'
```

（4）单击"执行"按钮或按"F5"键，db_2008 数据库中"人员信息表"中的"电话"字段的名称将被改为"联系电话"，如图 3-20 所示。

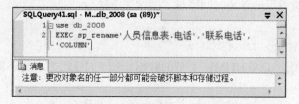

图 3-20　修改"人员信息表"中"电话"字段的名称

知识点提炼

（1）Transact-SQL（T-SQL）是标准 SQL 程序设计语言的增强版，是应用程序与 SQL Server 数据库引擎沟通的主要语言。

（2）T-SQL 语言的组成包括：数据定义语言，数据检索语言，数据操作语言，数据控制语言，数据共享，数据完整性。

（3）T-SQL 语句分类：变量说明语句、数据定义语言、数据操作语言、数据控制语言、流程控制语言、内嵌函数、其他命令。

（4）T-SQL 可以使用两种变量：一种是局部变量，另外一种是全局变量。

（5）运算符分为 6 种类型：算术运算符、赋值运算符、比较运算符、逻辑运算符、位运算符和连接运算符。

（6）流程控制语句包括：begin…end、if、if..else、case、while、while…continue…break、return、goto、waitfor。

习 题

3-1 什么是 T-SQL?

3-2 T-SQL 语言的组成分为几种?

3-3 T-SQL 语句分类有哪几种?

3-4 T-SQL 的流程控制语句分别为那些?

3-5 运算符优先级的排列顺序从高到低。

实验：附加单文件数据库

实验目的

（1）熟悉数据库的相关操作。

（2）掌握数据库是如何附加到当前服务器的。

实验内容

附加单文件数据库就是将只有一个数据文件的数据库附加到当前服务器。

实验步骤

下面将附加单文件的 pubs 数据库。具体操作步骤如下。

（1）依次单击"开始"→"Microsoft SQL Server 2008"→"新建查询"，将出现 Microsoft SQL Server 2008 新建查询。

（2）在"对象资源管理器"中展开"数据库"节点的下拉列表框中选择 master 数据库。

（3）在"新建查询"编辑器中输入下面的语句。

```
EXEC sp_detach_db @dbname = 'pubs'
EXEC sp_attach_single_file_db @dbname = 'pubs',
    @physname ='D:\Program Files\Microsoft SQL Server\MSSQL10.NXT\MSSQL\Data\pubs.mdf'
```

（4）单击"执行"按钮或按"F5"键，pubs 数据库将被附加到 SQL Server 中,如图 3-21。

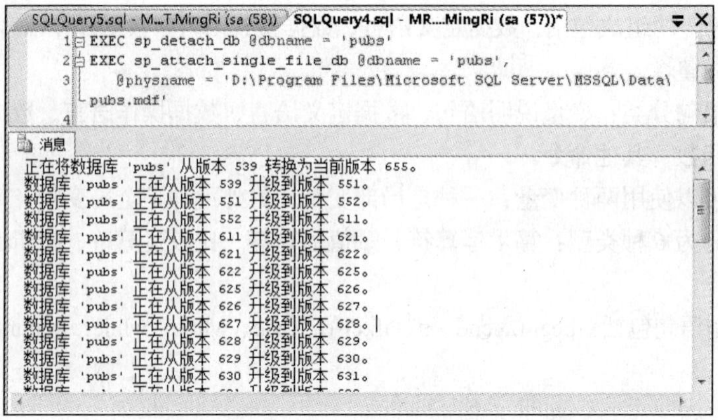

图 3-21　附加单文件数据库

第4章
数据库和表

本章要点：

- 数据库基本概念
- 数据库中的常用对象
- 数据库的组成
- SQL Server 的命名规范
- 数据库、数据表的操作
- 表与表之间的关联

Microsoft SQL Server 2008 数据库同 Microsoft 的其他数据库类似，主要应用存储数据及其相同的对象（如视图、索引、存储过程和触发器等），以便随时对数据库中的数据及其对象进行访问和管理。本章主要讲解数据库以及表的基础知识。

4.1 认识数据库

对数据库中的数据及其对象进行访问和管理。本节将对数据库的基本概念、数据库对象及其相关知识进行详细介绍。

4.1.1 数据库基本概念

数据库（DataBase）是按照数据结构来组织、存储和管理数据的仓库，是存储在一起的相关数据的集合。其优点主要体现在以下几方面。

- 减少数据的冗余度，节省数据的存储空间。
- 具有较高的数据独立性和易扩充性。
- 实现数据资源的充分共享。

下面介绍一下与数据库相关的几个概念。

1. 数据库系统

数据库系统（DataBase System，简称 DBS）是采用数据库技术的计算机系统，是由数据库（数据）、数据库管理系统（软件）、数据库管理员（人员）、硬件平台（硬件）和软件平台（软件）五部分构成的运行实体。其中数据库管理员（DataBase Administrator，简称 DBA）是对数据库进行规划、设计、维护和监视等的专业管理人员，在数据库系统中起着非常重要的作用。

2. 数据库管理系统

数据库管理系统（DataBase Management System，简称 DBMS）是数据库系统的一个重要组成部门，是位于用户与操作之间的一层数据管理软件，负责数据库中的数据组织、数据操作、数据维护和数据服务等。主要具有如下功能。

- 数据存取的物理构建：为数据模式的物理存取与构建提供有效的存取方法与手段。
- 数据操作功能：为用户使用数据库的数据提供方便，如查询、插入、修改、删除等以及简单的算术运算和统计。
- 数据定义功能：用户可以通过数据库管理系统提供的数据定义语言（Data Definition Language，简称 DDL）方便地对数据库中的对象进行定义。
- 数据库的运行管理：数据库管理系统统一管理数据库的运行和维护，以保障数据的安全性、完整性、并发性和故障的系统恢复性。
- 数据库的建立和维护功能：数据库管理系统能够完成初始数据的输入和转换，数据库的转储和恢复，数据库的性能监视和分析等任务。

3. 关系数据库

关系数据库是支持关系模型的数据库。关系模型由关系数据结构、关系操作集合和完整性约束三部分组成。

- 关系数据结构：在关系模型中数据结构单一，现实世界的实体以及实体间的联系均用关系来表示，实际上关系模型中数据结构就是一张二维表。
- 关系操作集合：关系操作分为关系代数、关系演算、具有关系代数和关系演算双重特点的语言（SQL 语言）。
- 完整性约束：完整性约束包括实体完整性、参照完整性和用户定义的完整性。

4.1.2 数据库常用对象

在 SQL Server 2008 的数据库中，表、视图、存储过程和索引等具体存储数据或对数据进行操作的实体都被称为数据库对象。下面介绍几种常用的数据库对象。

1. 表

表是包含数据库中所有数据的数据库对象，由行和列组成，用于组织和存储数据。

2. 字段

表中每列称为一个字段，字段具有自己的属性，如字段类型、字段大小等。其中字段类型是字段最重要的属性，它决定了字段能够存储哪种数据。

SQL 规范支持 5 种基本字段类型：字符型、文本型、数值型、逻辑型和日期时间型。

3. 索引

索引是一个单独的、物理的数据库结构。它是依赖于表建立的，在数据库中索引使数据库程序无须对整个表进行扫描，就可以在其中找到所需的数据。

4. 视图

视图是从一张或多张表中导出的表（也称虚拟表），是用户查看数据表中数据的一种方式。表中包括几个被定义的数据列与数据行，其结构和数据建立在对表的查询基础之上。

5. 存储过程

存储过程（Stored Procedure）是一组为了完成特定功能的 SQL 语句集合（包含查询、插入、删除和更新等操作），编译后以名称的形式存储在 SQL Server 服务器端的数据库中，由用户通过指定存储过程的名字来执行。当这个存储过程被调用执行时，这些操作也会同时执行。

4.1.3　数据库组成

SQL Server 2008 数据库主要由文件和文件组组成。数据库中的所有数据和对象（如表、存储过程和触发器）都被存储在文件中。

1. 文件

文件主要分为以下 3 种类型。

❑　主要数据文件：存放数据和数据库的初始化信息。每个数据库有且只有一个主要数据文件，默认扩展名是.mdf。

❑　次要数据文件：存放除主要数据文件以外的所有数据文件。有些数据库可能没有次要数据文件，也可能有多个次要数据文件，默认扩展名是.ndf。

❑　事务日志文件：存放用于恢复数据库的所有日志信息。每个数据库至少有一个事务日志文件，也可以有多个事务日志文件，默认扩展名是.ldf。

　　SQL Server 2008 不强制使用.mdf、.ndf 和.ldf 文件扩展名，但使用这些扩展名可以帮助标识文件的用途。

2. 文件组

文件组是 SQL Server 2008 数据文件的一种逻辑管理单位，它将数据库文件分成不同的文件组，方便于对文件的分配和管理。

文件组主要分为以下两种类型。

❑　主文件组：包含主要数据文件和任何没有明确指派给其他文件组的文件。系统表的所有页都分配在主文件组中。

❑　用户定义文件组：主要是在 CREATE DATABASE 或 ALTER DATABASE 语句中，使用 FILEGROUP 关键字指定的文件组。

　　每个数据库中都有一个文件组作为默认文件组运行，默认文件组包含在创建时没有指定文件组的所有表和索引的页。在没有指定的情况下，主文件组作为默认文件组。

对文件进行分组时，一定要遵循文件和文件组的设计规则。

❑　文件只能是一个文件组的成员。

❑　文件或文件组不能由一个以上的数据库使用。

❑　数据和事务日志信息不能属于同一文件或文件组。

❑　日志文件不能作为文件组的一部分。日志空间与数据空间分开管理。

　　系统管理员在进行备份操作时，可以备份或恢复个别的文件或文件组，而不用备份或恢复整个数据库。

4.1.4　系统数据库

SQL Server 2008 的安装程序在安装时默认将建立 4 个系统数据库（Master、Model、Msdb 和 Tempdb）。下面分别进行介绍。

1．master 数据库

master 数据库是 SQL Server 2008 中最重要的数据库。记录 SQL Server 实例的所有系统级信息，包括实例范围的元数据、端点、链接服务器和系统配置设置。

2．Tempdb 数据库

Tempdb 是一个临时数据库，用于保存临时对象或中间结果集。

3．Model 数据库

用作 SQL Server 实例上创建的所有数据库的模板。对 model 数据库进行的修改（如数据库大小、排序规则、恢复模式和其他数据库选项）将应用于以后创建的所有数据库。

4．msdb 数据库

用于 SQL Server 代理计划警报和作业。

4.2 SQL Server 的命名规范

SQL Server 为了完善数据库的管理机制，设计了严格的命名规则。用户在创建数据库及数据库对象时必须严格遵守 SQL Server 的命名规则。本节将对标识符、对象和实例的命名进行详细介绍。

4.2.1 标识符

在 SQL Server 中，服务器、数据库和数据库对象（如表、视图、列、索引、触发器、过程、约束和规则等）都有标识符，数据库对象的名称被看成是该对象的标识符。大多数对象要求带有标识符，但有些对象（如约束）中标识符是可选项。

对象标识符是在定义对象时创建的，标识符随后用于引用该对象。下面分别对标识符的格式及分类进行介绍。

1．标识符格式

在定义标识符时必须遵守以下规定。

（1）标识符的首字符必须是下列字符之一。

❑ 统一码（Unicode）2.0 标准中所定义的字母，包括拉丁字母 a～z 和 A～Z，以及来自其他语言的字符。

❑ 下划线 "_"、符号 "@" 或者数字符号 "#"。

在 SQL Server 中，某些处于标识符开始位置的符号具有特殊意义。以 "@" 符号开始的标识符表示局部变量或参数；以一个数字符号 "#" 开始的标识符表示临时表或过程，如表 "#gzb" 就是一张临时表；以双数字符号 "##" 开始的标识符表示全局临时对象，如表 "##gzb" 就是全局临时表。

某些 Transact-SQL 函数的名称以双 at 符号(@@)开始，为避免混淆这些函数，建议不要使用以@@开始的名称。

（2）标识符的后续字符可以是以下 3 种。

❑ 统一码（Unicode）2.0 标准中所定义的字母。

❑　来自拉丁字母或其他国家/地区脚本的十进制数字。

❑　"@"符号、美元符号"$"、数字符号"#"或下划线"_"。

（3）标识符不允许是 Transact-SQL 的保留字。

（4）不允许嵌入空格或其他特殊字符。

例如：为明日科技公司创建一个工资管理系统，可以将其数据库命名为"MR_NXT"。名字除了要遵守命名规则以外，最好还能准确表达数据库的内容。本例中的数据库名称是以每个字的大写字母命名的，其中还使用了下划线"_"。

2.　标识符分类

SQL Server 将标识符分为以下两种类型。

❑　常规标识符：符合标识符的格式规则。

❑　分隔标识符：包含在双引号（""）或者方括号（[ ]）内的标识符。该标识符可以不符合标识符的格式规则，如[MR GZGLXT]、MR 和 GZGLXT 之间含有空格，但因为使用了方括号，所以视为分隔标识符。

常规标识符和分隔标识符包含的字符数必须在 1～128 之间，对于本地临时表，标识符最多可以有 116 个字符。

4.2.2　对象命名规则

SQL Server 2008 的数据库对象的名字由 1～128 个字符组成，不区分大小写。使用标识符也可以作为对象的名称。

在一个数据库中创建了一个数据库对象后，数据库对象的完整名称应该由服务器名、数据库名、拥有者名和对象名 4 部分组成，其格式如下。

```
[ [ [ server. ] [ database ] .] [ owner_name ] .] object_name
```

服务器、数据库和所有者的名称即所谓的对象名称限定符。当引用一个对象时，不需要指定服务器、数据库和所有者，可以利用句号标出它们的位置，从而省略限定符。

对象名的有效格式如下。

```
server.database.owner_name.object_name
server.database..object_name
server..owner_name.object_name
server...object_name
database.owner_name.object_name
database..object_name
owner_name.object_name
object_name
```

指定了 4 个部分的对象名称被称为完全合法名称。

不允许存在 4 部分名称完全相同的数据库对象。在同一个数据库里可以存在两个名为 EXAMPLE 的表格，但前提必须是这两个表的拥有者不同。

4.2.3　实例命名规则

使用 Microsoft SQL Server 2008，可以选择在一台计算机上安装 SQL Server 的多个实例。SQL

Server 2008 提供了两种类型的实例：默认实例和命名实例。

❑ 默认实例

此实例由运行它的计算机的网络名称标识。使用以前版本 SQL Server 客户端软件的应用程序可以连接到默认实例。SQL Server 6.5 版或 SQL Server 7.0 版服务器可作为默认实例操作。但是，一台计算机上每次只能有一个版本作为默认实例运行。

❑ 命名实例

计算机可以同时运行任意个 SQL Server 命名实例。实例通过计算机的网络名称加上实例名称以<计算机名称>\<实例名称>格式进行标识，即 computer_name\instance_name，但该实例名不能超过 16 个字符。

4.3 数据库操作

4.3.1 创建数据库

在 SQL Server 创建用户数据库之前，用户必须设计好数据库的名称以及它的所有者、空间大小和存储信息的文件和文件组。

1. 以界面方式创建数据库

下面在 SQL Server Management Studio 中创建数据库"db_database"，具体操作步骤如下。

（1）启动 SQL Server Management Studio，并连接到 SQL Server 2008 中的数据库。

（2）鼠标右键单击"数据库"选项，在弹出的快捷菜单中选择"新建数据库"命令，如图 4-1 所示。

图 4-1　新建数据库

（3）打开"新建数据库"对话框，如图 4-2 所示。对话框中包括"常规"、"选项"和"文件组"3 个选项卡，通过这 3 个选项卡设置新创建的数据库。

- ❏ "常规"选项卡：用于设置新建数据库的名称。
- ❏ "选项"和"文件组"选项卡：定义数据库的一些选项，显示文件和文件组的统计信息。这里均采用默认设置。

图 4-2　创建数据库名称

　SQL Server 2008 默认创建了一个 PRIMARY 文件组，用于存放若干个数据文件。但日志文件没有文件组。

（4）单击"所有者"的浏览按钮，在弹出的列表框中选择数据库的所有者。数据库所有者是对数据库具有完全操作权限的用户，这里选择"默认值"选项，表示数据库所有者为用户登录 Windows 操作系统使用的管理员账户，如 Administrator。

　SQL Server 2008 数据库的数据文件分逻辑名称和物理名称。逻辑名称是在 SQL 语句中引用文件时所使用的名称；物理名称用于操作系统管理。

（5）在"数据库名称"文本框中输入新建数据库的名称"db_database"，数据库名称设置完成后，系统自动在"数据库文件"列表中产生一个主要数据文件（初始大小为 5MB）和一个日志文件（初始大小为 1MB），同时显示文件组、自动增长和路径等默认设置。用户可以根据需要自行修改这些默认的设置，也可以单击右下角的"添加"按钮添加数据文件。这里主要数据文件和日志文件均采用默认设置。

2. 使用 CREATE DATABASE 语句创建数据库

语法如下。

```
CREATE DATABASE database_name
```

```
[ ON
[ PRIMARY ] [ <filespec> [ ,...n ]
[ , <filegroup> [ ,...n ] ]
[ LOG ON { <filespec> [ ,...n ] } ]
]
[ COLLATE collation_name ]
[ WITH <external_access_option> ]
]
[;]

To attach a database
CREATE DATABASE database_name
ON <filespec> [ ,...n ]
FOR { ATTACH [ WITH <service_broker_option> ]
| ATTACH_REBUILD_LOG }
[;]
<filespec> ::=
{
(
NAME = logical_file_name ,
FILENAME = { 'os_file_name' | 'filestream_path' }
 [ , SIZE = size [ KB | MB | GB | TB ] ]
 [ , MAXSIZE = { max_size [ KB | MB | GB | TB ] | UNLIMITED } ]
 [ , FILEGROWTH = growth_increment [ KB | MB | GB | TB | % ] ]
) [ ,...n ]
}
<filegroup> ::=
{
FILEGROUP filegroup_name [ CONTAINS FILESTREAM ] [ DEFAULT ]
<filespec> [ ,...n ]
}

<external_access_option> ::=
{
 [ DB_CHAINING { ON | OFF } ]
 [ , TRUSTWORTHY { ON | OFF } ]
}
<service_broker_option> ::=
{
ENABLE_BROKER
|NEW_BROKER
|ERROR_BROKER_CONVERSATIONS
}
Create a database snapshot
CREATE DATABASE database_snapshot_name
ON
 (
NAME = logical_file_name,
FILENAME = 'os_file_name'
) [ ,...n ]
AS SNAPSHOT OF source_database_name
[;]
```

参数说明如下。

❑ ADD FILE：指定要添加的数据库文件。

- ❑ TO FILEGROUP：指定要添加文件到哪个文件组。
- ❑ database_name：新数据库的名称。数据库名称在 SQL Server 的实例中必须唯一，并且必须符合标识符规则。
- ❑ ON：指定显式定义用来存储数据库数据部分的磁盘文件（数据文件）。当后面是以逗号分隔的、用以定义主文件组的数据文件的<filespec>项列表时，需要使用 ON。主文件组的文件列表可后跟以逗号分隔的、用以定义用户文件组及其文件的<filegroup>项列表（可选）。
- ❑ PRIMARY：指定关联的<filespec>列表定义主文件。在主文件组的<ilespec>项中指定的第一个文件将成为主文件。一个数据库只能有一个主文件。有关详细信息，请参阅文件和文件组体系结构。
- ❑ LOG ON：指定显式定义用来存储数据库日志的磁盘文件（日志文件）。LOG ON 后跟以逗号分隔的用以定义日志文件的<filespec>项列表。如果没有指定 LOG ON，将自动创建一个日志文件，其大小为该数据库的所有数据文件大小总和的 25% 或 512 KB，取两者之中的较大者。不能对数据库快照指定 LOG ON。
- ❑ COLLATE：指明数据库使用的校验方式。collation_name 可以是 Windows 的校验方式名称，也可以是 SQL 校验方式名称。如果省略此子句，则数据库使用当前的 SQL Server 校验方式。
- ❑ FOR LOAD：此选项是为了与 SQL Server 7.0 以前的版本兼容而设定的，读者可以不用关心。RESTORE 命令可以更好地实现此功能。
- ❑ FOR ATTACH：用于附加已经存在的数据库文件到新的数据库中，而不用重新创建数据库文件。使用此命令必须指定主文件，被附加的数据库文件的代码页（Code Page）和排序次序（Sort Order）必须与目前 SQL Server 所使用的一致，建议使用 sp_attach_db 系统存储过程来代替此命令。CREATE DATABASE FOR ATTACH 命令只有在指定的文件数目超过 16 个时才能使用。
- ❑ NAME：指定文件在 SQL Server 中的逻辑名称。当使用 FOR ATTACH 选项时，就不需要使用 NAME 选项了。
- ❑ FILENAME：指定文件在操作系统中存储的路径和文件名称。
- ❑ SIZE：指定数据库的初始容量大小。如果没有指定主文件的大小，则 SQL Server 默认其与模板数据库中的主文件大小一致，其他数据库文件和事务日志文件则默认为 1MB。指定大小的数字 SIZE 可以使用 KB、MB、GB 和 TB 作为后缀，默认的后缀是 MB。SIZE 中不能使用小数，其最小值为 512KB，默认值是 1MB。主文件的 SIZE 不能小于模板数据库中的主文件。
- ❑ MAXSIZE：指定文件的最大容量。如果没有指定 MAXSIZE，则文件可以不断增长直到充满磁盘。
- ❑ UNLIMITED：指明文件无容量限制。
- ❑ FILEGROWTH：指定文件每次增容时增加的容量大小。增加量可以用以 KB、MB 作后缀的字节数或以%作后缀的被增容文件的百分比来表示。默认后缀为 MB。如果没有指定 FILEGROWTH，则默认值为 10%，每次扩容的最小值为 64KB。

例如：使用 CREATE DATABASE 命令创建一个名称为"mrgwh"的数据库。

运行的结果如图 4-3 所示。

```
create database mrgwh                    --使用 create database 命令创建一个名称是"mrgwh"的数据库
```

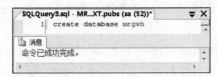

图 4-3　创建一个名称为"mrgwh"的数据库

　在创建数据库时，所要创建的数据库名称必须是系统中不存在的。如果存在相同名称的数据库，在创建数据库时系统将会报错。另外，数据库的名称也可以是中文名称。

例如：在数据库中，使用 CREATE DATABASE 命令创建名为"mrdz"的数据库。其中，主数据文件名称是"mrdz.mdf"，初始大小是 10MB，最大存储空间是 100MB，增长大小是 5MB。而日志文件名称是"mrdz.ldf"，初始大小是 8MB，最大的存储空间是 50MB，增长大小是 8MB。在查询分析器中运行的结果如图 4-4 所示。

```
create database mrdz
on
(name=mrdat,
filename='D:\Program Files\Microsoft SQL Server\MSSQL10.NXT\MSSQL\DATA\mrdz.mdf',
size=10,
maxsize=100,
filegrowth=5)
log on
(name='mingrilog',
filename='D:\Program Files\Microsoft SQL Server\MSSQL10.NXT\MSSQL\DATA\mrdz.mdf',
size=8mb,
maxsize=50mb,
filegrowth=8mb )
```

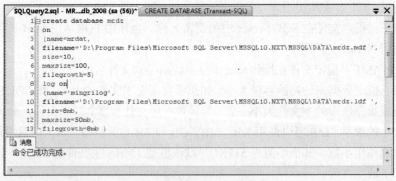

图 4-4　自定义选项创建数据库

4.3.2　修改数据库

数据库创建完成后，常常需要根据用户环境进行调整，如对数据库的某些参数进行更改，这就需要使用修改数据库的命令。

1．以界面方式修改数据库

下面介绍如何更改数据库"MR_KFGL"的所有者。具体操作步骤如下。

（1）启动 SQL Server Management Studio，并连接到 SQL Server 2008 中的数据库，在"对象

资源管理器"中展开"数据库"节点。

（2）鼠标右键单击需要更改的数据库"db_2008"选项，在弹出的快捷菜单中选择"属性"命令，如图 4-5 所示。

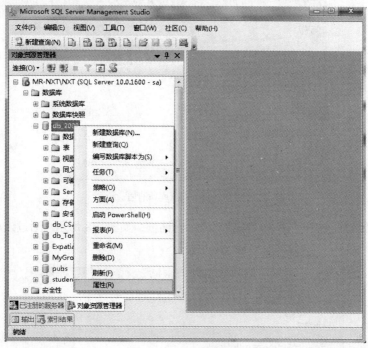

图 4-5　选择数据库属性

（3）进入"数据库属性"对话框，如图 4-6 所示。通过该对话框可以修改数据库的相关选项。

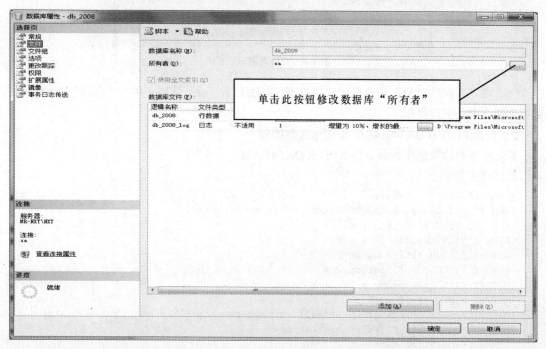

图 4-6　"文件"选项卡

（4）单击"数据库属性"对话框中的"文件"选项卡，然后单击"所有者"后的浏览按钮，弹出"选择数据库所有者"对话框，如图4-7所示。

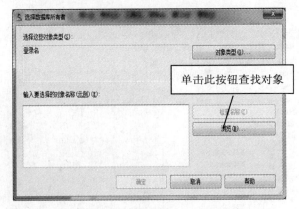

图4-7　选择数据库所有者

（5）单击"浏览"按钮，弹出"查找对象"对话框，如图4-8所示。通过该对话框选择匹配对象。

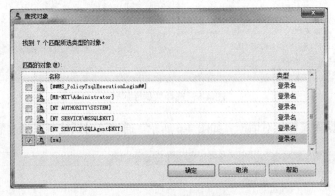

图4-8　查找对象对话框

（6）在"匹配的对象"列表框中选择数据库的所有者"sa"选项，单击"确定"按钮，完成数据库所有者的更改操作。

2. 使用 ALTER DATABASE 语句修改数据库

T-SQL 中修改数据库的命令为 ALTER DATABASE。

语法格式如下。

```
ALTER DATABASE database
{ADD FILE<filespec>[,…n][TO FILEGROUP filegroup_name]
|ADD LOG FILE<filespec>[,…n]
|REMOVE FILE logical_file_name
|ADD FILEGROUP filegroup_name
|REMOVE FILEGROUP filegroup_name
|MODIFY FILE<filespec>
|MODIFY NAME=new_dbname
|MODIFY FILEGROUP filegroup_name{filegroup_property|NAME=new_filegroup_name}
|SET<optionspec>[,…n][WITH<termination>]
|COLLATE<collation_name>
}
```

参数说明如下。

❑ ADD FILE：指定要添加的数据库文件。

❑ TO FILEGROUP：指定要添加文件到哪个文件组。

❑ ADD LOG FILE：指定要添加的事务日志文件。

❑ REMOVE FILE：从数据库中删除文件组并删除该文件组中的所有文件。只有在文件组为空时才能删除。

❑ ADD FILEGROUP：指定要添加的文件组。

❑ REMOVE FILEGROUP：从数据库中删除指定文件组的定义，并且删除其包含的所有数据库文件。文件组只有为空时才能被删除。

❑ MODIFY FILE：修改指定文件的文件名、容量大小、最大容量、文件增容方式等属性，但一次只能修改一个文件的一个属性。使用此选项时应注意，在文件格式 filespec 中必须用 NAME 明确指定文件名称，如果文件大小是已经确定的，那么新定义的 SIZE 必须比当前的文件容量大。FILENAME 只能指定在 tempdbdatabase 中存在的文件，并且新的文件名只有在 SQL Server 重新启动后才发生作用。

❑ MODIFY FILEGROUP<filegroup_name><filegroup_property>：修改文件组属性。其中属性 "filegroup_property" 的取值可以为 READONLY，表示指定文件组为只读，要注意的是主文件组不能指定为只读，只有对数据库有独占访问权限的用户才可以将一个文件组标志为只读；取值为 READWRITE，表示使文件组为可读写，只有对数据库有独占访问权限的用户才可以将一个文件组标志为可读写；取值为 DEFAULT，表示指定文件组为默认文件组，一个数据库中只能有一个默认文件组。

❑ SET：设置数据库属性。

【例 4-1】　将一个大小为 10MB 的数据文件 mrkj 添加到 MingRi 数据库中，该数据文件的大小为 10MB，最大的文件大小为 100MB，增长速度为 2MB，MingRi 数据库的物理地址为 D 盘文件夹下"，　SQL 语句如下。（实例位置：光盘\MR\源码\第 4 章\4-1。）

```
ALTER DATABASE Mingri
ADD FILE
(
NAME=mrkj,
Filename='D:\mrkj.ndf',
size=10MB,
Maxsize=100MB,
Filegrowth=2MB
)
```

例如：将数据库名称 "mr" 更名为 "mrsoft"。

在 mr 数据库中，使用系统存储过程 sp_renamedb 将数据库名称 "mr" 更名为 "mrsoft"。

在查询分析器中运行的结果如图 4-9 所示。

```
exec sp_renamedb 'mr', 'mrsoft'
```

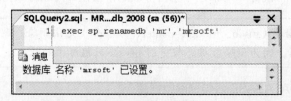

图 4-9　将数据库名称 "mr" 更名为 "mrsoft"

只有属于 sysadmin 固定服务器角色的成员可以执行 sp_renamedb 系统存储过程。

4.3.3 删除数据库

DROP DATABASE 命令可以删除一个或多个数据库。当某一个数据库被删除后，这个数据库的所有对象和数据都将被删除，所有日志文件和数据文件也都将删除，所占用的空间将会释放给操作系统。

1. 以界面方式删除数据库

下面介绍如何删除数据库"MingRi"。具体操作步骤如下。

（1）启动 SQL Server Management Studio，并连接到 SQL Server2008 中的数据库。在"对象资源管理器"中展开"数据库"节点。

（2）鼠标右键单击要删除的数据库"MingRi"选项，在弹出的快捷菜单中选择"删除"命令。如图 4-10 所示。

图 4-10　删除数据库

（3）在弹出的"删除对象"对话框中单击"确定"按钮即可删除数据库。如图 4-11 所示。

系统数据库（msdb、model、master、tempdb）无法删除。删除数据库后应立即备份 master 数据库，因为删除数据库将更新 master 数据库中的信息。

2. 使用 DROP DATABASE 语句删除数据库

语法格式如下。

```
DROP DATABASE database_name [ ,...n ]
```

其中 database_name 是要删除的数据库名称。

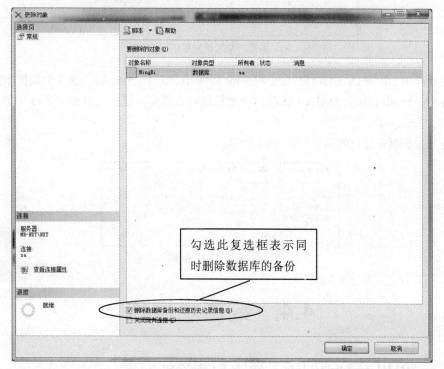

图 4-11　删除对象

 　　　使用 DROP DATABASE 命令删除数据库时，系统中必须存在所要删除的数据库，
否则系统将会出现错误。

另外，如果删除正在使用的数据库，系统将会出现错误。

例如：不能在"学生档案管理"数据库中删除"学生档案管理"数据库，SQL 代码如下。

```
Use 学生档案管理   --使用学生档案管理数据库
Drop database 学生档案管理 --删除正在使用的数据库
```

删除学生档案管理数据库的操作没有成功，系统会报错，运行结果如图 4-12 所示。

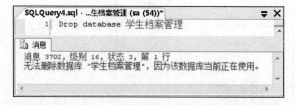

图 4-12　删除正在使用的数据库，系统会报错的效果图

在"学生档案管理"数据库中，使用 DROP DATABASE 命令删除数据库名为"学生档案管
理"的数据库。

在查询分析器中的运行的结果如图 4-13 所示。

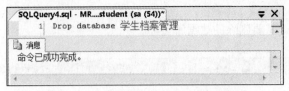

图 4-13 删除"学生档案管理"数据库

例如：使用 DROP DATABASE 命令将"mr","mrsoft1","mingri1"这 3 个数据库批量删除，在数据库中，使用 DROP DATABASE 命令批量删除数据库，删除的数据库名称分别是"mr"，"mrsoft1"，"mingri1"。

在查询分析器中运行的结果如图 4-14 所示。

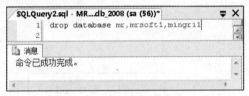

图 4-14 批量删除数据库

4.4 数据表操作

4.4.1 以界面方式创建、修改和删除数据表

1. 创建数据表

下面在 SQL Server Management Studio 中创建数据表"mrkj"，具体操作步骤如下。

（1）启动 SQL Server Management Studio，并连接到 SQL Server 2008 中的数据库。

（2）鼠标右键单击"表"选项，在弹出的快捷菜单中选择"新建表"命令，如图 4-15 所示。

图 4-15 新建表

（3）进入"添加表"对话框，如图 4-16 所示。在列表框中填写所需要的字段名，单击"保存"按钮，即添加表成功。

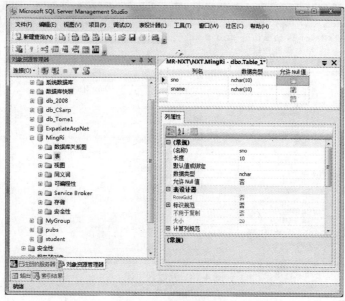

图 4-16　创建数据表名称

2. 修改数据表

下面介绍如何更改表"mrkj"的所有者。具体操作步骤如下。

（1）启动 SQL Server Management Studio，并连接到 SQL Server 2008 中的数据库，在"对象资源管理器"中展开"数据库下面的表"节点。

（2）鼠标右键单击需要更改的表"mrkj"选项，在弹出的快捷菜单中选择"设计"命令，如图 4-17 所示。

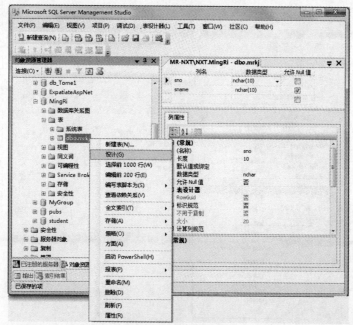

图 4-17　选择表设计

（3）进入"表设计"对话框，如图 4-18 所示。通过该对话框可以修改数据表的相关选项。修改完成后，单击"保存"按钮，修改成功。

图 4-18　修改表字段

3. 删除数据表

下面介绍如何删除表"mrkj"的所有者。具体操作步骤如下。

（1）启动 SQL Server Management Studio，并连接到 SQL Server 2008 中的数据库，在"对象资源管理器"中展开"数据库下面的表"节点。

（2）鼠标右键单击需要删除的表"mrkj"选项，在弹出的快捷菜单中选择"删除"命令，如图 4-19 所示。

图 4-19　选择表删除

（3）进入"表删除"对话框，如图 4-20 所示。通过该对话框可以删除数据表的相关选项。单击"确定"按钮，删除成功。

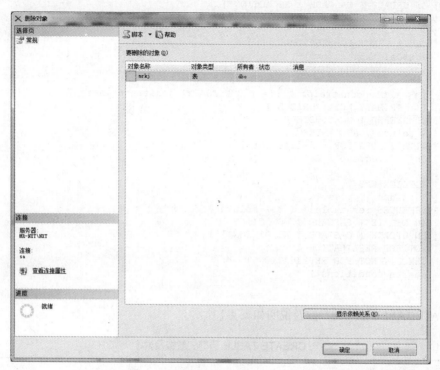

图 4-20 删除表

4.4.2 使用 CREATE TABLE 语句创建表

使用 CREATE TABLE 语句可以创建表，其基本语法如下。

```
CREATE TABLE
[ database_name.[ owner ] .| owner.] table_name
( { < column_definition >
| column_name AS computed_column_expression
| < table_constraint > ::= [ CONSTRAINT constraint_name ] }

    | [ { PRIMARY KEY | UNIQUE } [ ,...n ] ]
)

    [ ON { filegroup | DEFAULT } ]
[ TEXTIMAGE_ON { filegroup | DEFAULT } ]
< column_definition > ::= { column_name data_type }
[ COLLATE < collation_name > ]
[ [ DEFAULT constant_expression ]
| [ IDENTITY [ ( seed , increment ) [ NOT FOR REPLICATION ] ] ]
]
[ ROWGUIDCOL]
[ < column_constraint > ] [ ...n ]
< column_constraint > ::= [ CONSTRAINT constraint_name ]
{ [ NULL | NOT NULL ]
| [ { PRIMARY KEY | UNIQUE }
[ CLUSTERED | NONCLUSTERED ]
[ WITH FILLFACTOR = fillfactor ]
[ON {filegroup | DEFAULT} ] ]
]
```

```
| [ [ FOREIGN KEY ]
REFERENCES ref_table [ ( ref_column ) ]
[ ON DELETE { CASCADE | NO ACTION } ]
[ ON UPDATE { CASCADE | NO ACTION } ]
[ NOT FOR REPLICATION ]
]
| CHECK [ NOT FOR REPLICATION ]
( logical_expression )
}

    < table_constraint > ::= [ CONSTRAINT constraint_name ]
{ [ { PRIMARY KEY | UNIQUE }
[ CLUSTERED | NONCLUSTERED ]
{ ( column [ ASC | DESC ] [ ,...n ] ) }
[ WITH FILLFACTOR = fillfactor ]
[ ON { filegroup | DEFAULT } ]
]
| FOREIGN KEY
[ ( column [ ,...n ] ) ]
REFERENCES ref_table [ ( ref_column [ ,...n ] ) ]
[ ON DELETE { CASCADE | NO ACTION } ]
[ ON UPDATE { CASCADE | NO ACTION } ]
[ NOT FOR REPLICATION ]
| CHECK [ NOT FOR REPLICATION ]
( search_conditions )
}
```

CREATE TABLE 语句的参数及说明如表 4-1 所示。

表 4-1　　　　　　　　　　　　CREATE TABLE 语句的参数及说明

参　　数	描　　述
database_name	在其中创建表的数据库的名称。database_name 必须指定现有数据库的名称。如果未指定，则 database_name 默认为当前数据库
owner	新表所属架构的名称
table_name	新表的名称。表名必须遵循标识符规则。除了本地临时表名（以单个数字符号（#）为前缀的名称）不能超过 116 个字符外，table_name 最多可包含 128 个字符
column_name	表中列的名称。列名必须遵循标识符规则，并且在表中是唯一的
computed_column_expression	定义计算列的值的表达式
ON{<partion_scheme>|filegroup|"default"}	指定存储表的分区架构或文件组
<table_constraint>	表约束
TEXTIMAGE_ON{filegroup|"default"}}	指定 text、ntext、image、xml、varchar（max）、nvarchar（max）、varbinary（max）列存储在指定文件组的关键字
CONSTRAINT	可选关键字，表示 PRIMARY KEY、NOT NULL、UNIQUE、FOREIGN KEY 或 CHECK 约束定义的开始
constraint_name	约束的名称。约束名称必须在表所属的架构中唯一
NULL | NOT NULL	确定列中是否允许使用空值
PRIMARY KEY	是通过唯一索引对给定的一列或多列强制实体完整性的约束。每个表只能创建一个 PRIMARY KEY 约束
UNIQUE	一个约束，该约束通过唯一索引为一个或多个指定列提供实体完整性。一个表可以有多个 UNIQUE 约束

参　　数	描　　述
CLUSTERED | NONCLUSTERED	指示为 PRIMARY KEY 或 UNIQUE 约束创建聚集索引还是非聚集索引。PRIMARY KEY 约束默认为 CLUSTERED，UNIQUE 约束默认为 NONCLUSTERED
column	用括号括起来的一列或多列，在表约束中表示这些列用在约束定义中
[ASC | DESC]	指定加入到表约束中的一列或多列的排序顺序。默认值为 ASC
WITH FILLFACTOR = fillfactor	指定数据库引擎存储索引数据时每个索引页的填充满程度。用户指定的 fillfactor 值可以为介于 1 至 100 之间的任意值。如果未指定值，则默认值为 0
FOREIGN KEY REFERENCES	为列中的数据提供引用完整性的约束。FOREIGN KEY 约束要求列中的每个值在所引用的表中对应的被引用列中都存在
（ ref_column [, ... n] ）	是 FOREIGN KEY 约束所引用的表中的一列或多列
ON DELETE { NO ACTION | CASCADE | SET NULL | SET DEFAULT }	指定如果已创建表中的行具有引用关系，并且被引用行已从父表中删除，则对这些行采取的操作。默认值为 NO ACTION
ON UPDATE { NO ACTION | CASCADE }	指定在发生更改的表中，如果行有引用关系且引用的行在父表中被更新，则对这些行采取什么操作。默认值为 NO ACTION
CHECK	一个约束，该约束通过限制可输入一列或多列中的可能值来强制实现域完整性。计算列上的 CHECK 约束也必须标记为 PERSISTED
NOT FOR REPLICATION	在 CREATE TABLE 语句中，可为 IDENTITY 属性、FOREIGN KEY 约束和 CHECK 约束指定 NOT FOR REPLICATION 子句

【例 4-2 】　使用 CREATE TABLE 语句创建数据表 tb_Student，ID 字段为 int 类型并且不允许为空，Name 字段长度为 50 的 nvarchar 类型，Age 字段为 int 类型。SQL 语句如下。（实例位置：光盘\MR\源码\第 4 章\4-2。）

```
USE db_2008
CREATE TABLE [dbo].[tb_Student](
    [ID] [int] NOT NULL,
    [Name] [nvarchar](50) ,
    [Age] [int]
)
```

4.4.3　创建、修改和删除约束

1．非空约束

列为空性决定表中的行是否可为该列包含空值。空值（或 NULL）不同于零（0）、空白或长度为零的字符串（如""）。NULL 的意思是没有输入。出现 NULL 通常表示值未知或未定义。

（1）创建非空约束。

可以在 CREATE TABLE 创建表时，使用 NOT NULL 关键字指定非空约束，其语法格式如下。

```
[CONSTRAINT  <约束名>]  NOT NULL
```

在例 4-2 中，通过使用 NOT NULL 关键字指定 ID 字段不允许空。

（2）修改非空约束。

修改非空约束的语法如下。

```
ALTER TABLE table_name
alter column column_name column_type null | not null
```

参数说明如下。

❏　table_name：要修改非空约束的表名称。

❏　column_name：要修改非空约束的列名称。

❏　column_type：要修改非空约束的类型。

❏　null | not null：修改为空或者非空。

【例 4-3】　修改 tb_Student 表中的非空约束，SQL 语句如下。（实例位置：光盘\MR\源码\第 4 章\4-3。）

```
USE db_2008
ALTER TABLE tb_Student
alter column ID int  null
```

2．主键约束

可以通过定义 PRIMARY KEY 约束来创建主键，用于强制表的实体完整性。一个表只能有一个 PRIMARY KEY 约束，并且 PRIMARY KEY 约束中的列不能接受空值。由于 PRIMARY KEY 约束可保证数据的唯一性，因此经常对标识列定义这种约束。

（1）创建主键约束。

❏　在创建表时创建主键约束。

【例 4-4】　创建数据表 Employee，并将字段 ID 设置主键约束，SQL 语句如下。（实例位置：光盘\MR\源码\第 4 章\4-4。）

```
USE db_2008
CREATE TABLE [dbo].[Employee](
[ID] [int] CONSTRAINT PK_ID PRIMARY KEY,
[Name] [char](50) ,
[Sex] [char](2),
[Age] [int]
)
```

 在上述的语句中，CONSTRAINT PK_ID　PRIMARY KEY 为创建一个主键约束，PK_ID 为用户自定义的主键约束名称，主键约束名称必须是合法的标识符。

❏　在现有表中创建主键约束。

在现有表中创建主键约束的语法如下。

```
ALTER TABLE table_name
ADD
CONSTRAINT constraint_name
PRIMARY KEY [CLUSTERED | NONCLUSTERED]
{(Column[,…n])}
```

参数说明如下。

❏　CONSTRAINT：创建约束的关键字。

❏　constraint_name：创建约束的名称。

❏　PRIMARY KEY：表示所创建约束的类型为主键约束。

❏　CLUSTERED | NONCLUSTERED：是表示为 PRIMARY KEY 或 UNIQUE 约束创建聚集或非聚集索引的关键字。PRIMARY KEY 约束默认为 CLUSTERED，UNIQUE 约束默认为 NONCLUSTERED。

【例 4-5】　将 tb_Student 表中的 ID 字段指定设置主键约束，SQL 语句如下。（实例位置：光盘\MR\源码\第 4 章\4-5。）

```
USE db_2008
ALTER TABLE tb_Student
ADD CONSTRAINT PRM_ID  PRIMARY KEY (ID)
```

（2）修改主键约束。

若要修改 PRIMARY KEY 约束，必须先删除现有的 PRIMARY KEY 约束，然后再新定义重新创建该约束。

（3）删除主键约束。

删除主键约束的语法如下。

```
ALTER TABLE table_name
DROP CONSTRAINT constraint_name[,…n]
```

【例 4-6】 删除 tb_Student 表中的主键约束，SQL 语句如下。（实例位置：光盘\MR\源码\第 4 章\4-6。）

```
USE db_2008
ALTER TABLE tb_Student
DROP CONSTRAINT PRM_ID
```

3. 唯一约束

唯一约束 UNIQUE 用于强制实施列集中值的唯一性。根据 UNIQUE 约束，表中的任何两行都不能有相同的列值。另外，主键也强制实施唯一性，但主键不允许 NULL 作为一个唯一值。

（1）创建唯一约束。

❑　在创建表时创建唯一约束。

【例 4-7】 在 db_2008 数据库中创建数据表 Employee，并将字段 ID 设置唯一约束，SQL 语句如下。（实例位置：光盘\MR\源码\第 4 章\4-7。）

```
USE db_2008
CREATE TABLE [dbo].[Employee](
 [ID] [int] CONSTRAINT UQ_ID UNIQUE,
 [Name] [char](50) ,
 [Sex] [char](2),
 [Age] [int]
)
```

❑　在现有表中创建唯一约束。

在现有表中创建唯一约束的语法如下。

```
ALTER TABLE table_name
ADD CONSTRAINT constraint_name
UNIQUE [CLUSTERED | NONCLUSTERED]
{(column [,…n])}
```

参数说明如下。

❑　table_name：要创建唯一约束的表名称。

❑　constraint_name：唯一约束名称。

❑　column：要创建唯一约束的列名称。

【例 4-8】 将 Employee 表中的 ID 字段指定设置唯一约束，SQL 语句如下。（实例位置：光盘\MR\源码\第 4 章\4-8。）

```
USE db_2008
ALTER TABLE Employee
ADD CONSTRAINT Unique_ID
UNIQUE(ID)
```

（2）修改唯一约束。

若要修改 UNIQUE 约束，必须首先删除现有的 UNIQUE 约束，然后用新定义重新创建。

（3）删除唯一约束。

删除唯一约束的语法如下。

```
ALTER TABLE table_name
DROP CONSTRAINT constraint_name[,…n]
```

【例 4-9】 删除 Employee 表中的唯一约束，SQL 语句如下。（实例位置：光盘\MR\源码\第 4 章\4-9。）

```
USE db_2008
ALTER TABLE Employee
DROP CONSTRAINT Unique_ID
```

4．检查约束

检查约束 CHECK 可以强制域的完整性。CHECK 约束类似于 FOREIGN KEY 约束，可以控制放入列中的值。但是，它们在确定有效值的方式上有所不同：FOREIGN KEY 约束从其他表获得有效值列表，而 CHECK 约束通过不基于其他列中的数据的逻辑表达式确定有效值。

（1）创建检查约束。

❑ 在创建表时创建检查约束。

【例 4-10】 创建数据表 Employee，并将字段 Sex 设置检查约束，在输入性别字段时，只能接受 "男" 或者 "女"，而不能接受其他数据，SQL 语句如下。（实例位置：光盘\MR\源码\第 4 章\4-10。）

```
USE db_2008
CREATE TABLE [dbo].[Employee](
 [ID] [int],
 [Name] [char](50) ,
 [Sex] [char](2) CONSTRAINT CK_Sex Check(sex in('男','女')),
 [Age] [int]
)
```

❑ 在现有表中创建检查约束。

在现有表中创建检查约束的语法如下。

```
ALTER TABLE table_name
ADD CONSTRAINT constraint_name
CHECK (logical_expression)
```

参数说明如下。

❑ table_name：要创建检查约束的表名称。

❑ constraint_name：检查约束名称。

❑ logical_expression：要检查约束的条件表达式。

【例 4-11】 为 Employee 表中的 Sex 字段设置检查约束，在输入性别的时候只能接受 "女"，不能接受其他字段，SQL 语句如下。（实例位置：光盘\MR\源码\第 4 章\4-11。）

```
USE db_2008
ALTER TABLE [Employee]
ADD CONSTRAINT Check_Sex Check(sex='女')
```

（2）修改检查约束。

修改表中某列的 CHECK 约束使用的表达式。必须首先删除现有的 CHECK 约束，然后使用新定义重新创建，才能修改 CHECK 约束。

（3）删除检查约束。

删除检查约束的语法如下。

```
ALTER TABLE table_name
DROP CONSTRAINT constraint_name[,…n]
```

【例 4-12】　删除 Employee 表中的检查约束，SQL 语句如下。（实例位置：光盘\MR\源码\第 4 章\4-12。）

```
USE db_2008
ALTER TABLE Employee
DROP CONSTRAINT Check_Sex
```

5. 默认约束

在创建或修改表时可通过定义默认约束 DEFAULT 来创建默认值。默认值可以是计算结果为常量的任何值，例如常量、内置函数或数学表达式。这将为每一列分配一个常量表达式作为默认值。

（1）创建默认约束。

❑　在创建表时创建默认约束。

【例 4-13】　创建数据表 Employee，并为字段 Sex 设置默认约束"女"，SQL 语句如下。（实例位置：光盘\MR\源码\第 4 章\4-13。）

```
USE db_2008
CREATE TABLE [dbo].[Employee](
 [ID] [int],
 [Name] [char](50) ,
 [Sex] [char](2) CONSTRAINT Def_Sex Default '女',
 [Age] [int]
)
```

❑　在现有表中创建默认约束。

在现有表中创建默认约束的语法如下。

```
ALTER TABLE table_name
ADD CONSTRAINT constraint_name
DEFAULT constant_expression [FOR column_name]
```

参数说明如下。

❑　table_name：要创建默认约束的表名称。

❑　constraint_name：默认约束名称。

❑　constant_expression：默认值。

【例 4-14】　为 Employee 表中的 Sex 字段设置默认约束"男"，SQL 语句如下。（实例位置：光盘\MR\源码\第 4 章\4-14。）

```
ALTER TABLE [Employee]
ADD CONSTRAINT Default_Sex
DEFAULT '男' FOR Sex
```

（2）修改默认约束。

修改表中某列的 Default 约束使用的表达式。必须首先删除现有的 Default 约束，然后使用新定义重新创建，才能修改 Default 约束。

（3）删除默认约束。

删除检查约束的语法如下。

```
ALTER TABLE table_name
DROP CONSTRAINT constraint_name[,…n]
```

【例 4-15】 删除 Employee 表中的默认约束，SQL 语句如下。（实例位置： 光盘\MR\源码\第 4 章\4-15。）

```
USE db_2008
ALTER TABLE Employee
DROP CONSTRAINT Default_Sex
```

6. 外键约束

通过定义 FOREIGN KEY 约束来创建外键。在外键引用中，当一个表的列被引用作为另一个表的主键值的列时，就在两表之间创建了链接。这个列就成为第二个表的外键。

（1）创建外键约束。

❑ 在创建表时创建外键约束。

【例 4-16】 创建表 Laborage，并为 Laborage 表创建外键约束，该约束把 Laborage 中的编号（ID）字段和表 Employee 中的编号（ID）字段关联起来，实现 Laborage 中的编号（ID）字段的取值要参照表 Employee 中编号（ID）字段的数据值，SQL 语句如下。（实例位置：光盘\MR\源码\第 4 章\4-16。）

```
use db_2008
CREATE TABLE Laborage
(
 ID INT ,
 Wage MONEY,
 CONSTRAINT FKEY_ID
 FOREIGN KEY (ID)
REFERENCES Employee(ID)
)
```

FOREIGN KEY (ID)中的 ID 字段为 Laborage 表中的编号（ID）字段。

❑ 在现有表中创建默认约束。

在现有表中创建外键约束的语法如下。

```
ALTER TABLE table_name
ADD CONSTRAINT constraint_name
[FOREIGN KEY]{(column_name[,…n])}
  REFERENCES ref_table[(ref_column_name[,…n])]
```

创建外键约束语句的参数及说明如表 4-2 所示。

表 4-2　　　　　　　　　　　创建外键约束语句的参数及说明

参　　数	描　　述
table_name	要创建外键的表名称
constraint_name	外键约束名称
FOREIGN KEY…REFERENCES	为列中的数据提供引用完整性的约束。FOREIGN KEY 约束要求列中的每个值在被引用表中对应的被引用列中都存在。FOREIGN KEY 约束只能引用被引用表中为 PRIMARY KEY 或 UNIQUE 约束的列或被引用表中在 UNIQUE INDEX 内引用的列
ref_table	FOREIGN KEY 约束所引用的表名
(ref_column[,...n])	FOREIGN KEY 约束所引用的表中的一列或多列

【例 4-17】　将 Employee 表中的 ID 字段设置为 Laborage 表中的外键，SQL 语句如下。（实例位置：光盘\MR\源码\第 4 章\4-17。）

```
use db_2008
ALTER TABLE Laborage
ADD CONSTRAINT Fkey_ID
FOREIGN KEY (ID)
REFERENCES Employee(ID)
```

（2）修改外键约束。

修改表中某列的 FOREIGN KEY 约束。必须首先删除现有的 FOREIGN KEY 约束，然后使用新定义重新创建，才能修改 FOREIGN KEY 约束。

（3）删除默认约束。

删除外键约束的语法如下。

```
ALTER TABLE table_name
DROP CONSTRAINT constraint_name[,…n]
```

【例 4-18】　删除 Employee 表中的默认约束，SQL 语句如下。（实例位置：光盘\MR\源码\第 4 章\4-18。）

```
use db_2008
Alter Table Laborage
Drop  CONSTRAINT FKEY_ID
```

4.4.4　使用 ALTER TABLE 语句修改表结构

使用 ALTER TABLE 语句可以修改表的结构，语法如下。

```
ALTER TABLE [ database_name . [ schema_name ] . | schema_name . ] table_name
{
    ALTER COLUMN column_name
    {
        [ type_schema_name. ] type_name [ ( { precision [ , scale ]
            | max | xml_schema_collection } ) ]
[ COLLATE collation_name ]
        [ NULL | NOT NULL ]
| {ADD | DROP }
 { ROWGUIDCOL | PERSISTED| NOT FOR REPLICATION | SPARSE  }
    }
| [ WITH { CHECK | NOCHECK } ]
| ADD
    {
        <column_definition>
      | <computed_column_definition>
      | <table_constraint>
| <column_set_definition>
    } [ ,...n ]
    | DROP
    {
        [ CONSTRAINT ] constraint_name
        [ WITH ( <drop_clustered_constraint_option> [ ,...n ] ) ]
        | COLUMN column_name
    } [ ,...n ]
```

ALTER TABLE 语句的参数及说明如表 4-3 所示。

表 4-3	ALTER TABLE 语句的参数及说明
参　　　数	描　　　述
database_name	创建表时所在的数据库的名称
schema_name	表所属架构的名称
table_name	要更改的表的名称
ALTER COLUMN	指定要更改命名列
column_name	要更改、添加或删除的列的名称
[type_schema_name.] type_name	更改后的列的新数据类型或添加的列的数据类型
Precision	指定的数据类型的精度
scale	指定的数据类型的小数位数
max	仅应用于 varchar、nvarchar 和 varbinary 数据类型
xml_schema_collection	仅应用于 xml 数据类型
COLLATE < collation_name >	指定更改后的列的新排序规则
NULL | NOT NULL	指定列是否可接受空值
[{ADD | DROP} ROWGUIDCOL]	指定在指定列中添加或删除 ROWGUIDCOL 属性
[{ADD | DROP} PERSISTED]	指定在指定列中添加或删除 PERSISTED 属性
DROP NOT FOR REPLICATION	指定当复制代理执行插入操作时，标识列中的值将增加
SPARSE	指示列为稀疏列。稀疏列已针对 NULL 值进行了存储优化。不能将稀疏列指定为 NOT NULL
WITH CHECK | WITH NOCHECK	指定表中的数据是否用新添加的或重新启用的 FOREIGN KEY 或 CHECK 约束进行验证
ADD	指定添加一个或多个列定义、计算列定义或者表约束
DROP { [CONSTRAINT] constraint_name | COLUMN column_name }	指定从表中删除 constraint_name 或 column_name。可以列出多个列或约束
WITH <drop_clustered_constraint_option>	指定设置一个或多个删除聚集约束选项

【例 4-19】　向 db_2008 数据库中的 tb_Student 表中添加 Sex 字段，SQL 语句如下。（实例位置：光盘\MR\源码\第 4 章\4-19。）

```
USE db_2008
ALTER TABLE tb_Student
ADD  Sex char(2)
```

【例 4-20】　删除 DB_2008 数据库中 tb_Student 中的 Sex 字段，SQL 代码如下。（实例位置：光盘\MR\源码\第 4 章\4-20。）

```
USE db_2008
ALTER TABLE tb_Student
DROP COLUMN Sex
```

4.4.5　使用 DROP TABLE 语句删除表

使用 DROP TABLE 语句可以删除数据表，其语法如下。

```
DROP TABLE [ database_name . [ schema_name ] . | schema_name . ]
     table_name [ ,...n ] [ ; ]
```

参数说明如下。

❏ database_name：要在其中删除表的数据库的名称。

❏ schema_name：表所属架构的名称。

❏ table_name：要删除的表的名称。

【例 4-21】　删除 db_2008 数据库中的数据表 tb_Student，SQL 语句如下。（实例位置：光盘 \MR\源码\第 4 章\4-21。）

```
USE db_2008
DROP TABLE tb_Student
```

4.5　数据操作

对于数据库使用来说，设计好数据表只是一个框架而已，只有添加完数据的数据表才可以被称为一个完整的数据表。

4.5.1　使用 INSERT 语句添加数据

INSERT 语句可以实现向表中添加新记录的操作。该语句可以向表中插入一条新记录或者插入一个结果集。

语法如下。

```
INSERT [ INTO]
table_or_view_name
VALUES
(expression) [,. . . n]
```

参数说明如下。

❏ table_or_view_name：要接收数据的表或视图的名称。

❏ VALUES：引入要插入的数据值的列表。

❏ expression：一个常量、变量或表达式。表达式不能包含 SELECT 或 EXECUTE 语句。

【例 4-22】　利用 INSERT 语句向数据表 Employee 添加数据记录，SQL 语句如下。（实例位置：光盘\MR\源码\第 4 章\4-22。）

```
USE db_2008
INSERT INTO Employee
(ID,Name,Sex,Age)VALUES('012','雨涵','女','24')
```

【例 4-23】　如果要向表中添加所有的字段，可以省略要插入的数据的列名，SQL 语句如下。（实例位置：光盘\MR\源码\第 4 章\4-23。）

```
USE db_2008
INSERT INTO Employee
VALUES('013','雨欣','女','24')
```

运行结果如图 4-21 所示。

图 4-21　INSERT 语句添加数据

4.5.2 使用 UPDATE 语句修改指定数据

修改数据表中不符合要求的数据或是错误的字段时，可以使用 UPDATE 语句进行修改。
UPDATE 语句修改数据的语法如下。

```
UPDATE table_or_view_name
[ FROM{ <table_source> } [ ,...n ] ]
SET
{ column_name = { expression | DEFAULT | NULL }
[ WHERE <search_condition>]
```

UPDATE 语句的参数及说明如表 4-4 所示。

表 4-4   UPDATE 语句的参数及说明

参　数	描　述
table_or_view_name	要更新行的表或视图的名称
FROM <table_source>	指定将表、视图或派生表源用于为更新操作提供条件
expression	返回单个值的变量、文字值、表达式或嵌套 select 语句（加括号）
DEFAULT	指定用为列定义的默认值替换列中的现有值
WHERE	指定条件来限定所更新的行。根据所使用的 WHERE 子句的形式，有两种更新形式，分别为：（1）搜索更新指定搜索条件来限定要删除的行；（2）定位更新使用 CURRENT OF 子句指定游标。更新操作发生在游标的当前位置
<search_condition>	为要更新的行指定需满足的条件。搜索条件也可以是联接所基于的条件。对搜索条件中可以包含的谓词数量没有限制

【例 4-24】 将 Employee 表中所有员工的年龄加 1 岁，SQL 语句如下。（实例位置：光盘\MR\源码\第 4 章\4-24。）

```
USE db_2008
UPDATE Employee
SET Age=Age+1
```

【例 4-25】 将 Employee 表中"王一"的性别修改为"女"，SQL 语句如下。（实例位置：光盘\MR\源码\第 4 章\4-25。）

```
USE db_2008
UPDATE Employee
SET Sex='女'
WHERE Name='王一'
```

4.5.3 使用 DELETE 语句删除指定数据

DELETE 语句用于从表或视图中删除行。
语法如下。

```
DELETE
[ FROM <table_source> [ ,...n ] ]
[ WHERE { <search_condition>
```

DELETE 语句的参数及说明如表 4-5 所示。

表 4-5	DELETE 语句的参数及说明
参　　数	描　　述
FROM <table_source>	指定将表、视图或派生表源用于为删除操作提供条件
WHERE	指定用于限制删除行数的条件。如果没有提供 WHERE 子句，则 DELETE 删除表中的所有行。基于 WHERE 子句中所指定的条件，有两种形式的删除操作，分别为：（1）搜索删除指定搜索条件以限定要删除的行；（2）定位删除使用 CURRENT OF 子句指定游标。删除操作在游标的当前位置执行。这比使用 WHERE search_condition 子句限定要删除的行的搜索 DELETE 语句更为精确。如果搜索条件不唯一标识单行，则搜索 DELETE 语句删除多行
<search_condition>	指定删除行的限定条件。对搜索条件中可以包含的谓词数量没有限制

【例 4-26】　删除 Employee 表中 ID 为 "009" 的员工的信息，SQL 语句如下。（实例位置：光盘\MR\源码\第 4 章\4-26。）

```
USE db_2008
DELETE FROM Employee WHERE ID='009'
```

在 DELETE 语句中如果不指定 WHERE 子句时，则删除表中的所有记录。

4.6　表与表之间的关联

关系是通过匹配键列中的数据而工作的，而键列通常是两个表中具有相同名称的列，在数据表间创建关系可以显示某个表中的列连接到另一个表中的列。表与表之间存在 3 种类型的关系，所创建的关系类型取决于相关联的列是如何定义的。表与表之间存在的 3 种关系如下。

- ❑ 一对一关系。
- ❑ 一对多关系。
- ❑ 多对多关系。

4.6.1　一对一关系

一对一关系是指表 A 中的一条记录确实在表 B 中有且只有一条相匹配的记录。在一对一关系中，大部分相关信息都在一个表中。

1．创建一对一关系

如果两个相关列都是主键或具有唯一约束，创建的就是一对一关系。

在学生管理系统中，"Course" 表用于存放课程的基础信息，这里定义为主表；"Teacher" 用于存放教师信息，这里定义为从表，且一个教师只能教一门课程。下面介绍如何通过这两张表创建一对一关系。

"一个教师只能教一门课程"，在这里不考虑一名教师教多门课程的情况。如：英语专业的英语老师，只能教英语。

操作步骤如下。

（1）启动 SQL Server Management Studio，并连接到 SQL Server 2008 中的数据库。

（2）在"对象资源管理器"中展开"数据库"节点，展开指定的数据库"db_2008"。

（3）鼠标右键单击 Course 表，在弹出的快捷菜单中选择"设计"命令。

（4）在表设计器界面中，右键单击"Cno"字段，在弹出的快捷菜单中选择"关系"命令，打开"外键关系"窗体，在该窗体中单击"添加"按钮，如图 4-22 所示。

（5）在外键关系窗体中，选择"常规"下面的"表和列规范"文本框中的" "按钮，添加表和列规范属性。弹出"表和列"窗体，在该窗体中设置关系名及主外键的表，如图 4-23 所示。

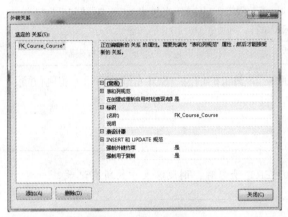

图 4-22　外键关系窗体

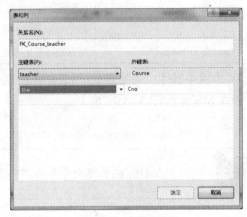

图 4-23　表和列窗体

（6）在"表和列"的窗体中，单击"确定"按钮，返回到"外键关系"窗体，在"外键关系"窗体中单击"关闭"按钮，完成一对一关系的创建。

 创建一对一关系之前，tno、Cno 都应该设置为这两个表的主键，且关联字段类型必须相同。

4.6.2　一对多关系

一对多关系是最常见的关系类型，是指表 A 中的行可以在表 B 中有许多匹配行，但是表 B 中的行只能在表 A 中有一个匹配行。

如果在相关列中只有一列是主键或具有唯一约束，则创建的是一对多关系。例如，"student"用于存储学生的基础信息，这里定义为主表；"Course"用于存储课程的基础信息，一个学生可以学多门课程，这里定义为从表。下面介绍如何通过这两张表创建一对多关系。

操作步骤如下。

（1）启动 SQL Server Management Studio，并连接到 SQL Server 2008 中的数据库。

（2）在"对象资源管理器"中展开"数据库"节点，展开指定的数据库"db_2008"。

（3）鼠标右键单击 Course 表，在弹出的快捷菜单中选择"设计"命令。

（4）在表设计器界面中，右键单击"Cno"字段，在弹出的快捷菜单中选择"关系"命令，打开"外键关系"窗体，在该窗体中单击"添加"按钮，如图 4-24 所示。

（5）在外键关系窗体中，选择"常规"下面的"表和列规范"文本框中的" "按钮，选择要创建一对多关系的数据表和列。弹出"表和列"窗体，在该窗体中设置关系名及主外键的表，如图 4-25 所示。

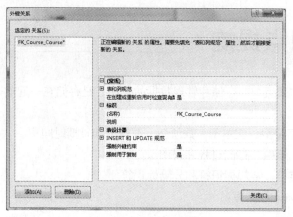

图 4-24 外键关系窗体

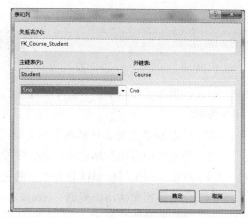

图 4-25 表和列窗体

（6）在"表和列"的窗体中，单击"确定"按钮，返回到"外键关系"窗体，在"外键关系"窗体中单击"关闭"按钮，完成一对多关系的创建。

4.6.3 多对多关系

多对多关系是指关系中每个表的行在相关表中具有多个匹配行。在数据库中，多对多关系的建立是依靠第 3 个表即连接表实现的。连接表包含相关的两个表的主键列，然后从两个相关表的主键列分别创建与连接表中匹配列的关系。

例如：通过"商品信息表"与"商品订单表"创建多对多关系。首先就需要建立一个连接表（如"商品订单信息表"），该表中应该包含上述两个表的主键列，然后"商品信息表"和"商品订单表"分别与连接表建立一对多关系，以此来实现"商品信息表"和"商品订单表"的多对多关系。

4.7 综合实例——批量插入数据

插入数据时，不但可以直接给出列值，还可以将查询得到的结果集直接插入到数据表中。本实例首先创建图书信息表 books2，然后在 INSERT INTO 语句中查询数据表 books 中 b_pub（出版社）是"人邮"的图书信息，将查询结果插入到数据表 books2 中。实例运行结果如图 4-26 所示。

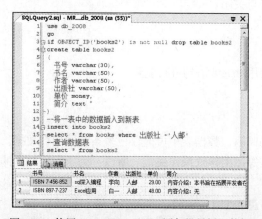

图 4-26 使用 INSERT SELECT 语句批量插入数据

知识点提炼

（1）数据库（DataBase）是按照数据结构来组织、存储和管理数据的仓库，是存储在一起的相关数据的集合。

（2）SQL 规范支持 5 种基本字段类型：字符型、文本型、数值型、逻辑型和日期时间型。

（3）数据库中常用对象包括：表、字段、索引、存储过程和视图。

（4）SQL Server 将标识符分为以下两种类型：常规标识符和分隔标识符。

（5）创建数据库的语法规则：create database 数据库名。

（6）删除表的语法格式：delete from 表名。

（7）表与表之间存在的 3 种关系：一对一关系、一对多关系和多对多关系。

习　题

4-1　数据库基本概念。

4-2　如何创建数据库、删除数据库？

4-3　SQL Server 命名规范支持哪几种字段类型？

4-4　如何创建主键约束、删除主键约束？

4-5　系统数据库默认有哪几种？

实验：删除表中相同行数据

实验目的

（1）熟悉 SQL 中的数据表。

（2）掌握游标的打开与关闭。

实验内容

表中相同行的数据利用 delete 语句进行删除。

实验步骤

由于操作失误等一些原因，数据表中可能存在多条相同的行数据。这样，在对数据进行访问时，就有可能因为键约束等原因导致操作失败。所以，为了保证数据的准确性，应删除重复的行数据。

（1）首先创建用户信息表 User_info2，并向表中插入数据。

（2）声明游标 delcur，以指向重复的行数据；打开游标，检索行数据且跳过第一行（即仅保留重复数据其中的一条）；在 WHILE 循环中使用 DELETE 语句删除重复的行数据；关闭、释放游标。实例运行结果如图 4-27 所示。

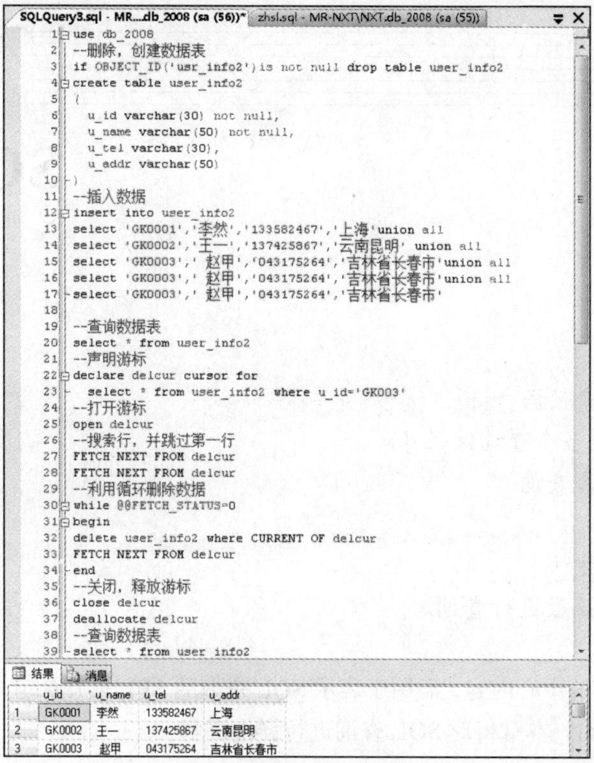

图 4-27　删除表中相同的行数据（游标）

本章要点:

- SELECT 检索数据
- UNION 合并多个查询结果
- 子查询与嵌套查询
- 联接查询
- 联接多表的方法
- 使用 CASE 函数进行查询

查询是 SQL 语言的中心内容,而用于表示 SQL 查询的 SELECT 语句,是 SQL 语句中功能最强大也是最复杂的语句。本章将对 SQL 查询进行详细讲解。

5.1 SELECT 检索数据

SELECT 语句的作用是让数据库服务器根据客户的需求搜索出所需要的信息资料,并按规定的格式进行整理,再返回给客户端。

5.1.1 SELECT 语句的基本结构

SELECT 语句主要是从数据库中检索行,并允许从一个或多个表中选择一个或多个行或列。SELECT 语句的基本语法如下。

```
SELECT select_list [ INTO new_table ]
[ FROM table_source ] [ WHERE search_condition ]
[ GROUP BY group_by_expression]
[ HAVING search_condition]
[ ORDER BY order_expression [ ASC | DESC ] ]
```

SELECT 语句的参数及说明如表 5-1 所示。

表 5-1　　　　　　　　　　　　　　　SELECT 语句的参数及说明

参　　数	描　　述
select_list	指定由查询返回的列。它是一个逗号分隔的表达式列表。每个表达式同时定义格式(数据类型和大小)和结果集列的数据来源。每个选择列表表达式通常是对从中获取数据的表源或视图的列的引用,但也可能是其他表达式,例如常量或 Transact-SQL 函数。在选择列表中使用*表达式指定返回源表中的所有列

续表

参　　数	描　　述
INTO new_table_name	创建新表并将查询行从查询插入新表中。new_table_name 指定新表的名称
FROM table_source	指定从其中检索行的表。这些来源可能包括基表、视图和链接表。FROM 子句还可包含联接说明，该说明定义了 SQL Server 用来在表之间进行导航的特定路径。FROM 子句还用在 DELETE 和 UPDATE 语句中定义要修改的表
WHERE　search_conditions	WHERE 子句指定用于限制返回的行的搜索条件。WHERE 子句还用在 DELETE 和 UPDATE 语句中定义目标表中要修改的行
group_by_expression	GROUP BY 子句根据 group_by_list 列中的值将结果集分成组。例如，"student" 表在"性别"中有两个值。GROUP BY 性别子句将结果集分成两组，每组对应于性别的一个值
HAVING search_condition	HAVING 子句是指定组或聚合的搜索条件。从逻辑上讲，HAVING 子句从中间结果集中对行进行筛选，这些中间结果集是用 SELECT 语句中的 FROM、WHERE 或 GROUP BY 子句创建的。HAVING 子句通常与 GROUP BY 子句一起使用，尽管 HAVING 子句前面不必有 GROUP BY 子句
ORDER BY order_expression [ASC | DESC]	ORDER BY 子句定义结果集中的行排列的顺序。order_list 指定组成排序列表的结果集的列。ASC 和 DESC 关键字用于指定行是按升序还是按降序排序。ORDER BY 之所以重要，是因为关系理论规定，除非已经指定 ORDER BY，否则不能假设结果集中的行带有任何序列。如果结果集行的顺序对于 SELECT 语句来说很重要，那么在该语句中就必须使用 ORDER BY 子句

5.1.2　WITH 子句

WITH 子句用于指定临时命名的结果集，这些结果集被称为公用表表达式（CTE）。该表达式源自简单查询，并且在单条 SELECT、INSERT、UPDATE 或 DELETE 语句的执行范围内定义。

语法如下。

```
[ WITH <common_table_expression> [ ,...n ] ]
<common_table_expression>::=
      expression_name [ ( column_name [ ,...n ] ) ]
    AS
      ( CTE_query_definition )
```

参数说明如下。

❑　expression_name：公用表表达式的有效标识符。

❑　column_name：在公用表表达式中指定列名。

❑　CTE_query_definition：指定一个其结果集填充公用表表达式的 SELECT 语句。

【例 5-1】　创建公用表表达式，计算 Employee 数据表中 Age 字段中每一年龄员工的数量，SQL 语句如下。（实例位置：光盘\MR\源码\第 5 章\5-1。）

```
USE db_2008;
WITH AgeReps(Age, AgeCount) AS
(
    SELECT Age, COUNT(*)
    FROM Employee AS AgeReports
    WHERE Age IS NOT NULL
    GROUP BY Age
)
SELECT Age, AgeCount
FROM AgeReps
```

运行结果如图 5-1 所示，Employee 表中的数据信息如图 5-2 所示。

	Age	AgeCount
1	22	1
2	23	1
3	24	3
4	25	3
5	26	2
6	27	2

图 5-1　公用表表达式运行结果

ID	Name	Sex	Age
001	张子婷	女	24
002	王子行	男	26
003	李开	女	25
004	赵小小	女	27
005	田飞飞	女	23
006	肖一子	男	24
007	王婷	女	22
008	王一	女	26
010	赵行	男	27
011	张子行	女	24
012	雨涵	女	25
013	雨欣	女	25

图 5-2　Employee 表中的数据信息

【例 5-2】　创建公用表表达式，计算 Employee 数据表中员工 Age 的平均值，SQL 语句及运行结果，如图 5-3 所示。（实例位置：光盘\MR\源码\第 5 章\5-2。）

```
1   USE db_2008;
2   WITH AvgAgeReps(Age, AgeCount) AS
3   (
4       SELECT Age, COUNT(*)
5       FROM Employee AS AgeReports
6       WHERE Age IS NOT NULL
7       GROUP BY Age
8   )
9   SELECT AVG(Age) AS [AvgAge of Employee]
10  FROM AvgAgeReps;
```

	AvgAge of Employee
1	24

图 5-3　创建公用表表达式计算员工年龄平均值

5.1.3　SELECT…FROM 子句

SELECT 表明要读取信息，FROM 指定要从中获取数据的一个或多个表的名称。SELECT…FROM 就够成了一个基本的查询语句。

语法如下。

```
SELECT [ ALL | DISTINCT ]
[ TOP expression [ PERCENT ] [ WITH TIES ] ]
<select_list> [ FROM { <table_source> } [ ,...n ] ]
<select_list> ::=
{
    *
    | { table_name | view_name | table_alias }.*
    | {
    [ { table_name | view_name | table_alias }. ]
        { column_name | $IDENTITY | $ROWGUID }
    | udt_column_name [ { . | :: } { { property_name | field_name }
     | method_name ( argument [ ,...n] ) } ]
    | expression
    [ [ AS ] column_alias ]
    }
```

```
            | column_alias = expression
        } [ ,...n ]
    <table_source> ::=
    {
            table_or_view_name [ [ AS ] table_alias ] [ <tablesample_clause> ]
            [ WITH ( < table_hint > [ [ , ]...n ] ) ]
        | rowset_function [ [ AS ] table_alias ]
            [ ( bulk_column_alias [ ,...n ] ) ]
            | user_defined_function [ [ AS ] table_alias ] [ (column_alias [ ,...n ] ) ]
        | OPENXML <openxml_clause>
        | derived_table [ AS ] table_alias [ ( column_alias [ ,...n ] ) ]
        | <joined_table>
        | <pivoted_table>
        | <unpivoted_table>
          | @variable [ [ AS ] table_alias ]
            | @variable.function_call ( expression [ ,...n ] ) [ [ AS ] table_alias ]
[ (column_alias [ ,...n ] ) ]
    }
    <tablesample_clause> ::=
        TABLESAMPLE [SYSTEM] ( sample_number [ PERCENT | ROWS ] )
            [ REPEATABLE ( repeat_seed ) ]
    <joined_table> ::=
    {
        <table_source> <join_type> <table_source> ON <search_condition>
        | <table_source> CROSS JOIN <table_source>
        | left_table_source { CROSS | OUTER } APPLY right_table_source
        | [ ( ] <joined_table> [ ) ]
    }
    <join_type> ::=
        [ { INNER | { { LEFT | RIGHT | FULL } [ OUTER ] } } [ <join_hint> ] ]
        JOIN
```

SELECT...FROM 子句的参数及说明如表 5-2 所示。

表 5-2　　　　　　　　　　　　SELECT...FROM 子句的参数及说明

参　　数	描　　述
ALL	指定在结果集中可以包含重复行。ALL 是默认值
DISTINCT	指定在结果集中只能包含唯一行。对于 DISTINCT 关键字来说，Null 值是相等的
TOP expression [PERCENT] [WITH TIES]	指示只能从查询结果集返回指定的第一组行或指定的百分比数目的行。expression 可以是指定数目或百分比数目的行
< select_list >	要为结果集选择的列表。选择列表是以逗号分隔的一系列表达式。可在选择列表中指定表达式的最大数目是 4096
<table_source>	要从中获取数据的表的名称
*	指定返回 FROM 子句中的所有表和视图中的所有列，这些列按 FROM 子句中指定的表或视图顺序返回，并对应于它们在表或视图中的顺序
table_ name	view_ name	table_ alias.*	将*的作用域限制为指定的表或视图
column_ name	要返回的列名
expression	常量、函数以及由一个或多个运算符联接的列名、常量和函数的任意组合，或者是子查询。例如，在表达式中可以使用行聚合函数（又称为统计函数），SQL Server 中常用的行聚合函数如表 5-3 所示
<table_source>	指定要在 Transact-SQL 语句中使用的表、视图或派生表源（有无别名均可）

参　　数	描　　述
table_or_view_name	表或视图的名称
WITH (<table_hint>)	指定查询优化器对此表和此语句使用优化或锁定策略
rowset_function	指定其中一个行集函数（如 OPENROWSET），该函数返回可用于替代表引用的对象
[AS] table_alias	table_source 的别名，别名可带来使用上的方便，也可用于区分自联接或子查询中的表或视图。别名往往是一个缩短了的表名，用于在联接中引用表的特定列
<tablesample_clause>	指定返回来自表的数据样本
bulk_column_alias	代替结果集内列名的可选别名。只允许在使用 OPENROWSET 函数和 BULK 选项的 SELECT 语句中使用列别名
user_defined_function	指定表值函数
OPENXML <openxml_clause>	通过 XML 文档提供行集视图
derived_table	从数据库中检索行的子查询。derived_table 用作外部查询的输入
column_alias	代替派生表的结果集内列名的可选别名。在选择列表中的每个列包括一个列别名，并将整个列别名列表用圆括号括起来
SYSTEM	ISO 标准指定的依赖于实现的抽样方法
sample_number	表示行的百分比或行数的精确或近似的常量数值表达式
PERCENT	指定应该从表中检索表行的 sample_number 百分比
ROWS	指定将检索的行的近似 sample_number
REPEATABLE	指示可以再次返回选定的样本
repeat_seed	SQL Server 用于生成随机数的常量整数表达式
<joined_table>	由两个或更多表的积构成的结果集
<join_type>	指定联接操作的类型
INNER	指定返回所有匹配的行对
FULL [OUTER]	指定在结果集中包括左表或右表中不满足联接条件的行,并将对应于另一个表的输出列设为 NULL。这是对通常由 INNER JOIN 返回的所有行的补充
LEFT [OUTER]	指定在结果集中包括左表中所有不满足联接条件的行,并在由内部联接返回所有的行之外，将另外一个表的输出列设为 NULL
RIGHT [OUTER]	指定在结果集中包括右表中所有不满足联接条件的行,且在由内部联接返回的所有行之外，将与另外一个表对应的输出列设为 NULL
<join_hint>	指定 SQL Server 查询优化器为在查询的 FROM 子句中指定的每个联接使用一个联接提示或执行算法
JOIN	指示指定的联接操作应在指定的表源或视图之间执行

表 5-3　　　　　　　　　　　常用的行聚合函数和功能

行聚合函数	描　　述
COUNT(*)	返回组中的项数
COUNT ({ [[ALL | DISTINCT] 列名] })	返回某列的个数
AVG ({ [[ALL | DISTINCT] 列名] })	返回某列的平均值

续表

行聚合函数	描　述
MAX ({ [[ALL ǀ DISTINCT] 列名] })	返回某列的最大值
MIN ({ [[ALL ǀ DISTINCT] 列名] })	返回某列的最小值
SUM ({ [[ALL ǀ DISTINCT] 列名] })	返回某列值的和

【例 5-3】　查询 Employee 表中的所有列的信息，SQL 语句及运行结果，如图 5-4 所示。(实例位置：光盘\MR\源码\第 5 章\5-3。)

图 5-4　查询 Employee 表中的所有信息

上面的查询语句还等价于下面造句。

```
SELECT * FROM Employee
```

在例 5-3 的查询语句中，还可以以表的名称作为前缀，代码如下。

```
use db_2008
SELECT Employee.ID,Employee.Name,Employee.Sex
FROM Employee
```

【例 5-4】　查询 Employee 表中所有信息，并分别为列起别名 ID(员工编号), Name(姓名), Sex (性别), Age (年龄), SQL 语句及运行结果，如图 5-5 所示。(实例位置：光盘\MR\源码\第 5 章\5-4。)

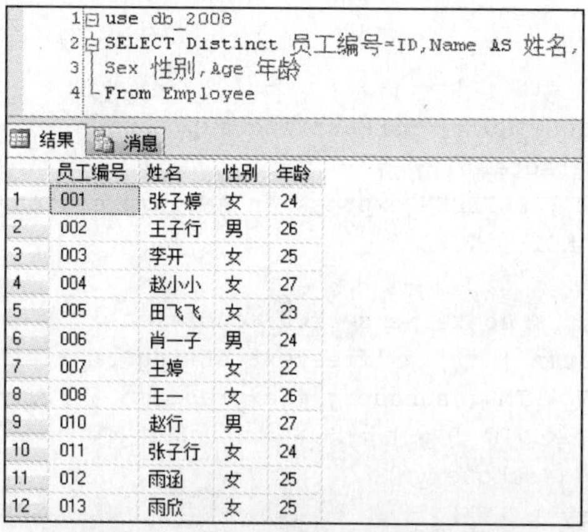

图 5-5　为 Employee 表中的列起别名

上例中使用了别名的 3 种定义方法，分别如下。

- ❑ 别名=列名。
- ❑ 列名 AS 别名。
- ❑ 列名 别名。

5.1.4 INTO 子句

创建新表并将来自查询的结果行插入新表中。

语法如下。

```
[ INTO new_table ]
```

参数说明如下。

❑ new_table：根据选择列表中的列和 WHERE 子句选择
的行，指定要创建的新表名。new_table 的格式通过对
选择列表中的表达式进行取值来确定。new_table 中
的列按选择列表指定的顺序创建。new_table 中的每
列与选择列表中的相应表达式具有相同的名称、数据
类型和值。

【例 5-5】 使用 INTO 子句创建一个新表 tb_Employee，
tb_Employee 表中包含 Employee 表中的 Name 和 Age 字段，
SQL 语句如下。（实例位置：光盘\MR\源码\第 5 章\5-5。）

```
use db_2008
select Name,Age into tb_Employee From Employee
```

tb_Employee 表中的记录如图 5-6 所示。

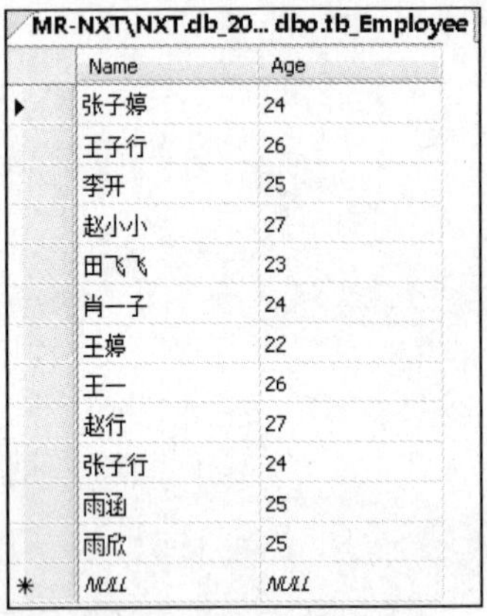

MR-NXT\NXT.db_20... dbo.tb_Employee	
Name	Age
张子婷	24
王子行	26
李开	25
赵小小	27
田飞飞	23
肖一子	24
王婷	22
王一	26
赵行	27
张子行	24
雨涵	25
雨欣	25
NULL	NULL

图 5-6　tb_Employee 表中的记录

5.1.5 WHERE 子句

指定查询返回的行的搜索条件。

语法如下。

```
WHERE <search_condition>
< search_condition > ::=
   { [ NOT ] <predicate> | ( <search_condition> ) }
   [ { AND | OR } [ NOT ] { <predicate> | ( <search_condition> ) } ]
[ ,...n ]
<predicate> ::=
   { expression { = | < > | ! = | > | > = | ! > | < | < = | ! < } expression
   | string_expression [ NOT ] LIKE string_expression
 [ ESCAPE 'escape_character' ]
   | expression [ NOT ] BETWEEN expression AND expression
   | expression IS [ NOT ] NULL
   | CONTAINS
 ( { column | * } , '< contains_search_condition >' )
   | FREETEXT ( { column | * } , 'freetext_string' )
   | expression [ NOT ] IN ( subquery | expression [ ,...n ] )
   | expression { = | < > | ! = | > | > = | ! > | < | < = | ! < }
 { ALL | SOME | ANY} ( subquery )
   | EXISTS ( subquery )     }
```

WHERE 子句的参数及说明如表 5-4 所示。

表 5-4　　　　　　　　　　　　　　WHERE 子句的参数及说明

参　　数	描　　述
<search_condition>	指定要在 SELECT 语句、查询表达式或子查询的结果集中返回的行的条件
NOT	对谓词指定的布尔表达式求反
AND	组合两个条件，并在两个条件都为 TRUE 时取值为 TRUE
OR	组合两个条件，并在任何一个条件为 TRUE 时取值为 TRUE
< predicate>	返回 TRUE、FALSE 或 UNKNOWN 的表达式
expression	列名、常量、函数、变量、标量子查询，或者是通过运算符或子查询联接的列名、常量和函数的任意组合。表达式还可以包含 CASE 函数
string_expression	字符串和通配符
[NOT] LIKE	指示后续字符串使用时要进行模式匹配
ESCAPE 'escape_ character'	允许在字符串中搜索通配符，而不是将其作为通配符使用。escape_character 是放在通配符前表示此特殊用法的字符
[NOT] BETWEEN	指定值的包含范围。使用 AND 分隔开始值和结束值
IS [NOT] NULL	根据使用的关键字，指定是否搜索空值或非空值。如果有任何一个操作数为 NULL，则包含位运算符或算术运算符的表达式的计算结果为 NULL
CONTAINS	在包含字符数据的列中，搜索单个词和短语的精确或不精确（"模糊"）的匹配项、在一定范围内相同的近似词以及加权匹配项
FREETEXT	在包含字符数据的列中，搜索与谓词中的词的含义相符而非精确匹配的值，提供一种形式简单的自然语言查询。此选项只能与 SELECT 语句一起使用
[NOT] IN	根据是在列表中包含还是排除某表达式，指定对该表达式的搜索
Subquery	可以看成是受限的 SELECT 语句，与 SELECT 语句中的<query_expresssion>相似。不允许使用 ORDER BY 子句、COMPUTE 子句和 INTO 关键字
ALL	与比较运算符和子查询一起使用。如果子查询检索的所有值都满足比较运算，则为<predicate>返回 TRUE；如果并非所有值都满足比较运算或子查询未向外部语句返回行，则返回 FALSE
{ SOME | ANY }	与比较运算符和子查询一起使用。如果子查询检索的任何值都满足比较运算，则为<谓词>返回 TRUE；如果子查询内没有值满足比较运算或子查询未向外部语句返回行，则返回 FALSE。其他情况下，表达式为 UNKNOWN
EXISTS	与子查询一起使用，用于测试是否存在子查询返回的行

由于 WHERE 子句的复杂性，下面按参数的先后顺序进行详细介绍。

1. 逻辑运算符（NOT、AND 和 OR）

如果想把几个单一条件组合成一个复合条件，就需要使用逻辑运算符 NOT、AND 和 OR，才能完成复合条件查询。

NOT：对布尔型输入取反，使用 NOT 返回不满足表达式的行。

语法如下。

```
[ NOT ] boolean_expression
```

参数说明如下。

❑ boolean_expression：任何有效的布尔表达式。

❑ 结果类型：Boolean 类型。

AND：组合两个布尔表达式，当两个表达式均为 TRUE 时返回 TRUE。当语句中使用多个逻辑运算符时，将首先计算 AND 运算符。可以通过使用括号改变求值顺序。使用 AND 返回满足所有条件的行。

语法如下。

```
boolean_expression AND boolean_expression
```

参数说明如下。

- ❑ boolean_expression：返回布尔值的任何有效表达式：TRUE、FALSE 或 UNKNOWN。
- ❑ 结果类型：Boolean 类型。

OR：将两个条件组合起来。在一个语句中使用多个逻辑运算符时，在 AND 运算符之后对 OR 运算符求值。不过，使用括号可以更改求值的顺序。使用 OR 返回满足任一条件的行。

语法如下。

```
boolean_expression OR boolean_expression
```

参数说明如下。

- ❑ boolean_expression：返回 TRUE、FALSE 或 UNKNOWN 的任何有效表达式。
- ❑ 结果类型：Boolean 类型。

逻辑运算符的优先顺序是 NOT（最高），然后是 AND，最后是 OR。

【例 5-6】 使用 AND 查询 Employee 表中 Age 等于 23 的女员工信息，SQL 语句及运行结果，如图 5-7 所示。（实例位置：光盘\MR\源码\第 5 章\5-6。）

【例 5-7】 使用 NOT、AND、OR 复合查询 Employee 表中 Age 不等于 24 的男员工信息或者 Age 等于 23 的女员工信息，SQL 语句及运行结果如图 5-8 所示。（实例位置：光盘\MR\源码\第 5 章\5-7。）

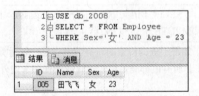

图 5-7 使用 AND 查询

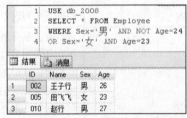

图 5-8 使用 NOT、AND、OR 复合查询

2. 比较运算符

在 WHERE 子句中，允许出现的比较运算符如表 5-5 所示。

表 5-5　　　　　　　　　　　　　比较运算符

运　算　符	说　　明
=	用于测试两个表达式是否相等的运算符
<>	用于测试两个表达式彼此不相等的条件的运算符
!=	用于测试两个表达式彼此不相等的条件的运算符
>	用于测试一个表达式是否大于另一个表达式的运算符
>=	用于测试一个表达式是否大于或等于另一个表达式的运算符
!>	用于测试一个表达式是否不大于另一个表达式的运算符
<	用于测试一个表达式是否小于另一个表达式的运算符
<=	用于测试一个表达式是否小于或等于另一个表达式的运算符
!<	用于测试一个表达式是否不小于另一个表达式的运算符

【例 5-8】 在 Employee 表中查询张子婷的详细信息，SQL 语句及运行结果如图 5-9 所示。（实例位置：光盘\MR\源码\第 5 章\5-8。）

图 5-9 查询张子婷的详细信息

在 Employee 表中，"张子婷"属于 Name 列中的字段，所以在 WHERE 中的查询条件是 Name='张子婷'。

【例 5-9】 在 Employee 表中查询 Age 大于 24 的员工信息，SQL 语句及运行结果，如图 5-10 所示。（实例位置：光盘\MR\源码\第 5 章\5-9。）

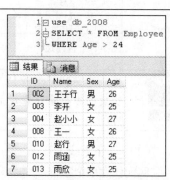

3．Like 关键字

使用 Like 关键字可以确定特定字符串是否与指定模式相匹配。模式可以包含常规字符和通配符。模式匹配过程中，常规字符必须与字符串中指定的字符完全匹配。但是，通配符可以与字符串的任意部分相匹配。

图 5-10 查询 Age 大于 24 的员工信息

语法如下。

```
match_expression [ NOT ] LIKE pattern [ ESCAPE escape_character ]
```

参数说明如下。

❑ match_expression：任何有效的字符数据类型的表达式。

❑ Pattern：要在 match_expression 中搜索并且可以包括下列有效通配符的特定字符串。pattern 的最大长度可达 8 000 字节。

在 WHERE 子句中，允许出现的通配符如表 5-6 所示。

表 5-6 通配符

通 配 符	说 明	示 例
%	包含零个或多个字符的任意字符串	WHERE title LIKE '%computer%' 将查找在书名中任意位置包含单词"computer"的所有书名
_（下划线）	任何单个字符	WHERE au_fname LIKE '_ean' 将查找以 ean 结尾的所有 4 个字母的名字（Dean、Sean 等）
[ ]	指定范围（[a～f]）或集合（[abcdef]）中的任何单个字符	WHERE au_lname LIKE '[C-P]arsen' 将查找以 arsen 结尾并且介于 C 与 P 之间的任何单个字符开始的作者姓氏，例如 Carsen、Larsen、Karsen 等
[^]	不属于指定范围（[a～f]）或集合（[abcdef]）的任何单个字符	WHERE au_lname LIKE 'de[^l]%'将查找以 de 开始并且其后的字母不为 1 的所有作者的姓氏

❑ escape_character：放在通配符之前用于指示通配符应当解释为常规字符而不是通配符的字符。escape_character 是字符表达式，无默认值，并且计算结果必须仅为一个字符。

（1）%通配符。

包含零个或多个字符的任意字符串。

【例 5-10】 在 Employee 表中查询姓"王"的员工信息，SQL 语句及运行结果如图 5-11 所示。Employee 表中的信息如图 5-12 所示。（实例位置：光盘\MR\源码\第 5 章\5-10。）

ID	Name	Sex	Age
001	张子婷	女	24
002	王子行	男	26
003	王开	女	25
004	赵小小	女	27
005	王飞飞	女	23
006	肖一子	男	24
007	王婷	女	22
008	王一	女	26
010	赵行	男	27
011	张子行	女	24
012	王雨涵	女	25

图 5-11　查询姓"王"的员工信息　　　　图 5-12　Employee 表中的信息

在 SQL Server 语句中，可以在查询条件的任意位置放置一个"%"符号来代表任意长度的字符串。在设置查询条件时，也可以放置两个"%"，但最好不要连续出现两个"%"符号。

（2）_（下划线）。

匹配任意单个字符。

【例 5-11】 在 Employee 表中查询姓"王"并且名字只是两个字的员工信息，SQL 语句及运行结果如图 5-13 所示。（实例位置：光盘\MR\源码\第 5 章\5-11。）

（3）[ ]通配符。

[ ]通配符表示查询一定范围内的任意单个字符，它包含两端数据。

【例 5-12】 在 Employee 表中查询 Age 在 22 岁到 24 岁之间的员工信息，SQL 语句及运行结果如图 5-14 所示。（实例位置：光盘\MR\源码\第 5 章\5-12。）

图 5-13　查询指定姓名字数的信息　　　　图 5-14　查询 Age 在 22 岁至 24 岁之间的员工信息

[2-4]表示从 2 到 4 的数，包括 2、3、4。"2[2-4]"就表示 22，23，24。

（4）[^]通配符。

[^]通配符表示查询不在一定范围内的任意单个字符，它包含两端数据。

【例 5-13】 在 Employee 表中查询 Age 不在 22 岁到 24 岁之间的员工信息，SQL 语句及运行结果如图 5-15 所示。（实例位置：光盘\MR\源码\第 5 章\5-13。）

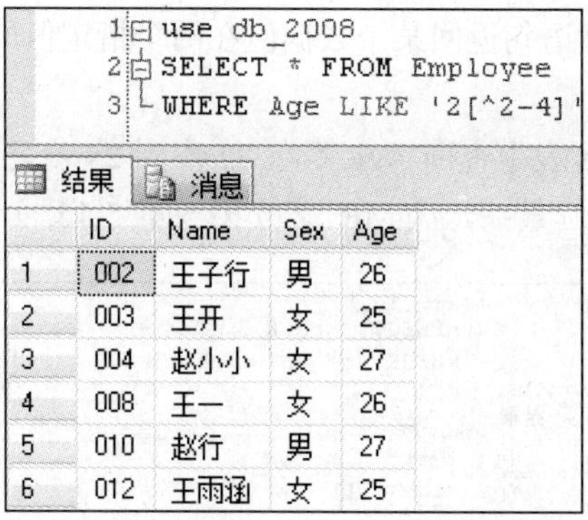

```
1 □ use db_2008
2 □ SELECT * FROM Employee
3 └ WHERE Age LIKE '2[^2-4]'
```

	ID	Name	Sex	Age
1	002	王子行	男	26
2	003	王开	女	25
3	004	赵小小	女	27
4	008	王一	女	26
5	010	赵行	男	27
6	012	王雨函	女	25

图 5-15　查询 Age 不在 22 岁至 24 岁之间的员工信息

4. BETWEEN 关键字

BETWEEN…AND 和 NOT…BETWEEN…AND 用来指定范围条件。使用 BETWEEN…AND 查询条件时，指定的第一个值必须小于第二个值。因为 BETWEEN…AND 实质是查询条件"大于等于第一个值，并且小于等于第二个值"的简写形式。

语法如下。

```
test_expression [ NOT ] BETWEEN begin_expression AND end_expression
```

BETWEEN 关键字的参数及说明如表 5-7 所示。

表 5-7　　　　　　　　　　BETWEEN 关键字的参数及说明

参　　数	描　　述
test_expression	要在由 begin_expression 和 end_expression 定义的范围内测试的表达式。test_expression 必须与 begin_expression 和 end_expression 具有相同的数据类型
NOT	指定谓词的结果被取反
begin_expression	任何有效的表达式。begin_expression 必须与 test_expression 和 end_expression 具有相同的数据类型
end_expression	任何有效的表达式。end_expression 必须与 test_expression 和 begin_expression 具有相同的数据类型
AND	用作一个占位符，指示 test_expression 应该处于由 begin_expression 和 end_expression 指定的范围内

【例 5-14】　在 Employee 表中查询 Age 在 22 岁到 24 岁之间的员工信息，SQL 语句及运行结果如图 5-16 所示。（实例位置：光盘\MR\源码\第 5 章\5-14。）

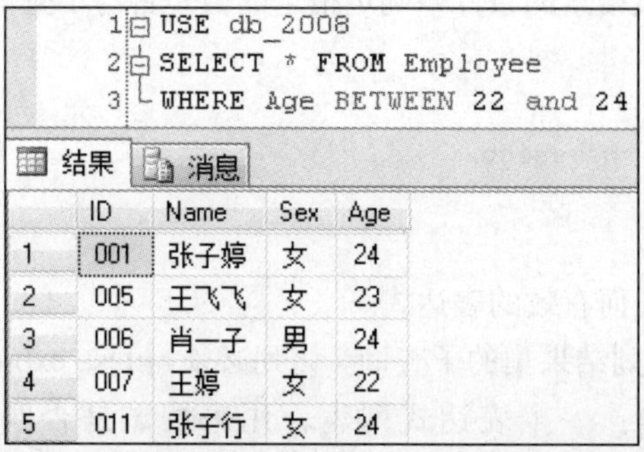

```
1 □ USE db_2008
2 □ SELECT * FROM Employee
3 └ WHERE Age BETWEEN 22 and 24
```

	ID	Name	Sex	Age
1	001	张子婷	女	24
2	005	王飞飞	女	23
3	006	肖一子	男	24
4	007	王婷	女	22
5	011	张子行	女	24

图 5-16　使用 BETWEEN…AND 查询员工信息

NOT…BETWEEN…AND 语句返回某个数据值在两个指定值的范围以外的，但并不包括两个指定的值。

【例 5-15】 在 Employee 表中查询 Age 不在 22 岁到 24 岁之间的员工信息，SQL 语句及运行结果如图 5-17 所示。（实例位置：光盘\MR\源码\第 5 章\5-15。）

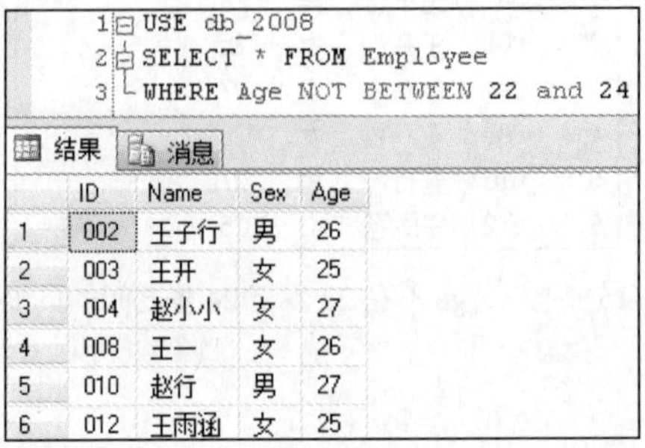

```
1 USE db_2008
2 SELECT * FROM Employee
3 WHERE Age NOT BETWEEN 22 and 24
```

	ID	Name	Sex	Age
1	002	王子行	男	26
2	003	王开	女	25
3	004	赵小小	女	27
4	008	王一	女	26
5	010	赵行	男	27
6	012	王雨涵	女	25

图 5-17　使用 NOT…BETWEEN…AND 查询员工信息

5. IS（NOT）NULL 关键字

在 WHERE 子句中不能使用比较运算符（=）对空值进行判断，只能使用 IS（NOT）NULL 对空值进行查询。

【例 5-16】 在 Employee 表中查询 Sex 不为空的员工信息，SQL 语句及运行结果如图 5-18 所示。（实例位置：光盘\MR\源码\第 5 章\5-16。）

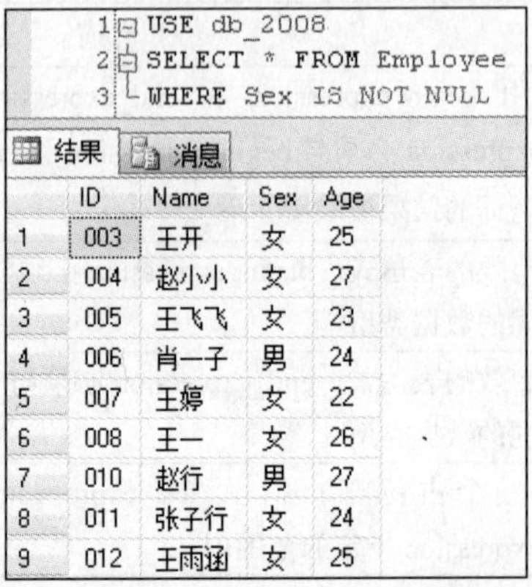

```
1 USE db_2008
2 SELECT * FROM Employee
3 WHERE Sex IS NOT NULL
```

	ID	Name	Sex	Age
1	003	王开	女	25
2	004	赵小小	女	27
3	005	王飞飞	女	23
4	006	肖一子	男	24
5	007	王婷	女	22
6	008	王一	女	26
7	010	赵行	男	27
8	011	张子行	女	24
9	012	王雨涵	女	25

图 5-18　使用 IS NOT NULL 查询员工信息

6. IN 关键字

IN 关键字用来指定列表搜索的条件，确定指定的值是否与子查询或列表中的值相匹配。
语法如下。

```
test_expression [ NOT ] IN
    ( subquery | expression [ ,...n ]
    )
```

参数说明如下。

❑ test_expression：任何有效的表达式。

❑ Subquery：包含某列结果集的子查询。该列必须与 test_expression 具有相同的数据类型。

❑ expression[, ... n]：一个表达式列表，用来测试是否匹配。所有的表达式必须与 test_expression 具有相同的类型。

❑　结果类型：Boolean 类型。

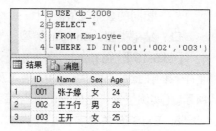

图 5-19　使用 IN 查询员工信息

【例 5-17】　在 Employee 表中查询 ID 是 001、002 和 003 的员工信息，SQL 语句及运行结果，如图 5-19 所示。（实例位置：光盘\MR\源码\第 5 章\5-17。）

7. ALL、SOME、ANY 关键字

ALL：比较标量值和单列集中的值。与比较运算符和子查询一起使用。>ALL 表示大于条件的每一个值，换一句话说，就是大于最大值。

语法如下。

```
scalar_expression { = | <> | != | > | >= | !> | < | <= | !< } ALL ( subquery )
```

参数说明如下。

❑　scalar_expression：任何有效的表达式。

❑　{ = | <> | != | > | >= | !> | < | <= | !< }：比较运算符。

❑　subquery：返回单列结果集的子查询。返回列的数据类型必须与 scalar_expression 的数据类型相同。

❑　结果类型：Boolean 类型。

【例 5-18】　在 Employee 表中查询 Age 大于张子婷和王子行的员工信息，SQL 语句及运行结果，如图 5-20 所示。（实例位置：光盘\MR\源码\第 5 章\5-18。）

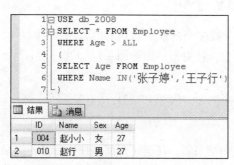

图 5-20　使用 ALL 查询员工信息

　　　　在本例中的 SELECT 语句中又包含了一个 SELECT 语句，这种查询属于嵌套查询，在语句 SELECT Age FROM Employee WHERE Name IN（'张子婷','王子行'）中查询的是张子婷和王子行的 Age。语句 Age>ALL 就是大于张子婷和王子行 Age 的最大值。

SOME | ANY：比较标量值和单列集中的值。SOME 和 ANY 是等效的。与比较运算符和子查询一起使用。>ANY 表示至少大于条件的一个值，换一句话说，就是大于最小值。

语法如下。

```
scalar_expression { = | < > | ! = | > | > = | !> | < | < = | !< }
     { SOME | ANY } ( subquery )
```

参数说明如下。

❑　scalar_expression：任何有效的表达式。

❑　{ = | <> | != | > | >= | !> | < | <= | !< }：任何有效的比较运算符。

❑　SOME | ANY：指定并进行比较。

❑　Subquery：包含某列结果集的子查询。所返回列的数据类型必须是与 scalar_expression

相同的数据类型。

❑ 结果类型：Boolean 类型。

【例 5-19】 在 Employee 表中查询 Age 大于张子婷和王子行的任意员工信息，SQL 语句及运行结果如图 5-21 所示。（实例位置：光盘\MR\源码\第 5 章\5-19。）

8. EXISTS 关键字

EXISTS：指定一个子查询，测试行是否存在。

语法如下。

```
EXISTS subquery
```

参数说明如下。

❑ Subquery：受限制的 SELECT 语句。不允许使用 COMPUTE 子句和 INTO 关键字。

❑ 结果类型：Boolean 类型。

【例 5-20】 在子查询中指定了结果集为 NULL，并且使用 EXISTS 求值，此时值仍然为 TRUE，SQL 语句及运行结果如图 5-22 所示。（实例位置：光盘\MR\源码\第 5 章\5-20。）

5.1.6 GROUP BY 子句

GROUP BY 表示按一个或多个列或表达式的值将一组选定行组合成一个摘要行集。针对每一组返回一行。

语法如下。

```
[ GROUP BY [ ALL ] group_by_expression[ ,...n ]
          [ WITH { CUBE | ROLLUP } ] ]
```

参数说明如下。

❑ ALL：包含所有组和结果集，甚至包含那些任何行都不满足 WHERE 子句指定的搜索条件的组和结果集。如果指定了 ALL，将对组中不满足搜索条件的汇总列返回空值。不能用 CUBE 或 ROLLUP 运算符指定 ALL。

❑ group_by_expression：针对其执行分组操作的表达式。group_by_expression 也称为分组列。group_by_expression 可以是列或引用列的非聚合表达式。不能使用在 SELECT 列表中定义的列别名来指定组合列。

不能在 group_by_expression 中使用类型为 text、ntext 和 image 的列。

❑ WITH CUBE：指定结果集内不仅包含由 GROUP BY 提供的行，同时还包含汇总行。GROUP BY 汇总行针对每个可能的组和子组组合在结果集内返回。使用 GROUPING 函数可确定结果集内的空值是否为 GROUP BY 汇总值。结果集内的汇总行数取决于 GROUP BY 子句内包含的列数。由于 CUBE 返回每个可能的组和子组组合，因此不论在列分组时指定使用什么顺序，行数都相同。

❑ WITH ROLLUP：指定在结果集内不仅包含由 GROUP BY 提供的正常行，还包含汇总行。

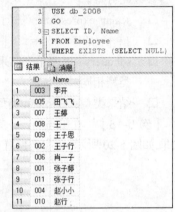

```
1  USE db_2008
2  SELECT * FROM Employee
3  WHERE Age > ANY
4  (
5  SELECT Age FROM Employee
6  WHERE Name IN('张子婷','王子行')
7  )
```

	ID	Name	Sex	Age
1	002	王子行	男	25
2	003	李开	女	24
3	004	赵小小	女	26
4	008	王一	男	25
5	009	王子思	女	24
6	010	赵行	男	26

图 5-21 使用 ANY 查询员工信息

```
1  USE db_2008
2  GO
3  SELECT ID, Name
4  FROM Employee
5  WHERE EXISTS (SELECT NULL)
```

	ID	Name
1	003	李开
2	005	田飞飞
3	007	王婷
4	008	王一
5	009	王子思
6	002	王子行
7	006	肖一子
8	001	张子婷
9	011	张子行
10	004	赵小小
11	010	赵行

图 5-22 使用 EXISTS 关键字查询

按层次结构顺序，从组内的最低级别到最高级别汇总组。组的层次结构取决于指定分组列时所使用的顺序。更改分组列的顺序会影响在结果集内生成的行数。

 使用 CUBE 或 ROLLUP 时，不支持非重复聚合，如 AVG（DISTINCT column_name）、COUNT（DISTINCT column_name）和 SUM（DISTINCT column_name）。如果使用此类聚合，则 SQL Server 数据库引擎将返回错误消息并取消查询。

【例 5-21】　将 Employee 表中的员工信息按性别进行分组，SQL 语句及运行结果如图 5-23 所示。（实例位置：光盘\MR\源码\第 5 章\5-21。）

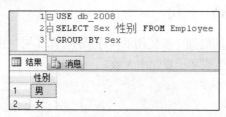

图 5-23　将 Employee 表按性别分组

 SELECT 子句必须包括在聚合函数或 GROUP BY 子句中。

例如：由于下列查询中 "Name" 列既不包含在 GROUP BY 子句中，也不包含在聚合函数中，所以是错误的。错误的 SQL 语句及错误提示如图 5-24 所示。

图 5-24　错误的 SQL 语句及提示

5.1.7　HAVING 子句

用来指定组或聚合的搜索条件。HAVING 只能与 SELECT 语句一起使用。HAVING 通常在 GROUP BY 子句中使用。如果不使用 GROUP BY 子句，则 HAVING 的行为与 WHERE 子句一样。

语法如下。

```
[ HAVING <search condition> ]
```

参数说明如下。

<search_condition>：指定组或聚合应满足的搜索条件。

 在 HAVING 子句中不能使用 text、image 和 ntext 数据类型。

【例 5-22】　在 Employee 表中查询每个年龄段的人数多于等于 2 人的年龄，SQL 语句及运行结果如图 5-25 所示。（实例位置：光盘\MR\源码\第 5 章\5-22。）

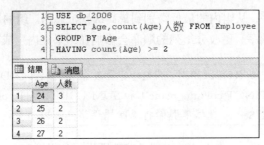

图 5-25　每个年龄段的人数多于等于 2 人的年龄

5.1.8　ORDER BY 子句

指定在 SELECT 语句返回的列中所使用的排序顺序。除非同时指定了 TOP，否则 ORDER BY 子句在视图、内联函数、派生表和子查询中无效。

语法如下。

```
[ ORDER BY
    {
    order_by_expression [ COLLATE collation_name ] [ ASC | DESC ]
    } [ ,...n ]
]
```

参数说明如下。

❑　order_by_expression：指定要排序的列。可以将排序列指定为一个名称或列别名。可指定多个排序列。

注意

ntext、text、image 或 xml 列不能用于 ORDER BY 子句。

❑　COLLATE{collation_name}：指定根据 collation_name 中指定的排序规则，而不是表或视图中所定义的列的排序规则，应执行的 ORDER BY 操作。

❑　ASC：指定按升序，从最低值到最高值对指定列中的值进行排序。

❑　DESC：指定按降序，从最高值到最低值对指定列中的值进行排序。

【例 5-23】　在 Employee 表中查询女员工的详细信息，并按年龄的降序排列，SQL 语句及运行结果如图 5-26 所示。（实例位置：光盘\MR\源码\第 5 章\5-23。）

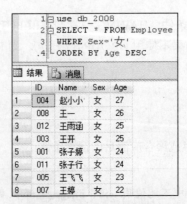

图 5-26　按年龄的降序排列

【例 5-24】　在 Employee 表中查询 Age 大于 24 的员工的详细信息，并按姓名的升序排列，SQL 语句及运行结果如图 5-27 所示。（实例位置：光盘\MR\源码\第 5 章\5-24。）

图 5-27　按姓名的升序排列

5.1.9　COMPUTE 子句

生成合计作为附加的汇总列出现在结果集的最后。当与 BY 一起使用时，COMPUTE 子句在结果集内生成控制中断和小计。可在同一查询内指定 COMPUTE BY 和 COMPUTE。

语法如下。

```
[ COMPUTE
    { { AVG | COUNT | MAX | MIN | STDEV | STDEVP | VAR | VARP | SUM }
    ( expression ) } [ ,...n ]
    [ BY expression [ ,...n ] ]
]
```

参数说明如下。

❑　AVG | COUNT | MAX | MIN | STDEV | STDEVP | VAR | VARP | SUM：指定要执行的聚合。

在 COMPUTE 子句可以使用的行聚合函数如表 5-8 所示。

表 5-8　　　　　　　　　　COMPUTE 子句可以使用的行聚合函数

行聚合函数	描　　述
AVG	数值表达式中所有值的平均值
COUNT	选定的行数
MAX	表达式中的最高值
MIN	表达式中的最低值
STDEV	表达式中所有值的标准偏差
STDEVP	表达式中所有值的总体标准偏差
SUM	数值表达式中所有值的和
VAR	表达式中所有值的方差
VARP	表达式中所有值的总体方差

❑　expression：表达式（Transact-SQL），如对其执行计算的列名。expression 必须出现在选择列表中，并且必须被指定为与选择列表中的某个表达式相同。不能在 expression 中使用选择列表中所指定的列别名。

❑　BY expression：在结果集中生成控制中断和小计。expression 是关联 ORDER BY 子句中 order_by_expression 的相同副本。通常，这是列名或列别名。可以指定多个表达式。在 BY 之后列出多个表达式将把组划分为子组，并在每个组级别应用聚合函数。

没有等价于 COUNT（＊）的函数。若要查找由 GROUP BY 和 COUNT（＊）生成的汇总信息，请使用不带 BY 的 COMPUTE 子句。这些函数忽略空值。

如果是用 COMPUTE 子句指定的行聚合函数，则不允许它们使用 DISTINCT 关键字。

【例 5-25】 在 Employee 表中求 Age 字段的平均值，SQL 语句及运行结果如图 5-28 所示。（实例位置：光盘\MR\源码\第 5 章\5-25。）

图 5-28 求 Employee 表中年龄的平均值

在 COMPUTE 或 COMPUTE BY 子句中，不能指定 ntext、text 和 image 数据类型。

下面为 COMPUTE 和 COMPUTE BY 两个子句的区别。

（1）没有 BY 时，查询结果将包含两个结果集。第一个结果集将是包含选择列表中所有字段的详细记录。第二个结果集只有一条记录，这条记录只包含 COMPUTE 子句中所指定的汇总函数的合计。

（2）有 BY 时，查询结果将根据 BY 后的字段名称进行分组，并且为每个符合 SELECT 语句查询条件的组返回两个结果集。第一个结果集是详细记录集，包含结果集中将选择列表中所有的字段信息。第二个结果集只包含一条记录，这条记录的内容只有该组的 COMPUTE 子句中所指定的汇总函数的小计。

5.1.10　DISTINCT 关键字

DISTINCT 关键字主要用来从 SELECT 语句的结果集中去掉重复的记录。如果用户没有指定 DISTINCT 关键字，那么系统将返回所有符合条件的记录组成结果集，其中包括重复的记录。

【例 5-26】 查询 Employee 表中 Age 列的信息，并去掉重复值，SQL 语句及运行结果如图 5-29 所示。（实例位置：光盘\MR\源码\第 5 章\5-26。）

图 5-29　去掉 Age 列的重复值

5.1.11　TOP 关键字

TOP 关键字可以限制查询结果显示的行数，不仅可以列出结果集中的前几行，还可以列出结果集中的后几行。

TOP 关键字的语法如下。

```
SELECT TOP n [PERCENT]
FROM table
WHERE
ORDER BY…
```

参数说明如下。

❑ [PERCENT]：返回行的百分之 n，而不是 n 行。

❑ n：如果 SELECT 语句中没有 ORDER BY 子句，TOP n 返回满足 WHERE 子句的前 n 条记录。如果子句中满足条件的记录少于 n，那么仅返回这些记录。

【例 5-27】　查询 Employee 表中前 5 名员工的所有信息，SQL 语句及运行结果如图 5-30 所示。（实例位置：光盘\MR\源码\第 5 章\5-27。）

图 5-30　查询 Employee 表中前 5 条记录

5.2　UNION 合并多个查询结果

表的合并操作将两个表的行合并到了一个表中，且不需要对这些行作任何更改。在构造合并查询时必须遵循以下几条规则。

（1）两个 SELECT 语句选择列表中的列数目必须一样多，而且对应位置上的列的数据类型必须相同或者兼容。

（2）列的名字或者别名是由第一个 SELECT 语句的选择列表决定的。

（3）可以为每个 SELECT 语句都增加一个表示行的数据来源表达式。

（4）可以将合并操作作为 SELECT INTO 命令的一部分使用，但是 INTO 关键字必须放在第一个 Select 语句中。

（5）虽然 SELECT 命令的默认情况下不会去掉重复行，除非明确地为它指定 DISTINCT 关键字，但是，合并操作却与之相反。在默认情况下，合并操作将会去掉重复的行；如果希望返回重复的行，就必须明确地指定 All 关键字。

（6）用对所有 SELECT 语句的合并操作结果进行排序的 ORDER BY 子句，必须放到最后一个 SELECT 后面，但它所使用的排序列名必须是第一个 SELECT 选择列表中的列名。

5.2.1　UNION 与联接之间的区别

合并操作与联接相似，因为它们都是将两个表合并起来形成另一个表的方法。然而，它们的合并方法有本质上的不同，结果表的形状如图 5-31 所示。

注：A 和 B 分别代表两个数据源表。

它们具体的不同如下。

（1）在合并中，两个表源列的数量与数据类型必须相同；在联接中，一个表的行可能与另一个表的行有很大区别，结果表的列可能来自第一个表、第二表或两个表的都有。

（2）在合并中，行的最大数量是两个表行的"和"；在联接中，行的最大数量是它们的"乘积"。

【例 5-28】　把"select Cno,Cname from Course"和"select Sname,Sex from Student"的查询结果合并。SQL 语句及运行结果如图 5-32 所示。（实例位置：光盘\MR\源码\第 5 章\5-28。）

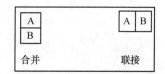

图 5-31　合并和联接具有不同的结构

图 5-32　简单的合并查询

5.2.2　使用 UNION ALL 合并表

UNION 加上关键字 ALL，功能是不删除重复行也不对行进行自动排序。加上 ALL 关键字需要的计算资源少，所以尽可能使用它，尤其是处理大型表的时候。下列情况是应该使用 UNION ALL 的情况。

（1）知道有重复行并想保留这些行。

（2）知道不可能有任何重复的行。

（3）不在乎是否有任何重复的行。

【例 5-29】　用 UNION ALL 把"SELECT * FROM Student WHERE Sage>20"和"SELECT * FROM Student WHERE Sex='男'"的查询结果合并。SQL 语句及运行结果如图 5-33 所示。（实例位置：光盘\MR\源码\第 5 章\5-29。）

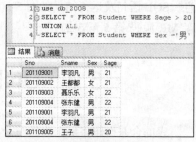

图 5-33　用 UNION ALL 合并查询

5.2.3　UNION 中的 order by 子句

合并表时有且只能有一个 ORDER BY 子句，并且必须将它放置在语句的末尾。它在两个 SELECT 语句中都提供了用于合并所有行的排序。下面列出 ORDER BY 子句可以使用的排序依据。

（1）来自第一个 SELECT 子句的别名。

（2）来自第一个 SELECT 子句的列别名。

（3）UNION 中列的位置的编号。

【例 5-30】　把 "SELECT Sname，Sage FROM Student WHERE Sex='男'" 和 "SELECT Cname，Credit FROM Course ORDER BY Sage ASC" 的查询结果合并。SQL 语句及运行结果如图 5-34 所示。（实例位置：光盘\MR\源码\第 5 章\5-30。）

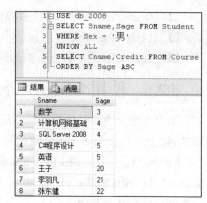

图 5-34　合并查询结果

5.2.4　UNION 中的自动数据类型转换

合并表时，两个表源中对应的每个列数据类型必须相同吗？不，只要是数据类型兼容就可以。

首先说文本数据类型。假设合并的两个表源中第一列数据类型虽然都是文本类型，但长度不一致。当合并表时，字符长度短的列等于字符长度长的列的长度，这样长度长的列不会丢失任何数据。

其次说数值类型。当合并的两个表源中第一列数据类型虽然都是数值类型，但长度不同，合并表时，所有数字允许长度来消除它们数据类型的差别。

因为这种都是自动数据类型转换，所以说任何两个文本列都是兼容的，任何两个数字列也都是兼容的。

【例 5-31】　把 "SELECT Sno，Sage FROM Student" 和 "SELECT Cno，Grade FROM Sc" 的查询结果合并。其中，"Sage" 列的数据类型是整型，"Grade" 列的数据类型是单精度浮点型。SQL 语句及运行结果如图 5-35 所示。（实例位置：光盘\MR\源码\第 5 章\5-31。）

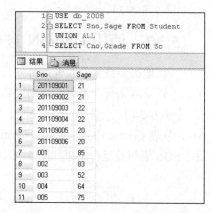

图 5-35　合并不同数据类型的表

5.2.5　使用 UNION 合并不同类型的数据

当合并表时，两个表源中相对应的列即使数据类型不一致也能合并，这时需要借助数据类型转换函数。

当合并的两个表源相对应的列数据类型不一致，例如，一个是数值型，另一个是字符型，如果数值型被转换成文本类型，完全可以合并两个表。

【例 5-32】　把 "SELECT Sname，Sex FROM Student" 和 "SELECT Cname，str（Credit）FROM Course" 的查询结果合并，并把整型的 Grade 转换成字符类型。SQL 语句及运行结果如图 5-36 所示。（实例位置：光盘\MR\源码\第 5 章\5-32。）

图 5-36 所示的代码中，STR 函数是返回由数字数据转换来的字符数据。

语法如下。

```
STR ( float_expression [ , length [ , decimal ] ] )
```

参数说明如下。

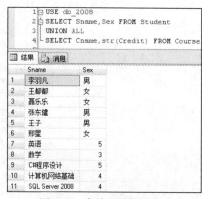

图 5-36　合并不同数据类型

□ float_expression：带小数点的近似数字（float）数据类型的表达式。

□ Length：总长度。它包括小数点、符号、数字以及空格。默认值为 10。

□ decimal：是小数点右边的位数。

5.2.6 使用 UNION 合并有不同列数的两个表

当合并两个表源时列数不同，只要向其中一个表源中添加列，就可以使两表源的列数相同，这时即可合并列了。

【例 5-33】 把 "SELECT Sname，Sex，Sage FROM Student" 和 "SELECT Cno，Cname，NULL FROM Course" 的查询结果合并，并用 NULL 值添加到 Course 表，SQL 语句及运行结果，如图 5-37 所示。（实例位置：光盘\MR\源码\第 5 章\5-33。）

图 5-37　合并不同列数的两个表

5.2.7 使用 UNION 进行多表合并

可以把很多数量的表进行合并，表的数量可达 10 多个。但仍要遵循合并表时的规则。

【例 5-34】 合并表 "Student"、"Course" 和 "SC" 这 3 张表，从表 Student 中查询 Sname、Sex，从表 Course 中查询 Cno、Cname，从 SC 表中查询 Sno、Cno。并把这 3 张表的查询结果合并，SQL 语句及运行结果如图 5-38 所示。（实例位置：光盘\MR\源码\第 5 章\5-34。）

图 5-38　多表合并

5.3　子查询与嵌套查询

在使用 Select 语句检索数据时，可以使用 WHERE 子句指定用于限制返回的行的搜索条件，

GROUP BY 子句将结果集分成组，ORDER BY 子句定义结果集中的行排列的顺序。使用这些子句可以方便地查询表中的数据。但是，当由 WHERE 子句指定的搜索条件指向另一张表时，就需要使用子查询或嵌套查询。在本节中将详细地介绍什么是子查询和嵌套查询。

5.3.1　什么是子查询

子查询是一个嵌套在 SELECT、INSERT、UPDATE 或 DELETE 语句或其他子查询中的查询。任何允许使用表达式的地方都可以使用子查询。

❑　子查询的语法。

```
SELECT [ALL | DISTINCT]<select item list>
FROM <table list>
[WHERE<search condition>]
[GROUP BY <group item list>
[HAVING <group by search conditoon>]])
```

❑　语法规则。

- 子查询的 SELECT 查询总使用圆括号括起来。
- 不能包括 COMPUTE 或 FOR BROWSE 子句。
- 如果同时指定 TOP 子句，则可能只包括 ORDER BY 子句。
- 子查询最多可以嵌套 32 层，个别查询可能会不支持 32 层嵌套。
- 任何可以使用表达式的地方都可以使用子查询，只要它返回的是单个值。
- 如果某个表只出现在子查询中而不出现在外部查询中，那么该表中的列就无法包含在输出中。

5.3.2　什么是嵌套查询

嵌套查询是指将一个查询块嵌套在另一个查询块的 WHERE 子句或 HAVING 短语的条件中的查询。

嵌套查询中上层的查询块称为外侧查询或父查询，下层查询块称为内层查询或子查询。SQL 语言允许多层嵌套，但是在子查询中不允许出现 ORDER BY 子句，ORDER BY 子句只能用在最外层的查询块中。

嵌套查询的处理方法是：先处理最内侧的子查询，然后一层一层向上处理，直到最外层的查询块。

5.3.3　简单的嵌套查询

嵌套查询中的内层子查询通常作为搜索条件的一部分呈现在 WHERE 或 HAVING 子句中。例如，把一个表达式的值和一个由子查询生成的一个值相比较，这个测试类似于简单比较测试。

子查询比较测试用到的运算符是：=、<>、<、>、<=、>=。子查询比较测试把一个表达式的值和由子查询产生的一个值进行比较，返回比较结果为 TRUE 的记录。

【例 5-35】　Student 表中存储的是学生的基本信息，SC 表中存储的是学生的成绩（Grade）信息，使用嵌套查询，查询在 Student 表中，Grade>90 分的学生信息，SQL 语句及运行结果如图 5-39 所示。（实例位置：光盘\MR\源码\第 5 章\5-35。）

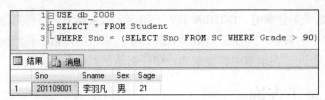

图 5-39　查询成绩大于 90 分的学生信息

5.3.4　带 IN 的嵌套查询

带 IN 的嵌套查询语法格式为：WHERE 查询表达式 IN（子查询）。

一些嵌套内层的子查询会产生一个值，也有一些子查询会返回一列值，即子查询不能返回带几行和几列数据的表。原因在于子查询的结果必须适合外层查询的语句。当子查询产生一系列值时，适合用带 IN 的嵌套查询。

把查询表达式单个数据和由子查询产生的一系列的数值相比较，如果数值匹配一系列值中的一个，则返回 TRUE。

【例 5-36】　在 Student 表和 SC 表中，查询参加考试的学生信息，SQL 语句及运行结果如图 5-40 所示。（实例位置：光盘\MR\源码\第 5 章\5-36。）

图 5-40　参加考试的学生的信息

5.3.5　带 NOT IN 的嵌套查询

NOT IN 的嵌套查询语法格式：WHERE 查询表达式 NOT IN（子查询）。

NOT IN 和 IN 的查询过程相类似。

【例 5-37】　在 Course 表和 SC 表中，查询没有考试的课程信息，SQL 语句及运行结果如图 5-41 所示。（实例位置：光盘\MR\源码\第 5 章\5-37。）

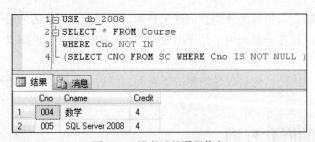

图 5-41　没考试的课程信息

查询过程是用主查询中 "Cno" 的值与子查询结果中的值比较，不匹配返回真值。由于主查询中的 "004" 和 "005" 的课程代号值与子查询的结果的数据不匹配，返回真值。所以查询结果显示 Cno 为 "004" 和 "005" 的课程信息。

5.3.6　带 SOME 的嵌套查询

SQL 支持 3 种定量比较谓词：SOME、ANY 和 ALL。它们都是判断是否任何或全部返回值都满足搜索要求的。其中 SOME 和 ANY 谓词是存在量的，只注重是否有返回值满足搜索要求。这两种谓词含义相同，可以替换使用。

【例 5-38】　在 Student 表中，查询 Sage 小于平均年龄的所有学生的信息，SQL 语句及运行结果如图 5-42 所示。（实例位置：光盘\MR\源码\第 5 章\5-38。）

```sql
USE db_2008
SELECT * FROM Student
WHERE Sage < SOME
(SELECT AVG(Sage) FROM Student)
```

结果　消息

	Sno	Sname	Sex	Sage
1	201109001	李羽凡	男	20
2	201109002	王都都	女	21

图 5-42　查询年龄小于平均年龄的学生信息

5.3.7　带 ANY 的嵌套查询

ANY 属于 SQL 支持的 3 种定量谓词之一，且和 SOME 完全等价，即能用 SOME 的地方完全可以使用 ANY。

【例 5-39】　在 Student 表中，查询 Sage 大于平均年龄的所有学生的信息，SQL 语句及运行结果如图 5-43 所示。（实例位置：光盘\MR\源码\第 5 章\5-39。）

```sql
USE db_2008
SELECT * FROM Student
WHERE Sage > ANY
(SELECT AVG(Sage) FROM Student)
```

结果　消息

	Sno	Sname	Sex	Sage
1	201109004	张东健	男	23
2	201109005	王子	男	24
3	201109006	邢星	女	25

图 5-43　查询年龄大于平均年龄的学生信息

5.3.8　带 ALL 的嵌套查询

ALL 谓词的使用方法和 ANY 或者 SOME 谓词一样，也是把列值与子查询结果进行比较，但是它不要求任意结果值的列值为真，而是要求所有列的查询结果都为真，否则就不返回行。

【例 5-40】　在 SC 表中，查询“Grade”没有大于 90 分的“Cno”的详细信息，SQL 语句及运行结果如图 5-44 所示。（实例位置：光盘\MR\源码\第 5 章\5-40。）

```sql
USE db_2008
SELECT * FROM Course
WHERE Cno <> ALL
(SELECT Cno FROM SC WHERE Grade > 90)
```

结果　消息

	Cno	Cname	Credit
1	002	计算机网络	3
2	003	C#程序设计	5
3	004	数学	4
4	005	SQL Server 2008	4

图 5-44　查询某课程成绩没有大于 90 分的课程信息

5.3.9　带 EXISTS 的嵌套查询

EXISTS 谓词只注重子查询是否返回行。如果子查询返回一个或多个行，谓词返回为真值，否则为假。EXISTS 搜索条件并不真正地使用子查询的结果。它仅仅测试子查询是否产生任何结果。

用带 in 的嵌套查询也可以用带 EXISTS 的嵌套查询改写。

【例 5-41】　在 Student 表中，查询参加考试的学生信息，SQL 语句及运行结果如图 5-45 所示。（实例位置：光盘\MR\源码\第 5 章\5-41。）

```sql
USE db_2008
SELECT * FROM Student
WHERE EXISTS
(SELECT Sno FROM SC WHERE Student.Sno = SC.Sno)
```

结果　消息

	Sno	Sname	Sex	Sage
1	201109001	李羽凡	男	20
2	201109002	王都都	女	21
3	201109003	聂乐乐	女	22
4	201109004	张东健	男	23
5	201109005	王子	男	24

图 5-45　参加考试的学生信息

5.4 联接查询

联接条件可在 FROM 或 WHERE 子句中指定,建议在 FROM 子句中指定联接条件。WHERE 和 HAVING 子句还可以包含搜索条件,以进一步筛选根据联接条件选择的行。

联接可分为以下几类:内部联接、外部联接和交叉联接。

5.4.1 内部联接

内部联接是使用比较运算符比较要联接列中的值的联接。内联接也叫联接,是最早的一种联接,最早被称为普通联接或自然联接。内联接是从结果中删除其他在联接表中没有匹配行的所有行,所以内联接可能会丢失信息。

内部联接使用 JOIN 进行联接,具体语法如下。

```
SELECT fieldlist
FROM table1 [INNER] JOIN table2
ON table1.column=table2.column
```

参数说明如下。

❑ fieldlist:搜索条件。

❑ table1 [INNER] JOIN table2:将 table1 表与 table2 表进行内部联接。

❑ table1.column=table2.column:table1 表中与 table2 表中相同的列。

【例 5-42】 在 Student 表中,"Sno"具有唯一值,而"SC"成绩表中的"Sno"有重复值。现在实现这两个表的内联接,SQL 语句及运行结果如图 5-46 所示。(实例位置:光盘\MR\源码\第 5 章\5-42。)

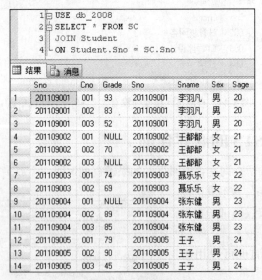

图 5-46 内部联接

5.4.2 外部联接

外部联接则扩充了内联接的功能,会把内联接中删除表源中的一些保留下来,由于保留下来的行不同，可将外部联接分为左向外部联接、右向外部联接或完整外部联接。

1. 左向外联接

左向外部联接使用 LEFT JOIN 进行联接，左向外部联接的结果集包括 LEFT JOIN 子句中指定的左表的所有行，而不仅仅是联接列所匹配的行。如果左表的某一行在右表中没有匹配行，则在关联的结果集行中，来自右表的所有选择列表列均为空值。

左向外联接的语法如下。

```
SELECT fieldlist
FROM table1 left JOIN table2
ON table1.column=table2.column
```

参数说明如下。

- ❏ fieldlist：搜索条件。
- ❏ table1 LEFT JOIN table2：将 table1 表与 table2 表进行外部联接。
- ❏ table1.column=table2.column：table1 表中与 table2 表中相同的列。

【例 5-43】 把 Student 表中和 SC 表左外联接，第二个表"SC"有不满足联接条件的行，则用 NULL 表示，SQL 语句及运行结果如图 5-47 所示。（实例位置：光盘\MR\源码\第 5 章\5-43。）

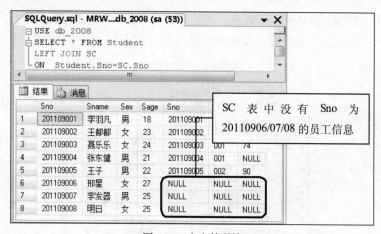

图 5-47 左向外联接

2. 右向外联接

右向外部联接使用 RIGHT JOIN 进行联接，是左向外部联接的反向联接。将返回右表的所有行。如果右表的某一行在左表中没有匹配行，则将为左表返回空值。

右外联接的语法如下。

```
SELECT fieldlist
FROM table1 right JOIN table2
ON table1.column=table2.column
```

【例 5-44】 把 SC 表中和 Course 表右外联接，第一个表"SC"有不满足联接条件的行，则用 NULL 表示，SQL 语句及运行结果如图 5-48 所示。（实例位置：光盘\MR\源码\第 5 章\5-44。）

3. 完整外联接

完整外部联接使用 FULL JOIN 进行联接，将返回左表和右表中的所有行。当某一行在另一个表中没有匹配行时，另一个表的选择列表列将包含空值。如果表之间有匹配行，则整个结果集行包含基表的数据值。

完整外联接的语法如下。

```
SELECT fieldlist
FROM table1 full JOIN table2
ON table1.column=table2.column
```

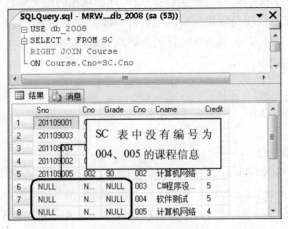

图 5-48　右向外联接

【例 5-45】　把 SC 表中和 Course 表完整外部联接，显示两个表中所有的行，SQL 语句及运行结果如图 5-49 所示。（实例位置：光盘\MR\源码\第 5 章\5-45。）

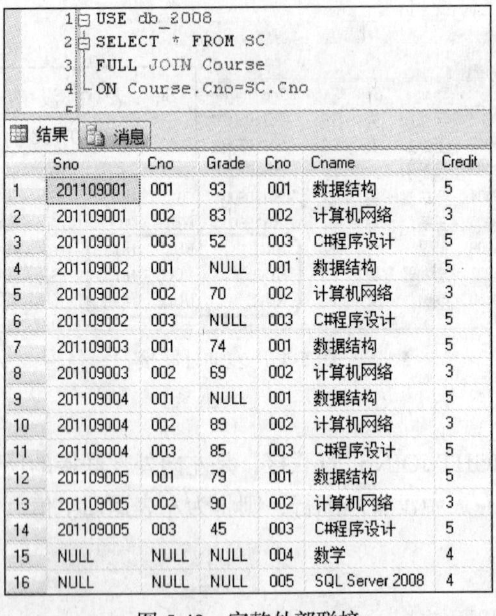

图 5-49　完整外部联接

5.4.3　交叉联接

交叉联接使用 CROSS JOIN 进行联接，没有 WHERE 子句的交叉联接将产生联接所涉及的表的笛卡尔积。第一个表的行数乘以第二个表的行数等于笛卡尔积结果集的大小。

交叉联接中列和行的数量是这样计算的。

交叉联接中的列=原表中列的数量的总和（相加）。

交叉联接中的行=原表中的行数的积（相乘）。

交叉联接的语法如下。

```
SELECT fieldlist
FROM table1
cross JOIN table2
```

其中忽略 on 方法来创建交叉联接。

【例 5-46】　把 Student 表中和 Course 表进行交叉联接，SQL 语句及运行结果如图 5-50 所示。（实例位置：光盘\MR\源码\第 5 章\5-46。）

```
1  USE db_2008
2  SELECT * FROM Student
3  CROSS JOIN Course
```

	Sno	Sname	Sex	Sage	Cno	Cname	Credit
1	201109001	李羽凡	男	20	001	数据结构	5
2	201109002	王都都	女	21	001	数据结构	5
3	201109003	聂乐乐	女	22	001	数据结构	5
4	201109004	张东健	男	23	001	数据结构	5
5	201109005	王子	男	24	001	数据结构	5
6	201109006	邢星	女	25	001	数据结构	5
7	201109001	李羽凡	男	20	002	计算机网络	3
8	201109002	王都都	女	21	002	计算机网络	3
9	201109003	聂乐乐	女	22	002	计算机网络	3
10	201109004	张东健	男	23	002	计算机网络	3
11	201109005	王子	男	24	002	计算机网络	3
12	201109006	邢星	女	25	002	计算机网络	3
13	201109001	李羽凡	男	20	003	C#程序设计	5
14	201109002	王都都	女	21	003	C#程序设计	5
15	201109003	聂乐乐	女	22	003	C#程序设计	5
16	201109004	张东健	男	23	003	C#程序设计	5
17	201109005	王子	男	24	003	C#程序设计	5
18	201109006	邢星	女	25	003	C#程序设计	5
19	201109001	李羽凡	男	20	004	数学	4
20	201109002	王都都	女	21	004	数学	4
21	201109003	聂乐乐	女	22	004	数学	4
22	201109004	张东健	男	23	004	数学	4
23	201109005	王子	男	24	004	数学	4
24	201109006	邢星	女	25	004	数学	4
25	201109001	李羽凡	男	20	005	SQL Serve...	4
26	201109002	王都都	女	21	005	SQL Serve...	4
27	201109003	聂乐乐	女	22	005	SQL Serve...	4
28	201109004	张东健	男	23	005	SQL Serve...	4
29	201109005	王子	男	24	005	SQL Serve...	4
30	201109006	邢星	女	25	005	SQL Serve...	4

图 5-50　交叉联接

因为 Student 表中有 6 行数据，Course 表中有 5 行数据，所有最后结果表中的行数是 5*6=30 行。

 由于交叉联接的结果集中行数是两个表所有行数的乘积，所以避免对大型表使用交叉联接，否则会导致大型计算机的瘫痪。

5.4.4　联接多表的方法

1. 在 WHERE 子句中联接多表

在 FROM 子句中写联接多个表的名称，然后将任意两个表的联接条件分别写在 WHERE 子句后。

在 WHERE 子句中联接多表的语法如下。

```
SELECT fieldlist
FROM table1 , table2 , table3 …
where table1.column=table2.column
and table2.column=table3.column and …
```

【例 5-47】 把 Student 表、Course 表和 SC 表这 3 个表在 WHERE 子句中联接，SQL 语句及运行结果如图 5-51 所示。（实例位置：光盘\MR\源码\第 5 章\5-47。）

```
1  USE db_2008
2  SELECT * FROM Student,Course,SC
3  WHERE Student.Sno=SC.Sno
4  AND SC.Cno=Course.Cno
```

	Sno	Sname	Sex	Sage	Cno	Cname	Credit	Sno	Cno	Grade
1	201109001	李羽凡	男	20	001	数据结构	5	201109001	001	93
2	201109001	李羽凡	男	20	002	计算机网络	3	201109001	002	83
3	201109001	李羽凡	男	20	003	C#程序设计	5	201109001	003	52
4	201109002	王都都	女	21	001	数据结构	5	201109002	001	NULL
5	201109002	王都都	女	21	002	计算机网络	3	201109002	002	70
6	201109002	王都都	女	21	003	C#程序设计	5	201109002	003	NULL
7	201109003	聂乐乐	女	22	001	数据结构	5	201109003	001	74
8	201109003	聂乐乐	女	22	002	计算机网络	3	201109003	002	69
9	201109004	张东健	男	23	001	数据结构	5	201109004	001	NULL
10	201109004	张东健	男	23	002	计算机网络	3	201109004	002	89
11	201109004	张东健	男	23	003	C#程序设计	5	201109004	003	85
12	201109005	王子	男	24	001	数据结构	5	201109005	001	79
13	201109005	王子	男	24	002	计算机网络	3	201109005	002	90
14	201109005	王子	男	24	003	C#程序设计	5	201109005	003	45

图 5-51 用 where 子句实现多表联接

2. 在 FROM 子句中联接多表

在 FROM 子句中联接多个表是内部联接的扩展。在 FROM 子句中联接多表的语法如下。

```
SELECT fieldlist
FROM table1
join table2
join table3 …
on table1.column=table2.column
and table2.column=table3.column
```

【例 5-48】 把 Student 表、Course 表和 SC 表这 3 个表在 FROM 子句中联接，SQL 语句及运行结果如图 5-52 所示。（实例位置：光盘\MR\源码\第 5 章\5-48。）

```
1  USE db_2008
2  SELECT * FROM Student
3  join SC
4  join Course
5  on SC.Cno=Course.Cno
6  on Student.Sno=SC.Sno
```

	Sno	Sname	Sex	Sage	Sno	Cno	Grade	Cno	Cname	Credit
1	201109001	李羽凡	男	20	201109001	001	93	001	数据结构	5
2	201109001	李羽凡	男	20	201109001	002	83	002	计算机网络	3
3	201109001	李羽凡	男	20	201109001	003	52	003	C#程序设计	5
4	201109002	王都都	女	21	201109002	001	NULL	001	数据结构	5
5	201109002	王都都	女	21	201109002	002	70	002	计算机网络	3
6	201109002	王都都	女	21	201109002	003	NULL	003	C#程序设计	5
7	201109003	聂乐乐	女	22	201109003	001	74	001	数据结构	5
8	201109003	聂乐乐	女	22	201109003	002	69	002	计算机网络	3
9	201109004	张东健	男	23	201109004	001	NULL	001	数据结构	5
10	201109004	张东健	男	23	201109004	002	89	002	计算机网络	3
11	201109004	张东健	男	23	201109004	003	85	003	C#程序设计	5
12	201109005	王子	男	24	201109005	001	79	001	数据结构	5
13	201109005	王子	男	24	201109005	002	90	002	计算机网络	3
14	201109005	王子	男	24	201109005	003	45	003	C#程序设计	5

图 5-52 用 FROM 子句实现多表联接

当在 FROM 子句中联接多表时，要书写多个用来定义其中两个表的公共部分的 on 语句，on 语句必须遵循 FROM 后面所列表的顺序，即 FROM 后面先写的表相应的 on 语句要先写。

在例 5-48 中，如果把两个 on 的顺序反写，就会造成如图 5-53 的错误。

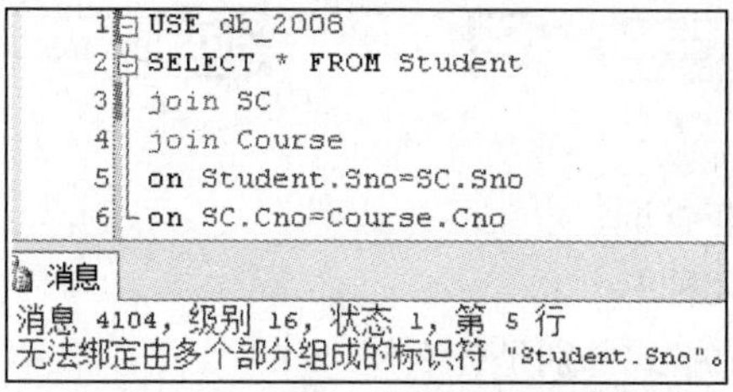

```
1  USE db_2008
2  SELECT * FROM Student
3  join SC
4  join Course
5  on Student.Sno=SC.Sno
6  on SC.Cno=Course.Cno
```

消息
消息 4104，级别 16，状态 1，第 5 行
无法绑定由多个部分组成的标识符 "Student.Sno"。

图 5-53　反写 on 语句造成的错误

5.5　综合实例——按照升序排列前三的数据

本实例联接查询学生信息表 student 与学生成绩表 course，首先按学习成绩降序查询数据，然后针对子查询结果再按升序排序。这样，就可以实现按升序排列学习成绩名列前三的学生信息。实例运行结果如图 5-54 所示。

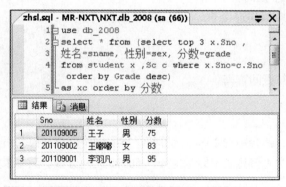

图 5-54　按升序排列名列前三的数据

知识点提炼

（1）子查询是一个嵌套在 SELECT、INSERT、UPDATE 或 DELETE 语句或其他子查询中的查询。任何允许使用表达式的地方都可以使用子查询。

（2）嵌套查询是指将一个查询块嵌套在另一个查询块的 WHERE 子句或 HAVING 短语的条件中的查询。

（3）联接查询可分为以下几类：内部联接、外部联接和交叉联接。

（4）CASE 函数具有两种格式：第一种，简单 CASE 函数将某个表达式与一组简单表达式进行比较以确定结果。第二种，CASE 搜索函数计算一组布尔表达式以确定结果。

（5）别名的三种定义方法，分别为：别名=列名；列名 AS 别名；列名 别名。

（6）在 WHERE 子句中联接多表，在 FROM 子句中写联接多个表的名称，然后将任意两个表的联接条件分别写在 WHERE 子句后。

习　题

5-1　什么是子查询和嵌套查询？

5-2　联接查询可以分为几种？

5-3　CASE 函数具有两种格式分别是什么？

5-4　更改列名的几种方法分别是什么？

5-5　SELECT 语句的基本结构怎么写？

实验：利用模糊查询进行区间查询

实验目的

（1）熟悉 SQL 的基本查询。

（2）掌握用 SELECT 语句连接 like 语句进行模糊查询。

实验内容

用 like 模糊查询进行区间查询。

实验步骤

在实现模糊查询时，常会用到 LIKE 运算符。本实例将介绍如何利用 LIKE 运算符进行区间查询。本实例实现的是学生信息表中的学生分数 50~95 之间分数。其结果如图 5-55 所示。

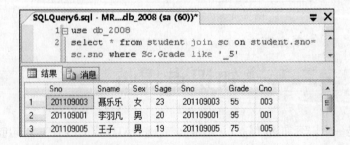

图 5-55　利用模糊查询进行区间查询

第6章
视图操作

本章要点：

- 以界面方式操作视图
- 使用 CREATE VIEW 创建视图
- 使用 ALTER VIEW 修改视图
- 使用 DROP VIEW 删除视图
- 从视图中浏览数据、添加数据、删除数据

视图是一种常用的数据库对象，它将查询的结果以虚拟表的形式存储在数据中。视图并不在数据库中以存储数据集的形式存在。视图的结构和内容是建立在对表的查询基础之上的，和表一样包括行和列，这些行列数据都来源于其所引用的表，并且是在引用视图过程中动态生成的。

6.1　视图概述

视图中的内容是由查询定义来的，并且视图和查询都是通过 SQL 语句定义的，它们有着许多相同和不同之处。具体如下。

- 存储：视图存储为数据库设计的一部分，而查询则不是。视图可以禁止所有用户访问数据库中的基表，而要求用户只能通过视图操作数据。这种方法可以保护用户和应用程序不受某些数据库修改的影响，同样也可以保护数据表的安全性。
- 排序：可以排序任何查询结果，但是只有当视图包括 TOP 子句时才能排序视图。
- 加密：可以加密视图，但不能加密查询。

6.1.1　以界面方式操作视图

1. 视图的创建

下面在 SQL Server Management Studio 中创建视图"View_Stu"，具体操作步骤如下。

（1）启动 SQL Server Management Studio，并连接到 SQL Server 2008 中的数据库。

（2）在"对象资源浏览器"中展开"数据库"节点，展开指定的数据库"db_2008"。

（3）鼠标右键单击"视图"选项，在弹出的快捷菜单中选择"新建视图"命令，如图 6-1 所示。

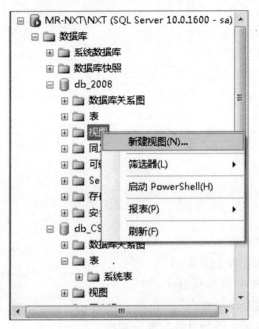

图 6-1　新建视图

（4）进入"添加表"对话框，如图 6-2 所示。在列表框中选择学生信息表"student"，单击"添加"按钮，然后单击"关闭"按钮关闭该窗体。

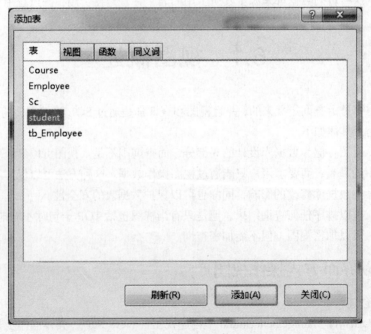

图 6-2　添加表窗体

（5）进入"视图设计器"界面，如图 6-3 所示。在"表选择区"中选择"所有列"选项，单击执行按钮 ，视图结果区中自动显示视图结果。

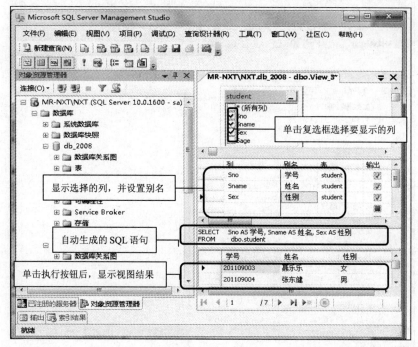

图 6-3　视图设计器

（6）单击工具栏中的"保存"按钮![保存]，弹出"选择名称"对话框，如图 6-4 所示。在"输入视图名称"文本框中输入视图名称"View_student"，单击"确定"按钮即可保存该视图。

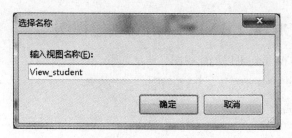

图 6-4　选择视图名称对话框

2. 视图的删除

用户可以删除视图。删除视图时，底层数据表不受影响，但会造成与该视图关联的权限丢失。

下面介绍如何在"SQL Server Management Studio"管理器中删除视图，具体操作步骤如下。

（1）启动 SQL Server Management Studio，并连接到 SQL Server 2008 中的数据库。

（2）在"对象资源浏览器"中展开"数据库"节点，展开指定的数据库"db_2008"。

（3）展开"视图"节点，鼠标右键单击要删除的视图"View_student"，在弹出的快捷菜单中选择"删除"命令，如图 6-5 所示。

（4）在弹出的"删除对象"对话框中单击"确定"按钮即可删除该视图。

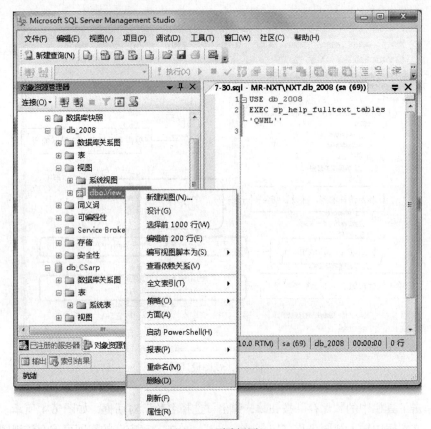

图 6-5　删除视图

6.1.2　使用 CREATE VIEW 语句创建视图

使用 CREATE VIEW 语句可以创建视图，语法如下。

```
CREATE VIEW [ schema_name . ] view_name [ (column [ ,...n ] ) ]
[ WITH <view_attribute> [ ,...n ] ]
AS select_statement [ ; ]
[ WITH CHECK OPTION ]
<view_attribute> ::=
{
  [ ENCRYPTION ] [ SCHEMABINDING ] [ VIEW_METADATA ]
}
```

参数如表 6-1 所示。

表 6-1　　　　　　　　　　　　　CREATE VIEW 语句参数说明

参　　数	说　　明
schema_name	视图所属架构的名称
view_name	视图的名称。视图名称必须符合有关标识符的规则。可以选择是否指定视图所有者名称
column	视图中的列使用的名称
AS	指定视图要执行的操作
select_statement	定义视图的 SELECT 语句

续表

参　数	说　明
CHECK OPTION	强制针对视图执行的所有数据修改语句都必须符合在 select_statement 中设置的条件
ENCRYPTION	对视图进行加密
SCHEMABINDING	将视图绑定到基础表的架构
VIEW_METADATA	指定为引用视图的查询请求浏览模式的元数据时，SQL Server 实例将向 DB-Library、ODBC 和 OLE DB API 返回有关视图的元数据信息，而不返回基表的元数据信息

【例 6-1】 创建查询 student 数据表中的所有记录的视图 VIEW_1。代码如下。(实例位置：光盘\MR\源码\第 6 章\6-1。)

```
create view view_1
as
select * from student
```

例如：在新视图中只显示"姓名"、"性别"、"电话号码"的信息，同时获得视图的相关信息。执行结果如图 6-6 所示。

```
use db_2008
go
--创建视图
create view v1
as
--定义 select 语句
select 编号,姓名,性别,年龄,电话号码 from Employee1
go
--查询所创建的视图中数据
select * from v1
```

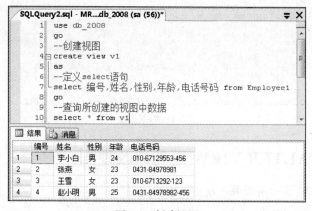

图 6-6　创建视图

例如：创建视图，使用 insert 语句向信息表中添加数据信息，执行结果如图 6-7 所示。

```
go
create view view3
as
select * from Employee1
go
insert into 信息视图(编号,姓名)
values(7,'刘莉')
```

```
go
insert into 信息视图(编号,年龄)
values(8,25)
```

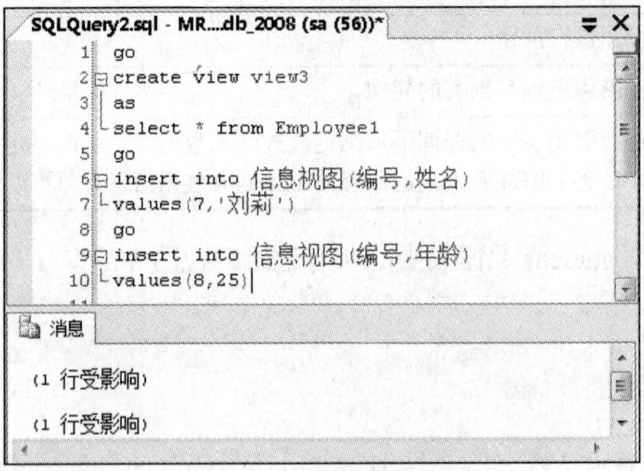

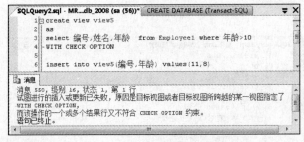

图 6-7　向视图中添加数据

例如：创建带检查约束的视图，名称是 view5，执行结果如图 6-8 所示。

```
create view view5
as
select 编号,姓名,年龄  from Employee1 where 年龄>10
WITH CHECK OPTION
insert into view5(编号,年龄) values(11,8)
```

当在视图 view5 的年龄字段中输入的值小于等于 10 时，弹出错误提示，如图 6-8 所示。

图 6-8　约束提示

6.1.3　使用 ALTER VIEW 语句修改视图

使用 ALTER VIEW 语句可以修改视图，语法如下。

```
ALTER VIEW  view_name [( column [,...n])]
[WITH ENCRYPTION]
AS
select_statement
[WITH CHECK OPTION]
```

参数说明如下。

❑　view_name 要更改的视图。

❑　column 一列或多列的名称，用逗号分开，将成为给定视图的一部分。

❑　n 表示 column 可重复 n 次的占位符。

❑　WITH ENCRYPTION 加密 syscomments 表中包含 ALTER VIEW 语句文本的条目。使用

WITH ENCRYPTION 可防止将视图作为 SQL Server 复制的一部分发布。

❑ AS 视图要执行的操作。

❑ select_statement 定义视图的 SELECT 语句。

❑ WITH CHECK OPTION 强制视图上执行的所有数据的修改语句都必须符合由定义视图的 select_statement 设置的准则。

 如果原来的视图定义是用 WITH ENCRYPTION 或 CHECK OPTION 创建的，那么只有在 ALTER VIEW 中也包含这些选项时，这些选项才有效。

【例 6-2】 通过 Transact-SQL 语句中的 ALTER VIEW 对已存在的视图进行修改操作。其关键代码如下。（实例位置：光盘\MR\源码\第 6 章\6-2。）

```
ALTER VIEW View_student(姓名,年龄)
AS
SELECT 姓名,年龄
 FROM student
WHERE sno=' 201109002'
--查看视图定义
EXEC sp_helptext 'View_student'
```

例如：使用 update 语句通过视图对数据表中的数据进行更新，修改信息表中的数据。执行结果如图 6-9 所示。

```
use db_2008
go
--通过视图修改数据
update v1
set 姓名='张一'
where 编号=2
--查询视图中修改后的数据
select * from v1
```

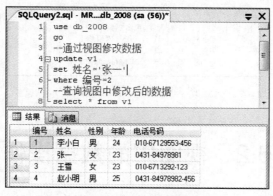

图 6-9 修改视图中数据

6.1.4 使用 DROP VIEW 语句删除视图

使用 DROP VIEW 语句可以删除视图，语法如下。

```
DROP VIEW view_name [,...n]
```

参数说明如下。

❑ view_name 要删除的视图名称。视图名称必须符合标识符规则。可以选择是否指定视图所有者名称。若要查看当前创建的视图列表，请使用 sp_help。

❑ n 表示可以指定多个视图的占位符。

 在单击"全部除去"按钮删除视图以前，可以在"除去对象"对话框中单击"显示相关性"按钮，即可查看该视图依附的对象，以确认该视图是否为想要删除的视图。

【例 6-3】 使用 Transact-SQL 删除视图实现过程如下。(实例位置：光盘\MR\源码\第 6 章\6-3。)

（1）首先打开"新建查询"按钮。

（2）在代码编辑窗中输入以下代码，单击工具栏上的执行按钮。此时执行查询结果将在下面的窗口中显示出来。相关代码如下。

```
USE db_2008
GO
DROP VIEW View_student
GO
```

例如：使用 DELETE 语句通过视图将数据表中色数据删除。执行结果如图 6-10 所示。

```
use db_2008
go
DELETE v1
WHERE 姓名='张一'
--查看创建的视图中的数据
SELECT * FROM v1
go
```

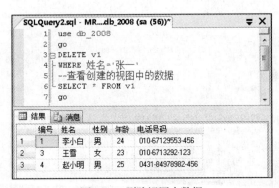

图 6-10　删除视图中数据

6.2　视图中的数据操作

6.2.1　从视图中浏览数据

下面在 SQL Server Management Studio 中查看视图"View_Stu"的信息，具体操作步骤如下。

（1）启动 SQL Server Management Studio，并连接到 SQL Server 2008 中的数据库。

（2）在"对象资源浏览器"中展开"数据库"节点，展开指定的数据库"db_2008"。

（3）再依次展开"视图"节点，就会显示出当前数据库中的所有视图，鼠标右键单击要查看信息的视图。

（4）在弹出的快捷菜单中，如果想要查看视图的属性，单击"属性"选项，如图 6-11 所示。
弹出视图属性窗体，如图 6-12 所示。

图 6-11 查看视图属性

图 6-12 视图属性窗体

（5）如果想要查看视图中的内容，可在图 6-11 所示的快捷菜单中选择"编辑前 200 行"选
项，在右侧即可以显示视图中的内容，如图 6-13 所示。

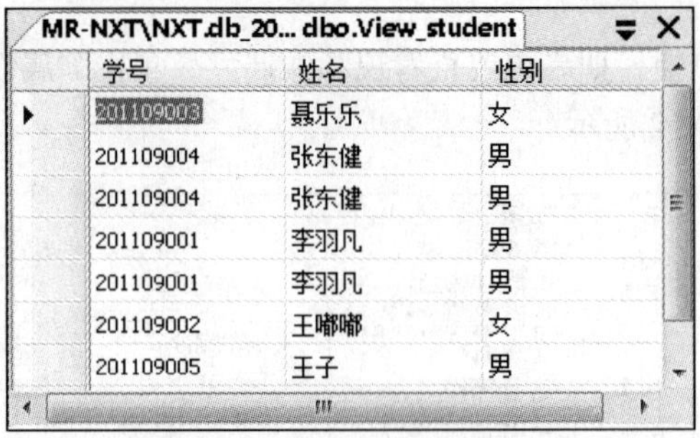

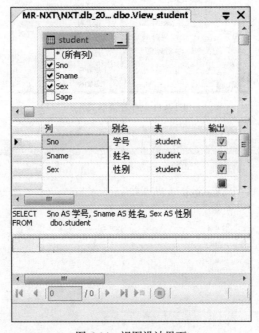

图 6-13　显示视图中的内容

（6）如果想要重新设置视图，可在图 6-11 所示的快捷菜单中单击"设计"选项，弹出视图的设计窗体，如图 6-14 所示。在此窗体中可对视图进行重新设置。

图 6-14　视图设计界面

6.2.2　向视图中添加数据

使用视图可以添加新的记录，但应该注意的是，新添加的数据实际上是存储在与视图相关的表中。

例如：向视图"View_student"中插入信息"20110901，明日科技，女"。

步骤如下。

（1）鼠标右键单击要插入记录的视图，在弹出的快捷菜单中选择"设计"命令，显示视图的设计界面。

（2）在显示视图结果的最下面一行直接输入新记录即可，如图 6-15 所示。

（3）然后按下 Enter 键，即可把信息插入到视图中。

（4）单击"![按钮]"按钮，完成新记录的添加，如图 6-16 所示。

学号	姓名	性别
22050120	刘春芬	女
22050121	刘丽	女
22050125	刘小宁	男
20110901	❶ 明日科技	❶ 女

图 6-15　使用企业管理器插入记录

学号	姓名	性别
20047109	鸿飞	男
20049110	秀丽	女
20110901	明日科技	女
22050110	张晓亮	男
22050111	李壮	男

图 6-16　插入记录后的视图

6.2.3　修改视图中的数据

使用视图可以修改数据记录，但是与插入记录相同，修改的是数据表中的数据记录。

例如：修改视图"View_student"中的记录，将"明日科技"修改为"明日"。

步骤如下。

（1）鼠标右键单击要修改记录的视图，在弹出的快捷菜单中选择"设计"命令，显示视图的设计界面。

（2）在显示的视图结果中，选择要修改的内容，直接修改即可。

（3）最后按下 Enter 键，即可把信息保存到视图中。

6.2.4　删除视图中的数据

使用视图可以删除数据记录，但是与插入记录相同，删除的是数据表中的数据记录。

例如：删除视图"View_student"中的记录"明日科技"。

步骤如下。

（1）鼠标右键单击要删除记录的视图，在弹出的快捷菜单中选择"设计"命令，显示视图的设计界面。

（2）在显示视图的结果中，选择要删除的行"明日科技"，在弹出的快捷菜单中选择"删除"命令，弹出删除对话框，如图 6-17 所示。

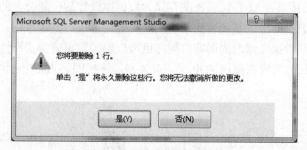

图 6-17　删除视图对话框

（3）单击"是"按钮，便将该记录删除。

6.3　综合实例——使用视图过滤些数据

在学生信息表 student 中存储了学生的编号、学生的姓名、学生的年龄、学生的性别等，不过，想过滤掉性别。解决办法是，创建一个简单视图，只允许访问所需要的信息，而不能访问与学生无关的列。本实例是基于数据表 student 创建视图，视图内容为数据表 student 中学号、姓名、年龄 3 列。同时查看视图。执行的结果如图 6-18 所示。

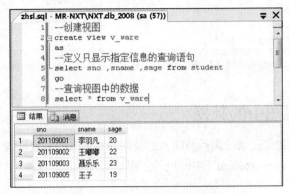

图 6-18　使用视图过滤不想要的数据

知识点提炼

（1）视图是一种常用的数据库对象，它将查询的结果以虚拟表的形式存储在数据中。视图并不在数据库中以存储数据集的形式存在。

（2）使用 DROP VIEW 语句可以删除视图，语法格式：DROP VIEW view_name [,...n]。

（3）视图可以添加新的记录，但应该注意的是，新添加的数据实际上是存储在与视图相关的表中。

（4）视图修改的步骤：①鼠标右键单击要修改记录的视图，在弹出的快捷菜单中选择"设计"命令，显示视图的设计界面。②在显示的视图结果中，选择要修改的内容，直接修改即可。③最后按下 Enter 键，即可把信息保存到视图中。

（5）视图和查询的区别。①存储：视图存储为数据库设计的一部分，而查询则不是。视图可以禁止所有用户访问数据库中的基表，而要求用户只能通过视图操作数据。这种方法可以保护用户和应用程序不受某些数据库修改的影响，同样也可以保护数据表的安全性。②排序：可以排序任何查询结果，但是只有当视图包括 TOP 子句时才能排序视图。③加密：可以加密视图，但不能加密查询。

习　　题

6-1　视图的概述。

6-2　如何创建视图并查询数据？

6-3　如何修改视图以及删除视图？

6-4　怎样向视图中添加数据？

6-5　怎样删除视图中的数据？

实验：视图定义文本加密

实验目的

（1）熟悉视图的基本概念。

（2）掌握创建视图以及修改视图中的数据。

实验内容

对视图定义的文本进行加密。

实验步骤

（1）首先打开新建查询按钮。

（2）在代码编辑窗中输入以下代码，在单击工具栏上的执行按钮。此时执行查询结果将在下面的窗口显示出来。其关键代码如下。

```
USE db_2008
GO
--创建视图
CREATE VIEW Lesson_Profession_view
WITH ENCRYPTION
AS
--定义 SELECT 查询语句
SELECT a.sname,a.sage,
    b.grade, a.sno
FROM student AS a INNER JOIN
    sc AS b ON a.sno = b.sno
GO
--查看创建的视图中的数据
EXEC sp_helptext Lesson_Profession_view
```

加密后的视图已经不可以使用系统存储过程 sp_helptext 进行查看。从视图的属性对话框查看加密后的视图信息，视图定义文本将被一段不可使用的信息所替代，如图 6-19 所示。

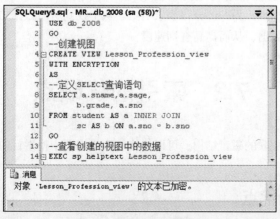

图 6-19 加密后的视图信息

第 7 章
索引与数据完整性

本章要点：

- 索引的概念
- 索引的优缺点
- 索引的分类
- 索引的操作
- 索引的分析与维护
- 数据完整性理论与实现

索引是一个单独的、物理的数据库结构。在 SQL Server 中，索引是为了加速对表中数据行的检索而创建的一种分散存储结构。创建索引一方面能够加速数据检索、提高数据访问的速度，另一方面也确保了数据的唯一性，加速了连接等操作。

7.1　索引的概念

索引是为了加速对表中数据行的检索而创建的一种分散存储结构。它是针对一个表而建立的，每个索引页面中的行都含有逻辑指针，指向数据表中的物理位置，以便加速检索物理数据。因此，对表中的列是否创建索引，将对查询速度有很大的影响。一个表的存储是由两部分组成的，一部分用来存放表的数据页，另一部分存放索引页。从中找到所需数据的指针，然后直接通过该指针从数据页面中读取数据，从而提高查询速度。

7.2　索引的优缺点

索引是与表或视图关联的磁盘结构，可以加快从表或视图中检索行的速度。本节将介绍索引的优缺点。

7.2.1　索引的优点

索引有以下优点。

- ❏ 创建唯一性索引，保证数据库表中每一行数据的唯一性。
- ❏ 大大加快数据的检索速度，这也是创建索引的最主要原因。
- ❏ 加速表与表之间的连接，特别是在实现数据的参考完整性方面特别有意义。
- ❏ 在使用分组和排序子句进行数据检索时，同样可以减少查询中分组和排序的时间。
- ❏ 通过使用索引，可以在查询的过程中使用优化隐藏器，提高系统的性能。

7.2.2　索引的缺点

索引有以下缺点。

- ❏ 创建索引和维护索引要耗费时间，这种时间随着数据量的增加而增加。
- ❏ 索引需要占物理空间，除了数据表占数据空间之外，每一个索引还要占一定的物理空间，如果要建立聚集索引，那么需要的空间就会更大。
- ❏ 当对表中的数据进行增加、删除和修改的时候，索引也要动态地维护，降低了数据的维护速度。

7.3　索引的分类

在 SQL Server 2008 中提供的索引类型主要有以下几类：聚集索引、非聚集索引、唯一索引、包含性列索引、索引视图、全文索引、空间索引、筛选索引和 XML 索引。

按照存储结构的不同，可以将索引分为两类：聚集索引和非聚集索引。

7.3.1　聚集索引

聚集索引根据数据行的键值在表或视图中排序和存储这些数据行。索引定义中包含聚集索引列。每个表只能有一个聚集索引，因为数据行本身只能按一个顺序排序。

只有当表包含聚集索引时，表中的数据行才按排列顺序存储。如果表具有聚集索引，则该表称为聚集表。如果表没有聚集索引，则其数据行存储在一个称为堆的无序结构中。

除了个别表之外，每个表都应该有聚集索引。聚集索引除了可以提高查询性能之外，还可以按需重新生成或重新组织来控制表碎片。

聚集索引有两种方式实现：PRIMARY KEY 和 UNIQUE 约束。

在创建 PRIMARY KEY 约束时，如果不存在该表的聚集索引且未指定唯一非聚集索引，则将自动对一列或多列创建唯一聚集索引。主键列不允许空值。

在创建 UNIQUE 约束时，默认情况下将创建唯一非聚集索引，以便强制 UNIQUE 约束。如果不存在该表的聚集索引，则可以指定唯一聚集索引。

7.3.2　非聚集索引

非聚集索引具有独立于数据行的结构。非聚集索引包含非聚集索引键值，并且每个键值项都有指向包含该键值的数据行的指针。

从非聚集索引中的索引行指向数据行的指针称为行定位器。行定位器的结构取决于数据页是存储在堆中还是聚集表中。对于堆，行定位器是指向行的指针。对于聚集表，行定位器是聚集索引键。

7.4 索引的操作

索引就是加快检索表中数据的方法。它对数据表中一个或多个列的值进行结构排序，是数据库中一个非常有用的对象。

7.4.1 索引的创建

1. 使用企业管理器创建索引

操作步骤如下。

（1）启动 SQL Server Management Studio，并连接到 SQL Server 2008 数据库.。

（2）选择指定的数据库"db_2008"，然后展开要创建索引的表，在表的下级菜单中，鼠标右键单击"索引"，在弹出的快捷菜单中选择"新建索引"命令，如图 7-1 所示。弹出"新建索引"窗体，如图 7-2 所示。

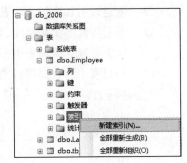

图 7-1 选择"新建索引"

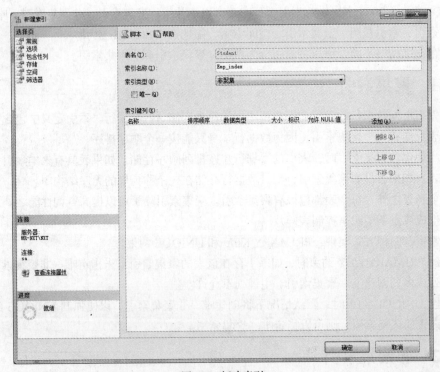

图 7-2 新建索引

（3）在"新建索引"窗体中单击"添加"按钮，弹出"从表中选择列"窗体，在该窗体中选择要添加到索引键的表列，如图 7-3 所示。

（4）单击"确定"按钮，返回到"新建索引"窗体，在"新建索引"窗体中，单击"确定"按钮，便完成了索引的创建。

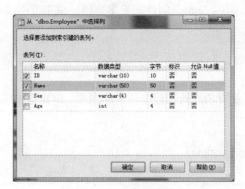

图 7-3 选择列窗体

```
CREATE [ UNIQUE ] [ CLUSTERED | NONCLUSTERED ] INDEX index_name
   ON { table | view } ( column [ ASC | DESC ] [ ,...n ] )
[ WITH < index_option > [ ,...n] ]
[ ON filegroup ]
< index_option > ::=
  { PAD_INDEX |
    FILLFACTOR = fillfactor |
    IGNORE_DUP_KEY |
    DROP_EXISTING |
  STATISTICS_NORECOMPUTE |
  SORT_IN_TEMPDB
}
```

CREATE INDEX 语句的参数及说明如表 7-1 所示。

表 7-1 CREATE INDEX 语句的参数及说明

参　　数	描　　述
[UNIQUE][CLUSTERED|NONCLUSTERED]	指定创建索引的类型，参数依次为唯一索引、聚集索引和非聚集索引。当省略 UNIQUE 选项时，建立非唯一索引，省略 CLUSTERED|NONCLUSTERED 选项时，建立聚集索引，省略 NONCLUSTERED 选项时，建立唯一聚集索引
index_name	索引名。索引名在表或视图中必须唯一，但在数据库中不必唯一。索引名必须遵循标识符规则
table	包含要创建索引的列的表。可以选择指定数据库和表所有者
column	应用索引的列。指定两个或多个列名，可为指定列的组合值创建组合索引
[ASC | DESC]	确定具体某个索引列的升序或降序排序方向。默认设置为 ASC
PAD_INDEX	指定索引中间级中每个页（节点）上保持开放的空间
FILLFACTOR	指定在 SQL Server 创建索引的过程中，各索引页的填满程度
IGNORE_DUP_KEY	控制向唯一聚集索引的列插入重复的键值时所发生的情况。如果为索引指定了 IGNORE_DUP_KEY，并且执行了创建重复键的 INSERT 语句，SQL Server 将发出警告消息并忽略重复的行
DROP_EXISTING	指定应删除并重建已命名的先前存在的聚集索引或非聚集索引
SORT_IN_TEMPDB	指定用于生成索引的中间排序结果将存储在"tempdb"数据库中
ON filegroup	在给定的文件组上创建指定的索引。该文件组必须已创建

【例 7-1】 为 Student 表的 Sno 列创建非聚集索引，SQL 语句如下。（实例位置：光盘\MR\源码\第 7 章\7-1。）

```
USE db_2008
CREATE  INDEX IX_Stu_Sno
ON Student (Sno)
```

【例 7-2】 为 Student 表的 Sno 列创建唯一聚集索引，SQL 语句如下。（实例位置：光盘\MR\源码\第 7 章\7-2。）

```
USE db_2008
CREATE UNIQUE CLUSTERED INDEX  IX_Stu_Sno1
ON Student (Sno)
```

注意

无法对表创建多个聚集索引。

【例 7-3】 为 Student 表的 Sno 列创建组合索引，SQL 语句如下。（实例位置：光盘\MR\源码\第 7 章\7-3。）

```
USE db_2008
CREATE INDEX IX_Stu_Sno2
ON Student (Sno,Sname DESC)
```

使用索引虽然可以提高系统的性能，增强数据的检索速度，但它需要占用大量的物理存储空间，建立索引的一般原则如下。

（1）只有表的所有者可以在同一个表中创建索引。

（2）每个表中只能创建一个聚集索引。

（3）每个表中最多可以创建 249 个非聚集索引。

（4）在经常查询的字段上建立索引。

（5）定义 text、image 和 bit 数据类型的列上不要建立索引。

（6）在外键列上可以建立索引。

（7）主键列上一定要建立索引。

（8）在那些重复值比较多、查询较少的列上不要建立索引。

7.4.2　查看索引信息

1. 使用企业管理器查看索引

使用企业管理器查看索引的步骤如下。

（1）启动 SQL Server Management Studio，并连接到 SQL Server 2008 数据库。

（2）选择指定的数据库 "db_2008"，然后展开要查看索引的表。

（3）鼠标右键单击该表，在弹出的快捷菜单中选择 "设计" 命令。

（4）弹出 "表结构设计" 窗体，鼠标右键单击该窗体，在弹出的快捷菜单中选择 "索引/键" 命令。

（5）打开 "索引/键" 窗体，如图 7-4 所示。在窗口的左侧选中某个索引，在窗口的右侧就可以查看此索引的信息，并可以修改相关的信息。

2. 使用系统存储过程查看索引

系统存储过程 sp_helpindex 可以报告有关表或视图上索引的信息。

语法如下。

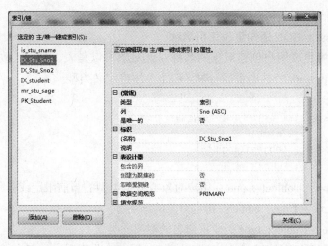

图 7-4　索引/键窗体

```
sp_helpindex [ @objname = ] 'name'
```

参数说明如下。

❑　[@objname =] 'name'：用户定义的表或视图的限定或非限定名称。

【例 7-4】 用系统存储过程 sp_helpindex，查看 db_2008 数据库中 Student 表的索引信息，SQL 语句如下。（实例位置：光盘\MR\源码\第 7 章\7-4。）

```
use db_2008
EXEC Sp_helpindex Student
```

3．利用系统表查看索引信息

查看数据库中指定表的索引信息，可以利用该数据库中的系统表 sysobjects（记录当前数据库中所有对象的相关信息）和 sysindexes（记录有关索引和建立索引表的相关信息）进行查询，系统表 sysobjects 可以根据表名查找到索引表的 ID 号，再利用系统表 sysindexes 根据 ID 号查找到索引文件的相关信息。

【例 7-5】 利用系统表查看"db_2008"数据库中"Student"表中的索引信息，SQL 语句及运行结果如图 7-5 所示。（实例位置：光盘\MR\源码\第 7 章\7-5。）

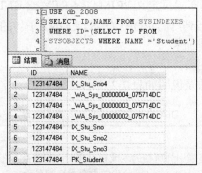

图 7-5　查看 Student 表中的索引

7.4.3　索引的修改

1．使用企业管理器修改索引

使用企业管理器修改索引与使用企业管理器查看索引的步骤相同，在"索引/键"窗体中就可以修改索引的相关信息。

2. 使用 Transact-SQL 语句更改索引名称

在当前数据库中更改用户创建对象的名称。此对象可以是表、索引、列、别名数据类型或 Microsoft .NET Framework 公共语言运行时（CLR）用户定义类型。

语法如下。

```
sp_rename [ @objname = ] 'object_name' ,
[ @newname = ] 'new_name'
[ , [ @objtype = ] 'object_type' ]
```

参数说明如下。

❑ [@objname =] 'object_name'：用户对象或数据类型的当前限定或非限定名称。

❑ [@newname =] 'new_name'：指定对象的新名称。

❑ [@objtype =] 'object_type'：要重命名的对象的类型。

【例 7-6】 利用系统存储过程 sp_rename，"IX_Stu_Sno" 索引重命名为 "IX_Stu_Sno1"，SQL 语句如下。（实例位置：光盘\MR\源码\第 7 章\7-6。）

```
USE db_2008
EXEC sp_rename 'Student.IX_Stu_Sno','IX_Stu_Sno1'
```

要对索引进行重命名时，需要修改的索引名格式必须为 "表名.索引名"。

7.4.4　索引的删除

1. 使用企业管理器删除索引

使用企业管理器删除索引与使用企业管理器查看索引的步骤相同，在"索引/键"窗体，单击"删除"按钮，就可以把当前选中的索引删除。

2. 使用 Transact-SQL 语句删除索引

DROP INDEX 语句表示从当前数据库中删除一个或多个关系索引、空间索引、筛选索引或 XML 索引。

DROP INDEX 语句不适用于通过定义 PRIMARY KEY 或 UNIQUE 约束创建的索引。若要删除该约束和相应的索引，请使用带有 DROP CONSTRAINT 子句的 ALTER TABLE。

DROP INDEX 语句的语法如下。

```
DROP INDEX 'table.index | view.index' [ ,...n ]
```

DROP INDEX 语句的参数及说明如表 7-2 所示。

表 7-2　　　　　　　　　　　　　　DROP INDEX 语句的参数及说明

参　　数	描　　述
table|view	是索引列所在的表或索引视图。若要查看在表或视图上存在的索引列表，请使用 sp_helpindex 并指定表名或视图名称。表名和视图名称必须符合标识符规则
index	是要除去的索引名称。索引名必须符合标识符的规则
n	是表示可以指定多个索引的占位符

【例 7-7】 删除 "Student" 表中的 "IX_Stu_Sno1" 索引，SQL 语句如下。（实例位置：光盘\MR\源码\第 7 章\7-7。）

```
USE db_2008
--判断表中是否有要删除的索引
If EXISTS(Select * from sysindexes where name='IX _Stu_Sno1')
 Drop Index Student.IX_Stu_Sno1
```

7.4.5 设置索引的选项

1. 设置 PAD_INDEX 选项

PAD_INDEX 选项是设置创建索引期间中间级别页中可用空间的百分比。

对于非叶级索引页需要使用 PAD_INDEX 选项设置其预留空间的大小。PAD_INDEX 选项只有在指定了 FILLFACTOR 选项时才有用,因为 PAD_INDEX 是由 FILLFACTOR 所指定的百分比决定。默认情况下,给定中间级页上的键集,SQL Server 将确保每个索引页上的可用空间至少可以容纳一个索引允许的最大行。如果 FILLFACTOR 指定的百分比不够大,无法容纳一行,SQL Server 将在内部使用允许的最小值替代该百分比。

【例 7-8】 为 "Student" 表的 Sno 列创建一个簇索引 "IX_Stu_Sno",并将预留空间设置为 "10",SQL 语句如下。(实例位置:光盘\MR\源码\第 7 章\7-8。)

```
USE db_2008
CREATE UNIQUE CLUSTERED INDEX IX_Stu_Sno
on Student(Sno)
with pad_index,fillfactor = 10
```

2. 设置 FILLFACTOR 选项

FILLFACTOR 选项是设置创建索引期间每个索引页的页级别中可用空间的百分比。

数据库系统在存储数据库文件时,有时会将用到的数据页隔断,在使用数据索引的同时会产生一定程度的碎片。为了尽量减少页拆分,在创建索引时,可以选择 FILLFACTOR(称为填充因子)选项,此选项用来指定各索引页的填满程度,即指定索引页上所留出的额外的间隙和保留一定的百分比空间,从而扩充数据的存储容量和减少页拆分。FILLFACTOR 选项的取值范围是 1~100,表示用户创建索引时数据容量所占页容量的百分比。

【例 7-9】 在 "db_2008" 数据库中的 "Student" 表上创建基于 "Sname" 列的非聚集索引 "IX_Stu_Sname",并且为升序,填充因子为 "80",SQL 语句如下。(实例位置:光盘\MR\源码\第 7 章\7-9。)

```
USE db_2008
GO
CREATE  INDEX IX_Stu_Sname ON Student(Sname)
WITH  FILLFACTOR=80
GO
```

3. 设置 ASC/DESC 选项

排序查询是指将查询结果按指定属性的升序(ASC)或降序(DESC)排列,由 ORDER BY 子句指明。ASC/DESC 选项可以在创建索引时设置索引方式。

【例 7-10】 在 Student 表中创建一个聚集索引 MR_Stu_Sage,将 Sage 列按从小到大排序,SQL 语句如下。(实例位置:光盘\MR\源码\第 7 章\7-10。)

```
USE db_2008
CREATE CLUSTERED INDEX MR_Stu_Sage
ON Student (Sage DESC)
```

创建索引后,数据表如图 7-6 所示。

图 7-6　对 Sage 字段进行排序

4. 设置 SORT_IN_TEMPDB 选项

SORT_IN_TEMPDB 选项是确定对创建索引期间生成的中间排序结果进行排序的位置。如果为 ON，则排序结果存储在 tempdb 中。如果为 OFF，则排序结果存储在存储结果索引的文件组或分区方案中。

【例 7-11】　用 SORT_IN_TEMPDB 选项创建"MR_Stu"索引，当 tempdb 与用户数据库位于不同的磁盘集上时，可以减少创建索引所需的时间，SQL 语句如下。（实例位置：光盘\MR\源码\第 7 章\7-11。）

```
CREATE UNIQUE CLUSTERED INDEX MR_Stu_Sno
ON Student (Sno ASC)
with SORT_IN_TEMPDB
```

5. 设置 STATISTICS_NORECOMPUTE 选项

STATISTICS_NORECOMPUTE 选项指定是否应自动重新计算过期的索引统计信息。

【例 7-12】　在 Student 表上创建索引 MR_Stu，其功能是不自动重新计算过期的索引统计信息，SQL 语句如下。（实例位置：光盘\MR\源码\第 7 章\7-12。）

```
USE db_2008
CREATE UNIQUE CLUSTERED INDEX MR_Stu
ON Student (Sno ASC)
with STATISTICS_NORECOMPUTE
```

6. 设置 UNIQUE 选项

UNIQUE 选项是确定是否允许并发用户在索引操作期间访问基础表或聚集索引数据以及任何关联非聚集索引。

为表或视图创建唯一索引（不允许存在索引值相同的两行）。视图上的聚集索引必须是 UNIQUE 索引。如果存在唯一索引，当使用 UPDATE 或 INSERT 语句产生重复值时将回滚，并显示错误信息。即使 UPDATE 或 INSERT 语句更改了许多行但只产生了一个重复值，也会出现这种情况。如果在有唯一索引并且指定了 IGNORE_DUP_KEY 子句情况下输入数据，则只有违反 UNIQUE 索引的行才会失败。在处理 UPDATE 语句时，IGNORE_DUP_KEY 不起作用。

【例 7-13】　用 IGNORE_DUP_KEY 参数创建唯一聚集索引，并且不能输入重复值，改变行的物理排序，SQL 语句如下。（实例位置：光盘\MR\源码\第 7 章\7-13。）

```
USE db_2008
CREATE UNIQUE CLUSTERED INDEX MR_Stu_Sno ON Student (Sno)
WITH IGNORE_DUP_KEY
```

7. 设置 DROP_EXISTING 选项

DROP_EXISTING 选项指示应删除和重新创建现有索引。

删除 SQL Server 2008 中已存在的索引，并根据修改重新创建一个索引。如果创建的是一个聚集索引，并且被索引的表上还存在其他非聚集索引，通过创建可以提高表的查询性能，因为重建聚集索引将强制重建所有的非聚集索引。

【例 7-14】　对已有的索引 MR_Stu，进行重新创建，SQL 语句如下。（实例位置：光盘\MR\源码\第 7 章\7-14。）

```
CREATE UNIQUE CLUSTERED INDEX MR_Stu
ON Student (Sno ASC)
with DROP_EXISTING
```

7.5　索引的分析与维护

7.5.1　索引的分析

1. 使用 SHOWPLAN 语句

显示查询语句的执行信息，包含查询过程中连接表时所采取的每个步骤以及选择哪个索引。语句如下。

```
SET SHOWPLAN_ALL { ON | OFF }
SET SHOWPLAN_TEXT { ON | OFF }
```

参数说明如下。

- ON：显示查询执行信息。
- OFF：不显示查询执行信息（系统默认）。
- SET SHOWPLAN_ALL 的设置是在执行或运行时设置，而不是在分析时设置。如果 SET SHOWPLAN_ALL 为 ON，则 SQL Server 将返回每个语句的执行信息但不执行语句。Transact-SQL 语句不会被执行。在将此选项设置为 ON 后，将始终返回有关所有后续 Transact-SQL 语句的信息，直到将该选项设置为 OFF 为止。
- SET SHOWPLAN_TEXT 的设置是在执行或运行时设置的，而不是在分析时设置的。当 SET SHOWPLAN_TEXT 为 ON 时，SQL Server 将返回每个 Transact-SQL 语句的执行信息，但不执行语句。将该选项设置为 ON 以后，将返回有关所有后续 SQL Server 语句的执行计划信息，直到将该选项设置为 OFF 为止。

【例 7-15】　在"db_2008"数据库中的"Student"表中查询所有性别为男且年龄大于 23 岁的学生信息，SQL 语句如下。（实例位置：光盘\MR\源码\第 7 章\7-15。）

```
USE db_2008
GO
SET SHOWPLAN_ALL ON
GO
SELECT Sname,Sex,Sage FROM Student WHERE Sex='男' AND Sage >23
GO
SET SHOWPLAN_ALL OFF
GO
```

2. 使用 STATISTICS IO 语句

STATISTICS IO 语句表示使 SQL Server 显示有关由 Transact-SQL 语句生成的磁盘活动量的信息。

语法如下。

```
SET STATISTICS IO { ON | OFF }
```

- 如果 STATISTICS IO 为 ON，则显示统计信息。如果为 OFF，则不显示统计信息。如果将此选项设置为 ON，则所有后续的 Transact-SQL 语句将返回统计信息，直到将该选项设置为 OFF 为止。

【例 7-16】 在"db_2008"数据库中的"Student"表中查询所有性别为男且年龄大于 20 岁的学生信息，并显示查询处理过程在磁盘活动的统计信息，SQL 语句如下。（实例位置：光盘\MR\源码\第 7 章\7-16。）

```
USE db_2008
GO
SET STATISTICS IO ON
GO
SELECT Sname,Sex,Sage FROM Student WHERE Sex='男' AND Sage >20
GO
SET STATISTICS IO OFF;
GO
```

7.5.2 索引的维护

1. 使用 DBCC SHOWCONTIG 语句

显示指定表的数据和索引的碎片信息。当对表进行大量修改或添加数据后，应该执行此语句来查看有无碎片。

显示指定的表或视图的数据和索引的碎片信息。

语法如下。

```
DBCC SHOWCONTIG
[ (
    { table_name | table_id | view_name | view_id }
    [ , index_name | index_id ]
) ]
    [ WITH
      {
        [ , [ ALL_INDEXES ] ]
        [ , [ TABLERESULTS ] ]
        [ , [ FAST ] ]
        [ , [ ALL_LEVELS ] ]
        [ NO_INFOMSGS ]
      }
    ]
```

DBCC SHOWCONTIG 语句的参数及说明如表 7-3 所示。

表 7-3　　　　　　　　　　　　　DBCC SHOWCONTIG 语句的参数及说明

参　数	描　述
table_name | table_id | view_name | view_id	要检查碎片信息的表或视图。如果未指定，则检查当前数据库中的所有表和索引视图
index_name | index_id	要检查碎片信息的索引。如果未指定，则该语句将处理指定表或视图的基本索引
WITH	指定有关 DBCC 语句返回的信息类型的选项
FAST	指定是否要对索引执行快速扫描和输出最少信息。快速扫描不读取索引的叶或数据级页
ALL_INDEXES	显示指定表和视图的所有索引的结果，即使指定了特定索引也是如此
TABLERESULTS	将结果显示为含附加信息的行集
ALL_LEVELS	仅为保持向后兼容性而保留
NO_INFOMSGS	取消严重级别从 0 到 10 的所有信息性消息

【例 7-17】　显示"db_2008"数据库中"Student"表的碎片信息，SQL 语句及运行结果如图 7-7 所示。（实例位置：光盘\MR\源码\第 7 章\7-17。）

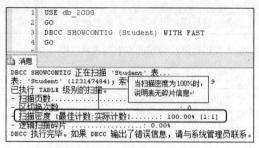

图 7-7　Student 表的碎片信息

当扫描密度为 100%时，说明表无碎片信息。

2. 使用 DBCC DBREINDEX 语句

DBCC DBREINDEX 表示对指定数据库中的表重新生成一个或多个索引。

语法如下。

```
DBCC DBREINDEX
(
    table_name
    [ , index_name [ , fillfactor ] ]
)
    [ WITH NO_INFOMSGS ]
```

参数说明如下。

❑　table_name：包含要重新生成的指定索引的表的名称。表名称必须遵循有关标识符的规则。

❑　index_name：要重新生成的索引名。索引名称必须符合标识符规则。

❑　fillfactor：在创建或重新生成索引时，每个索引页上用于存储数据的空间百分比。

❑　WITH NO_INFOMSGS：取消显示严重级别从 0 到 10 的所有信息性消息。

【例 7-18】　使用填充因子 100 重建"db_2008"数据库中"Student"表上的"MR_Stu_Sno"聚集索引。（实例位置：光盘\MR\源码\第 7 章\7-18。）

```
USE db_2008
GO
DBCC DBREINDEX('db_2008.dbo.Student',MR_Stu_Sno, 100)
GO
```

3. 使用 DBCC INDEXDEFRAG 语句

DBCC INDEXDEFRAG 语句指定表或视图的索引碎片整理。

语法如下。

```
DBCC INDEXDEFRAG
(
    { database_name | database_id | 0 }
      , { table_name | table_id | view_name | view_id }
    [ , { index_name | index_id } [ , { partition_number | 0 } ] ]
)
    [ WITH NO_INFOMSGS ]
```

DBCC INDEXDEFRAG 语句的参数及说明如表 7-4 所示。

表 7-4　　　　　　　　　　　　　　DBCC INDEXDEFRAG 语句的参数及说明

参　　数	描　　述
database_name | database_id | 0	包含要进行碎片整理的索引的数据库。如果指定 0，则使用当前数据库
table_name | table_id | view_name | view_id	包含要进行碎片整理的索引的表或视图
index_name | index_id	是要进行碎片整理的索引。索引名必须符合标识符的规则
partition_number | 0	要进行碎片整理的索引的分区号。如果未指定或指定 0，该语句将对指定索引的所有分区进行碎片整理
WITH NO_INFOMSGS	取消严重级别从 0 到 10 的所有信息性消息

【例 7-19】　清除数据库"db_2008"数据库中"Student"表的"MR_Stu_Sno"索引上的碎片，SQL 语句如下。（实例位置：光盘\MR\源码\第 7 章\7-19。）

```
USE db_2008
GO
DBCC INDEXDEFRAG (db_2008,Student,MR_Stu_Sno)
GO
```

7.6　全文索引

全文索引是一种特殊类型的基于标记的功能性索引，它是由 Microsoft SQL Server 全文引擎生成和维护的。生成全文索引的过程不同于生成其他类型的索引。全文引擎并非基于特定行中存储的值来构造 B 树结构，而是基于要编制索引的文本中的各个标记来生成倒排、堆积且压缩的索引结构。

7.6.1　使用企业管理器启用全文索引

操作步骤如下。

（1）启动 SQL Server Management Studio，并连接到 SQL Server 2008 数据库。

（2）选择指定的数据库"db_2008"，然后鼠标右键单击要创建索引的表，在弹出的快捷菜单中选择"全文索引/定义全文索引"命令，弹出"新建索引"窗体，如图 7-8 所示。

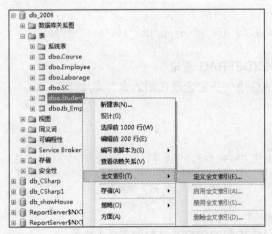

图 7-8　选择创建全文索引

（3）打开"全文索引向导"窗体，如图 7-9 所示。

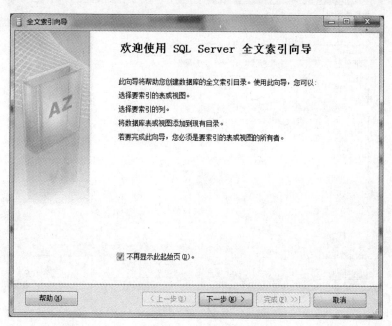

图 7-9 全文索引向导

（4）单击"下一步"按钮，选择"唯一索引"，如图 7-10 所示。

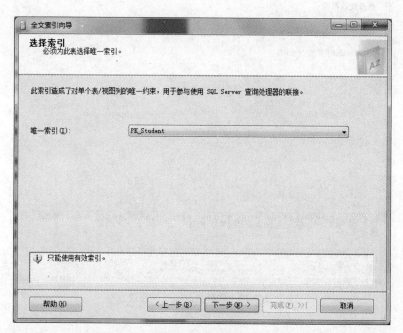

图 7-10 选择索引

（5）单击"下一步"按钮，选择表列，如图 7-11 所示。

图 7-11　选择表列

（6）单击"下一步"按钮，选择跟踪表和视图更新的方式，如图 7-12 所示。

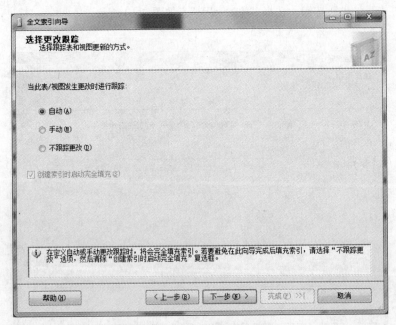

图 7-12　选择更改跟踪的方式

（7）单击"下一步"按钮，在弹出的窗体中选择"创建新目录"复选框，在名称文本框中输入全文目录的名称，如图 7-13 所示。

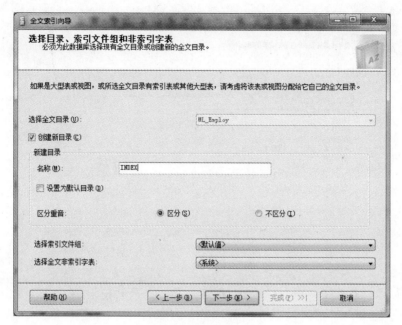

图 7-13　设置全文目录

（8）单击"下一步"按钮，弹出"定义填充计划"窗体，如图 7-14 所示，此窗体用来创建或修改此全文目录的填充计划（此计划是可选的）。在该窗体中选择"新建表计划"或"新建目录计划"弹出新建计划的窗体，在新建窗体中输入计划的名称，设置执行的日期和时间，单击"确定"按钮即可。

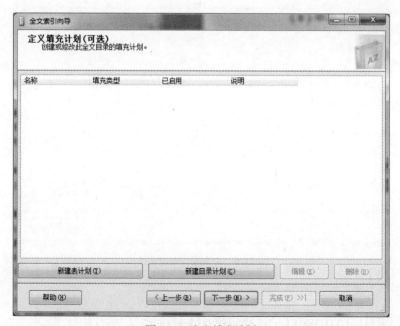

图 7-14　定义填充计划

（9）单击"下一步"按钮，弹出"全文索引向导说明"窗体，如图 7-15 所示。

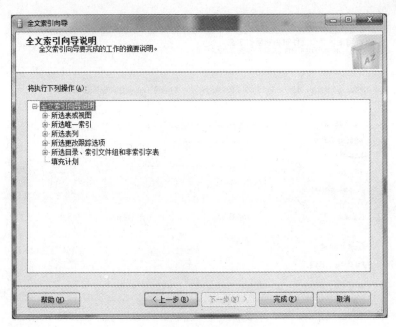

图 7-15　全文索引向导说明

（10）单击"完成"按钮，弹出"全文索引向导进度"窗体，如图 7-16 所示。

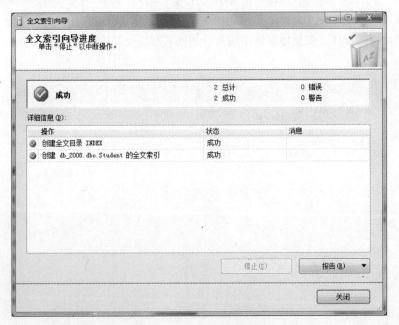

图 7-16　全文索引向导进度

（11）单击"关闭"按钮即可。

7.6.2　使用 Transact−SQL 语句启用全文索引

1. 指定数据库启用全文索引

sp_fulltext_database 用于初始化全文索引，或者从当前数据库中删除所有的全文目录。在

SQL Server 2008 及更高版本中对全文目录无效，支持它仅仅是为了保持向后兼容。sp_fulltext_database 不会对给定数据库禁用全文引擎。在 SQL Server 2008 中，所有用户创建的数据库始终启用全文索引。

语法如下。

```
sp_fulltext_database [@action=] 'action'
```

参数说明如下。

❑ [@action=] 'action'：要执行的操作。action 的数据类型为 varchar（20），参数取值如表 7-5 所示。

表 7-5　　　　　　　　　　　　　　　　[@action =] 'action'参数的取值

值	描　　述
enable	在当前数据库中启用全文索引
disable	对于当前数据库，删除文件系统中所有的全文目录，并且将该数据库标记为已经禁用全文索引。这个动作并不在全文目录或在表上更改任何全文索引元数据

【例 7-20】　使用数据库进行全文索引，SQL 语句如下。（实例位置：光盘\MR\源码\第 7 章\7-20。）

```
USE db_2008
EXEC sp_fulltext_database 'enable'
```

【例 7-21】　从数据库中删除全文索引，SQL 语句如下。（实例位置：光盘\MR\源码\第 7 章\7-21。）

```
USE db_2008
EXEC sp_fulltext_database 'disable'
```

2．指定表启用全文索引

sp_fulltext_table 用于标记或取消标记要编制全文索引的表。

语法如下。

```
sp_fulltext_table [ @tabname = ] 'qualified_table_name'
  , [ @action = ] 'action'
  [ , [ @ftcat = ] 'fulltext_catalog_name'
  , [ @keyname = ] 'unique_index_name' ]
```

参数说明如下。

❑ [@tabname =] 'qualified_table_name'：表名。该表必须存在当前的数据库中。数据类型为 nvarchar（517），无默认值。

❑ [@action =] 'action'：将要执行的动作。action 的数据类型为 varchar（20），无默认值，取值如表 7-6 所示。

表 7-6　　　　　　　　　　　　　　　　[@action =] 'action'参数的取值

值	描　　述
Create	为 qualified_table_name 引用的表创建全文索引的元数据，并且指定该表的全文索引数据应该驻留在 fulltext_catalog_name 中
Drop	对于 qualified_table_name 除去全文索引上的元数据。如果全文索引是活动的，那么在除去它之前会自动停用它。在除去全文索引之前，不必删除列
Activate	停用全文索引后，激活为 qualified_table_name 聚集全文索引的数据。在激活全文索引之前，应该至少有一列参与这个全文索引

值	描　述
Deactivate	停用的全文索引，使得无法再为 qualified_table_name 聚集全文索引数据。全文索引元数据依然保留，并且该表还可以被重新激活
start_change_tracking	启动全文索引的增量填充。如果该表没有时间戳，那么就启动全文索引的完全填充，开始跟踪表发生的变化
stop_change_tracking	停止跟踪表发生的变化
update_index	将当前一系列跟踪的变化传播到全文索引
Start_background_updateindex	在变化发生时，开始将跟踪的变化传播到全文索引
Stop_background_updateindex	在变化发生时，停止将跟踪的变化传播到全文索引
start_full	启动表的全文索引的完全填充
start_incremental	启动表的全文索引的增量填充

❑ [@ftcat =] 'fulltext_catalog_name'：create 动作有效的全文目录名。对于所有其他动作，该参数必须为 NULL。fulltext_catalog_name 的数据类型为 sysname，默认值为 NULL。

❑ [@keyname =] 'unique_index_name'：有效的单键列，create 动作在 qualified_table_name 上的唯一的非空索引。对于所有其他动作，该参数必须为 NULL。unique_index_name 的数据类型为 sysname，默认值为 NULL。

用表启用全文索引的操作步骤如下。

（1）将要启用全文索引的表创建一个唯一的非空索引（在以下示例中其索引名为 "MR_Emp_ID_FIND"）。

（2）用表所在的数据库启用全文索引。

（3）在该数据库中创建全文索引目录（在以下示例中全文索引目录为 ML_Employ）。

（4）用表启用全文索引标记。

（5）向表中添加索引字段。

（6）激活全文索引。

（7）启动完全填充。

【例 7-22】　创建一个全文索引标记，并在全文索引中添加字段，SQL 语句如下。（实例位置：光盘\MR\源码\第 7 章\7-22。）

```
--将 Employee 表设为唯一索引
CREATE UNIQUE CLUSTERED INDEX MR_Emp_ID_FIND ON Employee (ID)
WITH IGNORE_DUP_KEY
--判断 db_2008 数据库是否可以创建全文索引
if (select DatabaseProperty('db_2008','IsFulltextEnabled'))=0
EXEC sp_fulltext_database 'enable'                          --数据库启用全文索引
    EXEC sp_fulltext_catalog 'ML_Employ','create'          --创建全文索引目录为
ML_Employ
    EXEC sp_fulltext_table 'Employee','create','ML_Employ','MR_Emp_ID_FIND'
                                                           --表启用全文索引标记
    EXEC sp_fulltext_column 'Employee','Name','add'        --添加全文索引字段
    EXEC sp_fulltext_table 'Employee','activate'           --激活全文索引
    EXEC sp_fulltext_catalog 'ML_Employ','start_full'      --启动表的全文索引的
完全填充
```

7.6.3　使用 Transact–SQL 语句删除全文索引

DROP FULLTEXT INDEX 从指定的表或索引视图中删除全文索引。

语法如下。

```
DROP FULLTEXT INDEX ON table_name
```

参数说明如下。

❏　table_name：包含要删除的全文索引的表或索引视图的名称。

【例 7-23】　删除 Employee 数据表的全文索引 MR_Emp_ID_FIND，SQL 语句如下。（实例位置：光盘\MR\源码\第 7 章\7-23。）

```
USE db_2008
DROP FULLTEXT INDEX ON Employee
```

7.6.4　全文目录

对于 SQL Server 2008 数据库，全文目录为虚拟对象，并不属于任何文件组。它是一个表示一组全文索引的逻辑概念。

1. 全文目录的创建、删除和重创建

sp_fulltext_catalog 用于创建和删除全文目录，并启动和停止目录的索引操作。可为每个数据库创建多个全文目录。

> 在以后的 SQL Server 版本中，将删除 sp_fulltext_catalog 存储过程。所以应避免在新的开发工作中使用此功能，并计划修改当前使用该存储过程的应用程序。

语法如下。

```
sp_fulltext_catalog [ @ftcat = ] 'fulltext_catalog_name' ,
  [ @action = ] 'action'
  [ , [ @path = ] 'root_directory' ]
```

参数说明如下。

❏　[@ftcat =] 'fulltext_catalog_name'：全文目录的名称。对于每个数据库，目录名必须是唯一的。其数据类型为 sysname。

❏　[@action =] 'action'：将要执行的动作。action 的数据类型为 varchar（20），取值如表 7-7 所示。

表 7-7　　　　　　　　　　　　　　　[@action =] 'action'参数的取值

值	描述
Create	在文件系统中创建一个空的新全文目录，并向 sysfulltextcatalogs 添加一行
Drop	将全文目录从文件系统中删除，并且删除 sysfulltextcatalogs 中相关的行
start_incremental	启动全文目录的增量填充。如果目录不存在，就会显示错误
start_full	启动全文目录的完全填充。即使与此全文目录相关联的每一个表的每一行都进行过索引，也会对其检索全文索引
Stop	停止全文目录的索引填充。如果目录不存在，就会显示错误。如果已经停止了填充，那么并不会显示警告
Rebuild	重建全文目录，方法是从文件系统中删除现有的全文目录，然后重建全文目录，并使该全文目录与所有带有全文索引引用的表重新建立关联

【例 7-24】　创建一个空的全文目录"QWML"，SQL 语句如下。（实例位置：光盘\MR\源

码\第 7 章\7-24。)

```
USE db_2008
GO
EXEC sp_fulltext_database 'enable'    --数据库启用全文索引
EXEC sp_fulltext_catalog 'QWML','create'
```

【例 7-25】 重新创建一个已有的全文目录"QWML"，SQL 语句如下。(实例位置：光盘\MR\源码\第 7 章\7-25。)

```
USE db_2008
GO
EXEC sp_fulltext_database 'enable'    --数据库启用全文索引
EXEC sp_fulltext_catalog 'QWML','rebuild'
```

【例 7-26】 删除全文目录"QWML"，SQL 语句如下。(实例位置：光盘\MR\源码\第 7 章\7-26。)

```
USE db_2008
GO
EXEC sp_fulltext_catalog 'QWML','Drop'
```

2. 向全文目录中增加、删除列

sp_fulltext_column 指定表的某个特定列是否参与全文索引。

后续版本的 Microsoft SQL Server 将删除该功能。请避免在新的开发工作中使用该功能，并着手修改当前还在使用该功能的应用程序。

语法如下。

```
sp_fulltext_column [ @tabname= ] 'qualified_table_name' ,
    [ @colname= ] 'column_name' ,
    [ @action= ] 'action'
    [ , [ @language= ] 'language' ]
    [ , [ @type_colname= ] 'type_column_name' ]
```

参数说明如下。

❑ [@tabname=] 'qualified_table_name'：由一部分或两部分组成的表的名称。表必须在当前数据库中。表必须有全文索引。qualified_table_name 的数据类型为 nvarchar（517），无默认值。

❑ [@colname=] 'column_name'：qualified_table_name 中列的名称。列必须为字符列、varbinary（max）列或 image 列，不能是计算列。column_name 的数据类型为 sysname，无默认值。

SQL Server 能够创建 text 数据的全文索引，text 数据存储在具有 image 数据类型的列中。不对图像或图片编制索引。

❑ [@action=] 'action'：要执行的操作。action 的数据类型为 varchar（20），无默认值，可以是表 7-8 中的列值之一。

表 7-8 [@action =] 'action'参数的取值

值	描　　述
add	将 qualified_table_name 的 column_name 添加到表的非活动全文索引中。该动作启用全文索引的列
drop	从表的非活动全文索引中删除 qualified_table_name 的 column_name

❑ [@language=] 'language'：存储在列中的数据的语言。

❑ [@type_colname =] 'type_column_name'：qualified_table_name 中列的名称，用于保存 column_name 的文档类型。此列必须是 char、nchar、varchar 或 nvarchar。仅当 column_name 数据类型为 varbinary（max）或 image 时才使用该列。type_column_name 的数据类型为 sysname，无默认值。

【例 7-27】 将"Student"表的"Sex"列添加到表的全文索引，SQL 语句如下。（实例位置：光盘\MR\源码\第 7 章\7-27。）

```
USE db_2008
EXEC sp_fulltext_column Student, Sex, 'add'
```

【例 7-28】 将"Student"表的"Sex"列从全文索引中删除，SQL 语句如下。（实例位置：光盘\MR\源码\第 7 章\7-28。）

```
USE db_2008
EXEC sp_fulltext_column Student, Sex, 'drop'
```

7.6.5 全文目录的维护

1. 用企业管理器来维护全文目录

操作步骤如下。

（1）启动 SQL Server Management Studio，并连接到 SQL Server 2008 数据库。

（2）选择指定数据库中的数据表（这里以"db_2008"数据库中的"Employee"表为例，该表已经创建全文索引）。

（3）在"Employee"表上单击鼠标右键，在快捷菜单中选择"全文索引"命令，如图 7-17 所示。

图 7-17 维护全文目录

（4）在"全文索引"的级联菜单中就可以对全文目录进行修改，具体功能如表 7-9 所示。

表 7-9   维护全文目录

选　　项	描　　述
删除全文索引	将选定的表从它的全文目录中删除
启动完全填充	使用选定表中的全部行对全文目录进行初始的数据填充
启动增量填充	识别选定的表从最后一次填充所发生的数据变化，并利用最后一次添加、删除或修改的行对全文索引进行填充
停止填充	终止当前正在运行的全文索引填充任务
手动跟踪更改	手动的方式使应用程序可以仅获取对用户表所做的更改以及与这些更改有关的信息
自动跟踪更改	自动使应用程序可以仅获取对用户表所做的更改以及与这些更改有关的信息
禁止跟踪更改	不让应用程序获取对用户表所做的更改以及与这些更改有关的信息
应用跟踪的更改	应用应用程序获取对用户表所做的更改及与这些更改有关的信息

2. 使用 T–SQL 语句维护全文目录

以 Employee 表为例介绍如何使用 T-SQL 语句维护全文目录，Employee 为已经创建全文索引的数据表。

（1）完全填充。

```
EXEC sp_fulltext_table 'Employee','start_full'
```

（2）增量填充。

```
EXEC sp_fulltext_table 'Employee','start_incremental'
```

（3）更改跟踪。

```
EXEC sp_fulltext_table ' Employee ','start_change_tracking'
```

（4）后台更新。

```
EXEC sp_fulltext_table ' Employee ','start_background_updateindex'
```

（5）清除无用的全文目录。

```
EXEC sp_fulltext_service 'clean_up'
```

（6）sp_help_fulltext_catalogs。

返回指定的全文目录的 ID（ftcatid）、名称（NAME）、根目录（PATH）、状态（STATUS）以及全文索引表的数量（NUMBER_FULLTEXT_TABLES）。

【例 7-29】　返回有关全文目录 QWML 的信息，SQL 语句如下。（实例位置：光盘\MR\源码\第 7 章\7-29。）

```
USE db_2008
GO
EXEC sp_help_fulltext_catalogs 'QWML' ;
GOSTATUS
```

列将返回指定全文目录的当前状态，如表 7-10 所示。

表 7-10   STATUS 列的返回状态

返　回　值	描　　述	返　回　值	描　　述
0	空闲	5	关闭
1	正在进行完全填充	6	正在进行增量填充
2	暂停	7	生成索引
3	已中止	8	磁盘已满，已暂停
4	正在恢复	9	更改跟踪

（7）sp_help_fulltext_tables。

该存储过程返回为全文索引注册的表的列表。

【例 7-30】　返回包含在指定全文目录"QWML"中的表的信息，SQL 语句如下。（实例位置：光盘\MR\源码\第 7 章\7-30。）

```
USE db_2008
EXEC sp_help_fulltext_tables 'QWML''
```

（8）sp_help_fulltext_columns。

该存储过程返回为全文索引指定的列。

【例 7-31】　返回 Employee 表中全文索引，Employee 表为已创建全文索引的数据表，SQL 语句如下。（实例位置：光盘\MR\源码\第 7 章\7-31。）

```
USE db_2008
EXEC sp_help_fulltext_columns 'Employee'
```

7.7　数据完整性

数据完整性是 SQL Server 用于保证数据库中数据一致性的一种机制，防止非法数据存入数据库。具体的数据完整性主要体现在以下几点。

❑　数据类型准确无误。

❑　数据取值符合规定的范围。

❑　多个数据表之间的数据不存在冲突。

下面介绍 SQL Server 2008 提供的 4 种数据完整性机制：域完整性、实体完整性、引用完整性和用户定义完整性。

7.7.1　域完整性

域是指数据表中的列（字段），域完整性就是指列的完整性，列数据输入的有效性。实现域完整性的方法有：限制类型（通过数据类型）、格式（通过 CHECK 约束和规则）或可能的取值范围（通过 CHECK 约束、DEFAULT 定义、NOT NULL 定义和规则）等。它要求数据表中指定列的数据具有正确的数据类型、格式和有效的数据范围。

域完整性常见的实现机制包括以下几种。

❑　默认值（Default）。

❑　检查（Check）。

❑　外键（Foreign Key）。

❑　数据类型（Data Type）。

❑　规则（Rule）。

例如：创建表 student2，有学号、最好成绩和平均成绩 3 列，求最好成绩必须大于平均成绩。执行效果如图 7-18 所示。

```
CREATE TABLE student2
(
学号  char(6) not null,
最好成绩  int not null,
平均成绩  int not null,
```

```
CHECK (最好成绩>平均成绩)
)
```

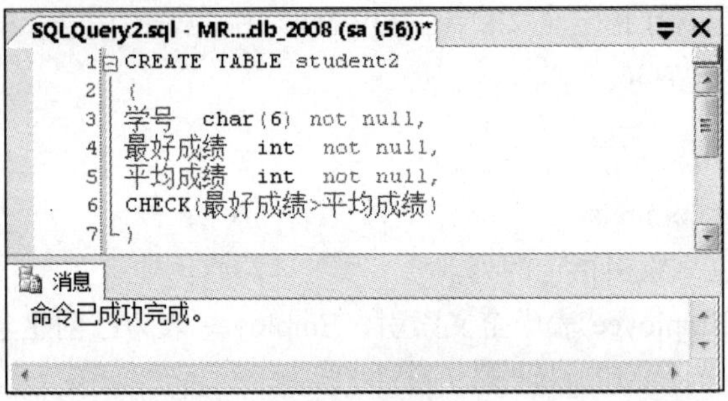

图 7-18 检查约束

7.7.2 实体完整性

现实世界中，任何一个实体都有区别于其他实体的特征，即实体完整性。在 SQL Server 数据库中，实体完整性又称为行的完整性，要求表中的一个主键，其值不能为空，能唯一地标识对应的记录。通过索引、UNIQUE 约束、PRIMARY KEY 约束或 IDENTITY 属性等可实现数据的实体完整性。可以通过以下几项实施实体完整性。

❑ 唯一索引（Unique Index）。

❑ 主键（Primary Key）。

❑ 唯一码（Unique Key）。

❑ 标识列（Identity Column）。

例如：创建表 student3，并对借书证号字段创建 PRIMARY KEY 约束，对姓名字段定义 UNIQUE 约束，执行效果如图 7-19 所示。

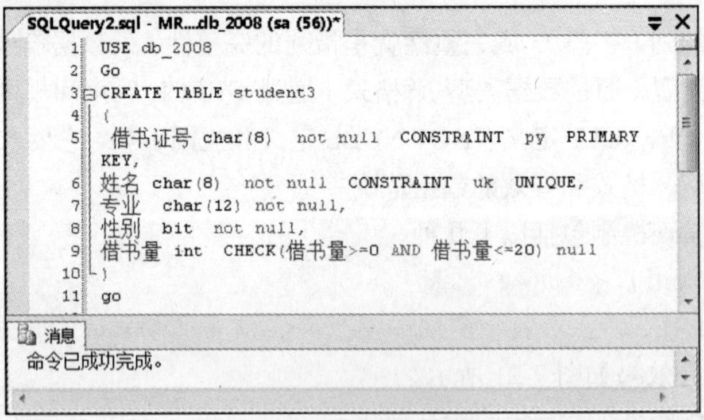

图 7-19 实体完整性设置

```
USE db_2008
Go
CREATE TABLE student3
(
借书证号 char(8)  not null  CONSTRAINT  py  PRIMARY KEY,
姓名 char(8)  not null  CONSTRAINT  uk  UNIQUE,
专业  char(12) not null,
性别  bit  not null,
```

```
借书量 int  CHECK(借书量>=0 AND 借书量<=20) null
)
go
```

例如：创建表 student4，由借书证号、索书号、借书时间作为联合主键，执行效果如图 7-20 所示。

```
Use db_2008
CREATE TABLE student4
(
借书证号 char(8)  not null,
索书名　 char(10) not null,
借书时间 date  not null,
还书时间 date  not null,
PRIMARY KEY(索书名,借书证号,借书时间)
)
```

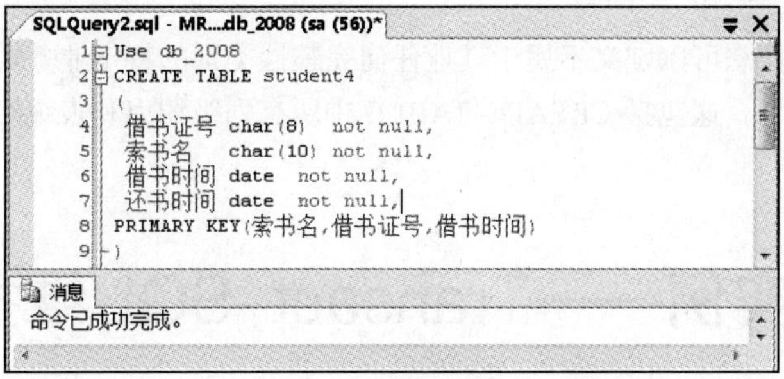

图 7-20　联合主键

7.7.3　引用完整性

引用完整性又称参照完整性，引用完整性保证主表中的数据与从表中数据的一致性。SQL Server 2008 中，参照完整性的实现是通过定义外键与主键之间或外键与唯一键之间的对应关系实现的。参照完整性确保键值在所有表中一致。参照完整性的实现方法如下。

（1）外键（Foreign Key）。

（2）检查（Check）。

（3）触发器（Trigger）。

（4）存储过程（Stored Procedure）

例如：创建表 student5，要求表中所用的索书名、借书证号和借书时间组合都必须出现在 student4 表中，执行效果如图 7-21 所示。

```
Use db_2008
CREATE TABLE student5
(
借书证号 char(8)  NOT NULL,
ISBN char(16) NOT NULL,
索书名 char(10) NOT NULL,
借书时间 date NOT NULL,
还书时间 date NOT NULL,
CONSTRAINT FK_point FOREIGN KEY (索书名,借书证号,借书时间)
REFERENCES student6 (索书名,借书证号,借书时间)
```

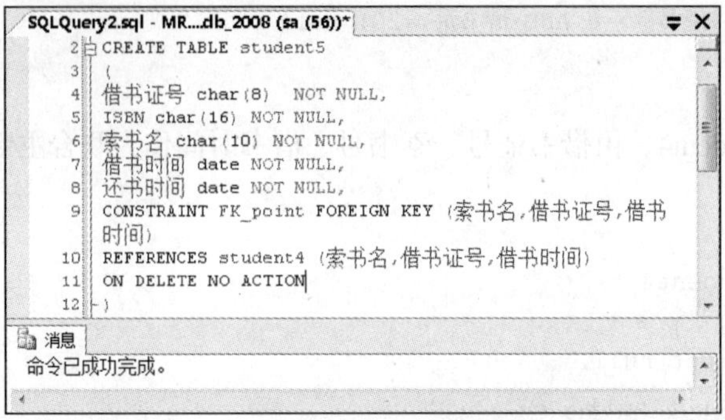

图 7-21　引用完整性

```
ON DELETE NO ACTION
)
```

7.7.4　用户定义完整性

用户定义完整性使您可以定义不属于其他任何完整性类别的特定业务规则。所有完整性类别都支持用户定义完整性。这包括 CREATE TABLE 中所有列级约束和表级约束、存储过程以及触发器。

7.8　综合实例——Transact–SQL 维护全文索引

下面将首先创建一个视图，然后为该视图创建索引，具体操作步骤如下。

（1）单击"开始"→"Microsoft SQL Server 2008"→"新建查询"，将出现 Microsoft SQL Server 新建查询编辑器。

（2）在新建查询编辑器中输入下面的语句。

```
USE Northwind
GO
SET NUMERIC_ROUNDABORT OFF
GO
SET
ANSI_PADDING,ANSI_WARNINGS,CONCAT_NULL_YIELDS_NULL,ARITHABORT,QUOTED_IDENTIFIER,ANSI_NULLS ON
GO
--创建视图
CREATE   VIEW V1
WITH   SCHEMABINDING
AS
    SELECT SUM(UnitPrice*Quantity*(1.00-Discount)) AS Revenue, OrderDate, ProductID,
COUNT_BIG(*) AS COUNT
    FROM   dbo.[Order Details] od, dbo.Orders o
    WHERE   od.OrderID=o.OrderID
    GROUP BY   OrderDate, ProductID
GO
--在视图上创建索引
CREATE UNIQUE CLUSTERED INDEX IV1 ON V1 (OrderDate, ProductID)
GO
```

（3）单击"执行查询"按钮或按"F5"键，将在视图上创建索引。

知识点提炼

（1）索引是一个单独的、物理的数据库结构。在 SQL Server 中，索引是为了加速对表中数据行的检索而创建的一种分散存储结构。

（2）索引分为两类：聚集索引和非聚集索引。

（3）数据完整性机制分为 4 种：域完整性、实体完整性、引用完整性和用户定义完整性。

（4）全文索引是一种特殊类型的基于标记的功能性索引，它是由 Microsoft SQL Server 全文引擎生成和维护的。生成全文索引的过程不同于生成其他类型的索引。

（5）索引的删除是使用企业管理器删除索引，与使用企业管理器查看索引的步骤相同，在"索引/键"窗体，单击"删除"按钮，就可以把当前选中的索引删除。

（6）域完整性常见的实现机制包括：默认值（Default）、检查（Check）、外键（Foreign Key）、数据类型（Data Type）和规则（Rule）。

习　　题

7-1　索引的概念。

7-2　索引分为哪两类？

7-3　什么是全文索引？

7-4　数据完整性分为哪几种？

7-5　域完整性中常见的实现机制包括什么？

实验：对格式化的二进制数据进行全文索引

实验目的

（1）熟悉全文索引的用法。

（2）掌握 SQL 存储二进制数据。

实验内容

根据二进制数据对数据进行全文索引。

实验步骤

（1）数据表设置一个 image 类型和一个字符串类型的字段。其中 image 类型字段用于存储 Word 文件，字符串类型的字段用于存储 image 类型字段中的文件的扩展名。例如：image 字段中存放的是 Word 文件，就要输入.doc；若为 NULL，则 SQL Server 会假设为纯文本文件，即.txt。当进行查询时，SQL Server 便会根据这个字段使用适当的过滤器来选取数据。

（2）首先为 db_2008 数据库中的合同表建立全文索引，但是当进行到选择数据表中数据列对话框的时候，可按图 7-22 所示进行设置。

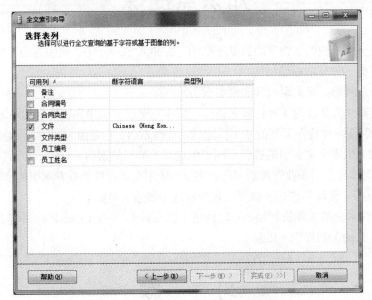

图 7-22　建立包含 image 字段的全文索引

（3）在图 7-22 所示的对话框中，勾选 image 类型字段，这里为"文件"，在文档类型列单元格中输入扩展名，这里为 doc。

（4）接着单击"下一步"按钮，直至完成全文索引的建立。

（5）对二进制数据进行检索，代码如下。

```
select 员工编号,员工姓名,合同编号
from 合同表
where CONTAINS(文件,'Mr')
GO
```

第8章
SQL 常用函数

本章要点：

- 聚合函数
- 常用的数学函数
- 字符串函数
- 日期和时间函数
- 转换函数
- 元数据函数

8.1　聚合函数

聚合函数对一组值执行计算，并返回单个值。除了 COUNT 以外，聚合函数都会忽略空值。所有聚合函数均为确定性函数。这表示任何时候使用一组特定的输入值调用聚合函数，所返回的值都是相同的。

8.1.1　聚合函数概述

聚合函数对一组值进行计算并返回单一的值，通常聚合函数会与 SELECT 语句的 GROUP BY 子句一同使用，在与 GROUP BY 子句使用时，聚合函数会为每一个组产生一个单一值，而不会为整个表产生一个单一值。常用的聚合函数及说明如表 8-1 所示。

表 8-1　　　　　　　　　　　　常用的聚合函数及说明

函数名称	说　　明
SUM	返回表达式中所有值的和
AVG	计算平均值
MIN	返回表达式的最小值
MAX	返回表达式的最大值
COUNT	返回组中项目的数量
DISTINCT	返回一个集合，并从指定集合中删除重复的元组

8.1.2　SUM（求和）函数

SUM 函数返回表达式中所有值的和或仅非重复值的和。SUM 只能用于数字列。空值将被忽略。

语法如下。

```
SUM ( [ ALL | DISTINCT ] expression )
```

参数说明如下。

❑　ALL：对所有的值应用此聚合函数。ALL 是默认值。

❑　DISTINCT：指定 SUM 返回唯一值的和。

❑　expression：常量、列或函数与算术、位和字符串运算符的任意组合。expression 是精确数字或近似数字数据类型分类（bit 数据类型除外）的表达式。

❑　返回类型：以最精确的 expression 数据类型返回所有 expression 值的和。

有关 SUM 函数使用的几点说明如下。

❑　含有索引的字段能够加快聚合函数的运行。

❑　字段数据类型为 int、smallint、tinyint、decimal、numeric、float、real、money 以及 smallmoney 的字段才可以使用 SUM 函数。

❑　在使用 SUM 函数时，SQL Server 把结果集中的 smallint 或 tinyint 这些数据类型当做 int 处理。

❑　在使用 SUM 函数时，SQL Server 将忽略空值（NULL），即计算时不计算这些空值。

【例 8-1】　使用 SUM 函数，求 SC 表中 001（数据结构）课程的总成绩，SQL 语句及运行结果如图 8-1 所示。（实例位置：光盘\MR\源码\第 8 章\8-1。）

图 8-1　使用 SUM 函数获得数据结构的总成绩

在 SC 表中 001 的成绩如图 8-2 所示。

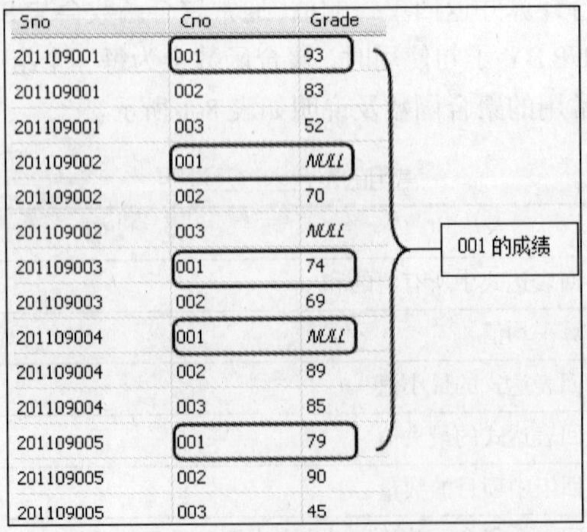

Sno	Cno	Grade
201109001	001	93
201109001	002	83
201109001	003	52
201109002	001	NULL
201109002	002	70
201109002	003	NULL
201109003	001	74
201109003	002	69
201109004	001	NULL
201109004	002	89
201109004	003	85
201109005	001	79
201109005	002	90
201109005	003	45

001 的成绩

图 8-2　SC 表中 001 的成绩

8.1.3　AVG（平均值）函数

AVG 函数返回组中各值的平均值。将忽略空值。

语法如下。

```
AVG ( [ ALL | DISTINCT ] expression )
```

参数说明如下。

❑　ALL 对所有的值进行聚合函数运算。ALL 是默认值。

❑　DISTINCT：指定 AVG 只使用每个值的唯一实例，而不管该值出现了多少次。

❑　expression：是精确数值或近似数值数据类别（bit 数据类型除外）的表达式。不允许使用聚合函数和子查询。

❑　返回类型：返回类型由表达式的运算结果类型确定。

有关 AVG 函数使用的几点说明如下。

❑　AVG 函数不一定返回与传递到函数的列完全相同的数据类型。

❑　AVG 函数只能用于数据类型是 int、smallint、tinyint、decimal、float、real、money 和 smallmoney 的字段。

❑　在使用 AVG 函数时，SQL Server 把结果集中的 smallint 或 tinyint 这些数据类型当做 int 处理。

AVG 函数的返回值类型由表达式的运算结果类型决定，如表 8-2 所示。

表 8-2　　　　　　　　　　　　　　AVG 函数返回值类型

表达式结果	返回类型
整数分类	int
decimal 分类（p, s）	Decimal（38, s）除以 decimal（10, 0）
money 和 smallmoney 分类	Money
float 和 real 分类	Float

【例 8-2】　使用 AVG 函数，求 SC 表中 001（数据结构）课程的平均成绩，SQL 语句及运行结构如图 8-3 所示。（实例位置：光盘\MR\源码\第 8 章\8-2。）

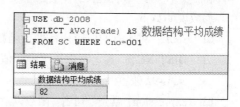

图 8-3　使用 AVG 函数获得数据结构的平均成绩

8.1.4　MIN（最小值）函数

MIN 函数返回表达式中的最小值。

语法如下。

```
MIN ( [ ALL | DISTINCT ] expression )
```

参数说明如下。

❑　ALL：对所有的值进行聚合函数运算。ALL 是默认值。

❑　DISTINCT：指定每个唯一值都被考虑。DISTINCT 对于 MIN 无意义，使用它仅仅是为了符合 SQL-92 兼容性。

❑　expression：常量、列名、函数以及算术运算符、按位运算符和字符串运算符的任意组合。MIN 可用于数字列、char 列、varchar 列或 datetime 列，但不能用于 bit 列。不允许使用聚合函数和子查询。

❑ 返回类型：返回与 expression 相同的值。

有关 MIN 函数使用的几点说明如下。

❑ MIN 函数不能用于数据类型是 bit 的字段。

❑ 在确定列中的最小值时，MIN 函数忽略 NULL 值，但是如果在该列中的所有行都有 NULL 值，将返回 NULL 值。

❑ 不允许使用聚合函数和子查询。

【例 8-3】 使用 MIN 函数，查询 Student 表中女同学的最小年龄，SQL 语句及运行结构如图 8-4 所示。（实例位置：光盘\MR\源码\第 8 章\8-3。）

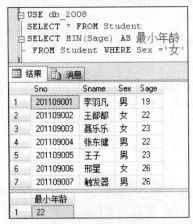

图 8-4 使用 MIN 函数获得数据结构的最小成绩

8.1.5 MAX（最大值）函数

MAX 函数返回表达式的最大值。

语法如下。

```
MAX ( [ ALL | DISTINCT ] expression )
```

参数说明如下。

❑ ALL：对所有的值应用此聚合函数。ALL 是默认值。

❑ DISTINCT：指定考虑每个唯一值。DISTINCT 对于 MAX 无意义，使用它仅仅是为了 SQL-92 兼容性。

❑ expression：常量、列名、函数以及算术运算符、按位运算符和字符串运算符的任意组合。MAX 可用于数字列、character 列和 datetime 列，但不能用于 bit 列。不允许使用聚合函数和子查询。

❑ 返回类型：返回与 expression 相同的值。

有关 MAX 函数使用的几点说明如下。

❑ MAX 函数将忽略选取对象中的空值。

❑ 不能通过 MAX 函数从 bit、text 和 image 数据类型的字段中选取最大值。

❑ 在 SQL Server 中，MAX 函数可以用于数据类型为数字、字符、datetime 的列，但是不能用于数据类型为 bit 的列。不能使用聚合函数和子查询。

❑ 对于字符列，MAX 查找排序序列的最大值。

【例 8-4】 在本示例中使用了一个子查询，并在子查询中使用了 MAX 函数将查询条件指定

为 "Student" 表中年龄最大的同学信息，SQL 语句及运行结构如图 8-5 所示。（实例位置：光盘\MR\源码\第 8 章\8-4。）

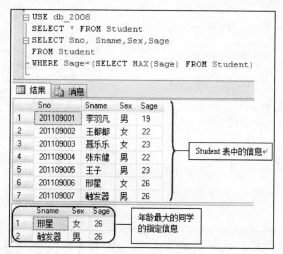

图 8-5　使用 MAX 函数获取 Student 表中年龄最大的同学信息

首先在 "Student" 表中选择指定列的数据并显示，然后在 WHERE 条件中使用子查询，并在子查询中使用 MAX 函数选择 "Student" 中年龄最大的操作员。

如果用户不想获取其他列的信息，可以直接在 SELECT 语句中使用 MAX 函数加上要查询的列即可。

【例 8-5】　直接查询学生中年龄最大的同学，SQL 语句如下。（实例位置：光盘\MR\源码\第 8 章\8-5。）

```
USE db_2008
SELECT MAX(Sage) AS 最大年龄 FROM Student
```

8.1.6　COUNT（统计）函数

COUNT 函数返回组中的项数。COUNT 返回 int 数据类型值。

语法如下。

```
COUNT ( { [ [ ALL | DISTINCT ] expression ] | * } )
```

参数说明如下。

❑　ALL：对所有的值进行聚合函数运算。ALL 是默认值。

❑　DISTINCT：指定 COUNT 返回唯一非空值的数量。

❑　expression：除 text、image 或 ntext 以外任何类型的表达式。不允许使用聚合函数和子查询。

❑　*：指定应该计算所有行以返回表中行的总数。COUNT（*）不需要任何参数，而且不能与 DISTINCT 一起使用。COUNT（*）不需要 expression 参数，因为根据定义，该函数不使用有关任何特定列的信息。COUNT（*）返回指定表中行数而不删除副本。它对每行分别计数，包括包含空值的行。

❑　返回类型：int 类型。

【例 8-6】　使用 SELECT 语句显示商品名称，并使用 COUNT 函数查询所有销售的商品名称，然后使用 AS 语句，将 "Sex" 重命名为 "人数"，最后显示查询结果，SQL 语句及运行结果如图

8-6 所示。（实例位置：光盘\MR\源码\第 8 章\8-6。）

【例 8-7】 查询 Student 表中的总人数，SQL 语句及运行结果如图 8-7 所示。（实例位置：光盘\MR\源码\第 8 章\8-7。）

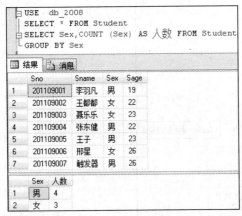

图 8-6 使用 COUNT 函数计算男女同学的人数　　　　图 8-7 使用 COUNT 函数计算学生的总人数

8.1.7　DISTINCT（取不重复记录）函数

DISTINCT 函数，对指定的集求值，删除该集中的重复元组，然后返回结果集。

语法如下。

```
Distinct(Set_Expression)
```

参数说明如下。

❑ Set_Expression：返回集的有效多维表达式（MDX）。

　　如果 Distinct 函数在指定的集中找到了重复的元组，则此函数只保留重复元组的第一个实例，同时保留该集原来的顺序。

【例 8-8】 使用 DISTINCT 函数查询 Course 表中不重复的课程信息，SQL 语句及运行结果如图 8-8 所示。（实例位置：光盘\MR\源码\第 8 章\8-8。）

图 8-8 查询 Course 表中不重复的课程信息

8.1.8　查询重复记录

查询数据表中的重复记录，可以借助 HAVING 子句实现，该子句用来指定组或聚合的搜索条件。HAVING 子句只能与 SELECT 语句一起使用，而且，它通常在 GROUP BY 子句中使用。

HAVING 子句语法如下。

```
[ HAVING <search condition> ]
```

参数说明如下。

❑　<search condition>：指定组或聚合应满足的搜索条件。

【例 8-9】　使用 HAVING 子句为组指定条件，当同种课程的记录大于等于一条时，显示此课程的名称及重复数量，SQL 语句及运行结果如图 8-9 所示。（实例位置：光盘\MR\源码\第 8 章\8-9。）

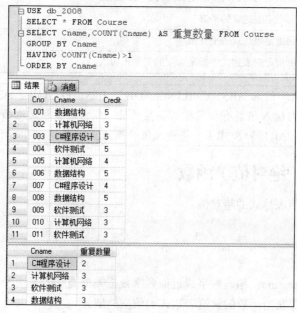

图 8-9　查询重复的课程及重复数量

8.2　数学函数

数学函数能够对数字表达式进行数学运算，并能够将结果返回给用户。默认情况下，传递给数学函数的数字将被解释为双精度浮点数。

8.2.1　数学函数概述

数学函数可以对数据类型为整型（integer）、实型（real）、浮点型（float）、货币型（money）和 smallmoney 的列进行操作。它的返回值是 6 位小数，如果使用出错，则返回 NULL 值并显示提示信息。通常该函数可以用在 SQL 语句的表达式中。常用的数学函数及说明如表 8-3 所示。

函数名称	说　　明
ABS	返回指定数字表达式的绝对值
COS	返回指定的表达式中指定弧度的三角余弦值
COT	返回指定的表达式中指定弧度的三角余切值
PI	返回值为圆周率
POWER	将指定的表达式乘指定次方
RAND	返回 0~1 之间的随机 float 数
ROUND	将数字表达式四舍五入为指定的长度或精度
SIGN	返回指定表达式的零（0）、正号（+1）或负号（-1）
SIN	返回指定的表达式中指定弧度的三角正弦值
SQUARE	返回指定表达式的平方
SQRT	返回指定表达式的平方根
TAN	返回指定的表达式中指定弧度的三角正切值

表 8-3　　　　　　　　　　　　　常用的数学函数及说明

 算术函数（例如 ABS、CEILING、DEGREES、FLOOR、POWER、RADIANS 和 SIGN）返回与输入值具有相同数据类型的值。三角函数和其他函数（包括 EXP、LOG、LOG10、SQUARE 和 SQRT）将输入值转换为 float 并返回 float 值。

8.2.2　ABS（绝对值）函数

ABS 函数返回数值表达式的绝对值。

语法如下。

```
ABS(numeric_expression)
```

参数说明如下。

❑ numeric_expression：精确数字或近似数字数据类型类别的表达式（bit 数据类型除外）。

❑ 结果类型：提交给函数的数值表达式的数据类型。

 如果该参数为空，则 ABS 返回的结果为空。

【例 8-10】　使用 ABS 函数求指定表达式的绝对值，SQL 语句及运行结果如图 8-10 所示。（实例位置：光盘\MR\源码\第 8 章\8-10。）

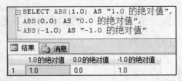

图 8-10　指定表达式的绝对值

8.2.3　PI（圆周率）函数

PI 函数返回 PI 的常量值。

语法如下。

PI ( )
返回类型：float 型。

【例 8-11】 使用 PI 函数返回指定 PI 的值，SQL 语句及运行结果如图 8-11 所示。（实例位置：光盘\MR\源码\第 8 章\8-11。）

图 8-11　返回 PI 的值

8.2.4　POWER（乘方）函数

POWER 函数返回对数值表达式进行幂运算的结果。POWER 函数的计算结果必须为整数。语法如下。

```
POWER(numeric_expression,power)
```

参数说明如下。

❑ numeric_expression：是精确数字或近似数字数据类型类别的表达式（bit 数据类型除外）。

❑ power：有效的数值表达式。

【例 8-12】 使用 POWER 函数分别求 2、3、4 的乘方的结果，SQL 语句及运行结果如图 8-12 所示。（实例位置：光盘\MR\源码\第 8 章\8-12。）

图 8-12　计算指定数的乘方

8.2.5　RAND（随机浮点数）函数

RAND 函数返回从 0 到 1 之间的随机 float 值。
语法如下。

```
RAND ( [ seed ] )
```

参数说明如下。

❑ seed：提供种子值的整数表达式（tinyint、smallint 或 int）。如果未指定 seed，则 Microsoft SQL Server 数据库引擎随机分配种子值。对于指定的种子值，返回的结果始终相同。

❑ 返回类型：float 类型。

使用同一个种子值重复调用 RAND（ ）会返回相同的结果。

【例 8-13】 使用同一种子值调用 RAND 函数，返回相同的数字序列，SQL 语句及运行结果如图 8-13 所示。（实例位置：光盘\MR\源码\第 8 章\8-13。）

图 8-13　使用同一种子值调用 RAND 函数

8.2.6　ROUND（四舍五入）函数

ROUND 函数返回一个数值，舍入到指定的长度或精度。

语法如下。

```
ROUND ( numeric_expression , length [ ,function ] )
```

参数说明如下。

❏ numeric_expression：精确数值或近似数值数据类别（bit 数据类型除外）的表达式。

❏ length：是 numeric_expression 将要四舍五入的精度。length 必须是 tinyint、smallint 或 int 类型的表达式。如果 length 为正数，则将 numeric_expression 舍入到 length 指定的小数位数。如果 length 为负数，则将 numeric_expression 小数点左边部分舍入到 length 指定的长度。

❏ function：要执行的操作的类型。function 必须为 tinyint、smallint 或 int。如果省略 function 或其值为 0（默认值），则将舍入 numeric_expression。如果指定了 0 以外的值，则将截断 numeric_expression。

❏ 返回类型：返回与 numeric_expression 相同的类型。

【例 8-14】 使用 ROUND 函数计算指定表达式的值，SQL 语句及运行结果如图 8-14 所示。（实例位置：光盘\MR\源码\第 8 章\8-14。）

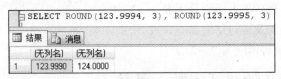

图 8-14 使用 ROUND 函数计算表达式

8.2.7 SQUARE（平方）函数和 SQRT（平方根）函数

1. SQUARE（平方）函数

SQUARE 函数返回数值表达式的平方。

语法如下。

```
SQUARE(numeric_expression)
```

参数说明如下。

❏ numeric_expression：任意数值数据类型的数值表达式。

【例 8-15】 使用 SQUARE 函数计算指定表达式的值，SQL 语句及运行结果如图 8-15 所示。（实例位置：光盘\MR\源码\第 8 章\8-15。）

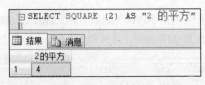

图 8-15 使用 SQUARE 函数计算表达式

2. SQRT（平方根）函数

SQRT 函数返回数值表达式的平方根。

语法如下。

```
SQRT(numeric_expression)
```

参数说明如下。

❏ numeric_expression 是任意数值数据类型的数值表达式。

【例 8-16】　使用 SQRT 函数计算指定表达式的值，SQL 语句及运行结果如图 8-16 所示。（实例位置：光盘\MR\源码\第 8 章\8-16。）

SELECT SQRT(4) AS '4 的平方根'
结果　消息

	4的平方根
1	2

图 8-16　使用 SQRT 函数计算表达式

8.2.8　三角函数

三角函数包括 COS、COT、SIN 以及 TAN 函数，分别表示为三角余弦值、三角余切值、三角正弦值和三角正切值，下面分别对这几种三角函数进行详细讲解。

1. COS 函数

返回指定表达式中以弧度表示的指定角的三角余弦。

语法如下。

```
COS ( float_expression )
```

参数说明如下。

❑　float_expression：float 类型的表达式。

❑　返回类型：float 类型。

【例 8-17】　使用 COS 函数返回指定表达式的余弦值，SQL 语句及运行结果如图 8-17 所示。（实例位置：光盘 MR\源码\第 8 章\8-17。）

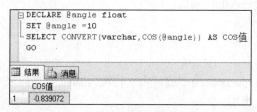

图 8-17　方法指定表达式的余弦值

2. COT 函数

COT 函数返回指定的 float 表达式中所指定角度（以弧度为单位）的三角余切值。

语法如下。

```
COT ( float_expression )
```

参数说明如下。

❑　float_expression：属于 float 类型或能够隐式转换为 float 类型的表达式。

❑　返回类型：float 类型。

【例 8-18】　使用 COT 函数返回指定表达式的余切值，SQL 语句及运行结果如图 8-18 所示。（实例位置：光盘\MR\源码\第 8 章\8-18。）

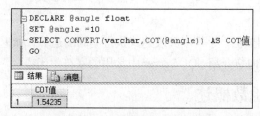

图 8-18　返回指定表达式的余切值

3. SIN 函数

SIN 函数以近似数字（float）表达式返回指定角度（以弧度为单位）的三角正弦值。

语法如下。

```
SIN ( float_expression )
```

参数说明如下。

❑ float_expression：属于 float 类型或能够隐式转换为 float 类型的表达式。

❑ 返回类型：float 类型。

【例 8-19】 使用 SIN 函数返回指定表达式的正弦值，SQL 语句及运行结果如图 8-19 所示。（实例位置：光盘\MR\源码\第 8 章\8-19。）

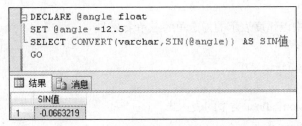

图 8-19 返回指定表达式的正弦值

4. TAN 函数

TAN 函数返回输入表达式的正切值。

语法如下。

```
TAN ( float_expression )
```

参数说明如下。

❑ float_expression：是 float 类型或可隐式转换为 float 类型的表达式，解释为弧度数。

❑ 返回类型：float 类型。

【例 8-20】 使用 TAN 函数返回指定表达式的正切值，SQL 语句及运行结果如图 8-20 所示。（实例位置：光盘\MR\源码\第 8 章\8-20。）

图 8-20 返回指定表达式的正切值

8.3 字符串函数

字符串函数对 N 进制数据、字符串和表达式执行不同的运算，如返回字符串的起始位置，返回字符串的个数等。本节向您介绍 SQL Server 中常用的字符串函数。

8.3.1 字符串函数概述

字符串函数作用于 char、varchar、binary 和 varbinary 数据类型以及可以隐式转换为 char 或 varchar 的数据类型。通常字符串函数可以用在 SQL 语句的表达式中。常用的字符串函数及说明如表 8-4 所示。

表 8-4   常用的字符串函数及说明

函数名称	说　　明
ASCII	返回字符表达式最左端字符的 ASCII 代码值
CHARINDEX	返回字符串中指定表达式的起始位置
LEFT	从左边开始，取得字符串左边指定个数的字符
LEN	返回指定字符串的字符（而不是字节）个数
REPLACE	将指定的字符串替换为另一指定的字符串
REVERSE	返回字符表达式的反转
RIGHT	从右边开始，取得字符串右边指定个数的字符
STR	返回由数字数据转换来的字符数据
SUBSTRING	返回指定个数的字符

8.3.2　ASCII（获取 ASCII 码）函数

ASCII 函数返回字符表达式中最左侧的字符的 ASCII 代码值。

语法如下。

```
ASCII ( character_expression )
```

参数说明如下。

❑　character_expression：char 或 varchar 类型的表达式。

❑　返回类型：int 类型。

说明　　ASCII 码共有 127 个，其中 Microsoft Windows 不支持 1~7、11~12 和 14~31 之间的字符。值 8、9、10 和 13 分别转换为退格、制表、换行和回车字符。它们并没有特定的图形显示，但会依不同的应用程序而对文本显示有不同的影响。

ASCII 码值对照表如表 8-5 所示。

表 8-5   ASCII 码值对照表

ASCII 码	按　键	ASCII 码	按　键	ASCII 码	按　键	ASCII 码	按　键
0	?/FONT>	32	[space]	64	@	96	`
1	不支持	33	!	65	A	97	A
2	不支持	34	"	66	B	98	B
3	不支持	35	#	67	C	99	C
4	不支持	36	$	68	D	100	D
5	不支持	37	%	69	E	101	E
6	不支持	38	&	70	F	102	F
7	不支持	39	'	71	G	103	G
8	＊＊	40	(	72	H	104	H
9	＊＊	41	)	73	I	105	I
10	＊＊	42	*	74	J	106	j
11	不支持	43	+	75	K	107	k

续表

ASCII 码	按　键	ASCII 码	按　键	ASCII 码	按　键	ASCII 码	按　键
12	不支持	44	,	76	L	108	l
13	＊＊	45	-	77	M	109	m
14	不支持	46	.	78	N	110	n
15	不支持	47	/	79	O	111	o
16	不支持	48	0	80	P	112	p
17	不支持	49	1	81	Q	113	q
18	不支持	50	2	82	R	114	r

【例 8-21】　使用 ASCII 函数返回 "NXT" 的 ASCII 代码值，SQL 语句及运行结果如图 8-21 所示。（实例位置：光盘\MR\源码\第 8 章\8-21。）

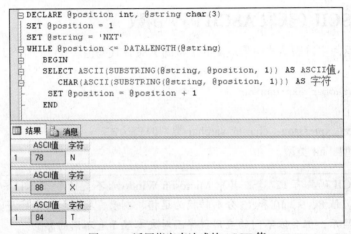

图 8-21　返回指定表达式的 ASCII 值

8.3.3　CHARINDEX（返回字符串的起始位置）函数

CHARINDEX 函数返回字符串中指定表达式的起始位置（如果找到），搜索的起始位置为 start_location。

语法如下。

```
CHARINDEX ( expression1 ,expression2 [ , start_location ] )
```

参数说明如下。

❑　epression1：包含要查找的序列的字符表达式。expression1 最大长度限制为 8000 个字符。

❑　expression2：要搜索的字符表达式。

❑　start_location：在 expression2 中搜索 expression1 时的起始字符位置。如果没有给定 start_location，而是一个负数或零，则将从 expression2 的起始位置开始搜索。

❑　返回类型：如果 expression2 的数据类型为 varchar（max）、nvarchar（max）或 varbinary（max），则为 bigint，否则为 int。

【例 8-22】　使用 CHARINDEX 函数返回指定字符串的起始位置，SQL 语句及运行结果如图 8-22 所示。（实例位置：光盘\MR\源码\第 8 章\8-22。）

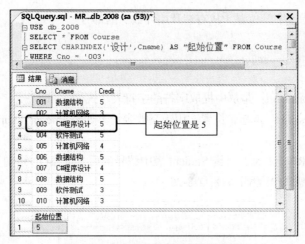

图 8-22　返回指定字符串的起始位置

8.3.4　LEFT（取左边指定个数的字符）函数

LEFT 函数返回字符串中从左边开始指定个数的字符。

语法如下。

```
LEFT ( character_expression , integer_expression )
```

参数说明如下。

❏ character_expression：字符或二进制数据表达式。character_expression 可以是常量、变量或列。character_expression 可以是任何能够隐式转换为 varchar 的数据类型。否则，请使用 CAST 函数对 character_expression 进行显式转换。

❏ integer_expression：正整数。如果 integer_expression 为负，则返回空字符串。

返回类型为以下两种。

❏ 当 character_expression 为非 Unicode 字符数据类型时，返回 varchar。

❏ 当 character_expression 为 Unicode 字符数据类型时，返回 nvarchar。

【例 8-23】　使用 LEFT 函数返回指定字符串的最左边两个字符，SQL 语句及运行结果如图 8-23 所示。（实例位置：光盘\MR\源码\第 8 章\8-23。）

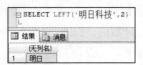

图 8-23　返回指定字符串中的字符

【例 8-24】　使用 LEFT 函数查询 Student 表中的姓氏（姓氏是姓名的第一位）并计算出每个姓氏的数量，SQL 语句及运行结果如图 8-24 所示。（实例位置：光盘\MR\源码\第 8 章\8-24。）

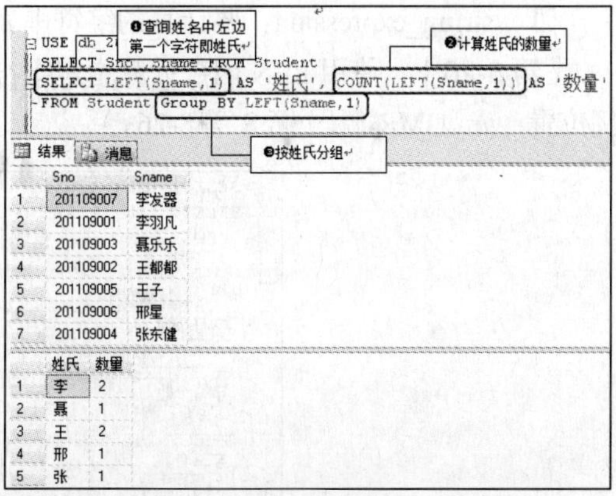

8.3.5　RIGHT（取右边指定个数的字符）函数

RIGHT 函数返回字符表达式中从起始位

图 8-24　查询 Student 表中的姓氏

置（从右端开始）到指定字符位置（从右端开始计数）的部分。

语法如下。

```
RIGHT(character_expression,integer_expression)
```

参数说明如下。

❑ character_expression：是从中提取字符的字符表达式。

❑ integer_expression：是起始位置，用正整数表示。如果 integer_expression 是负数，则返回一个错误。

【例 8-25】 使用 RIGHT 函数查询 Student 表中编号的后 3 位，SQL 语句及运行结果如图 8-25 所示。（实例位置：光盘\MR\源码\第 8 章\8-25。）

图 8-25　查询 Student 表中的编号后 3 位

8.3.6　LEN（返回字符个数）函数

LEN 函数返回字符表达式中的字符数。如果字符串中包含前导空格和尾随空格，则函数会将它们包含在计数内。LEN 对相同的单字节和双字节字符串返回相同的值。

语法如下。

```
LEN(string_expression)
```

参数说明如下。

❑ string_expression：要计算的字符串表达式。

【例 8-26】 使用 LEN 函数计算指定字符的个数，SQL 语句及运行结果如图 8-26 所示。（实例位置：光盘\MR\源码\第 8 章\8-26。）

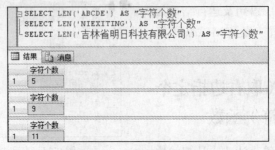

图 8-26　指定字符的个数

8.3.7　REPLACE（替换字符串）函数

REPLACE 函数将表达式中的一个字符串替换为另一个字符串或空字符串后，返回一个字符表达式。

语法如下。

```
REPLACE(character_expression,searchstring,replacementstring)
```

参数说明如下。

❑ character_expression：是函数要搜索的有效字符表达式。

❑ searchstring：是函数尝试定位的有效字符表达式。

❑ replacementstring：是用作替换表达式的有效字符表达式。

【例 8-27】　使用 REPLACE 函数替换指定的字符，SQL 语句及运行结果如图 8-27 所示。（实例位置：光盘\MR\源码\第 8 章\8-27。）

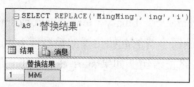

图 8-27　替换指定的字符

8.3.8　REVERSE（返回字符表达式的反转）函数

REVERSE 函数按相反顺序返回字符表达式。

语法如下。

```
REVERSE(character_expression)
```

参数说明如下。

❑ character_expression：是要反转的字符表达式。

图 8-28　反转指定的字符

【例 8-28】　使用 REVERSE 函数反转指定的字符，SQL 语句及运行结果如图 8-28 所示。（实例位置：光盘\MR\源码\第 8 章\8-28。）

8.3.9　STR 函数

STR 函数返回由数字数据转换来的字符数据。

语法如下。

```
STR ( float_expression [ , length [ , decimal ] ] )
```

参数说明如下。

❑ float_expression：带小数点的近似数字（float）数据类型的表达式。

❑ length：总长度。它包括小数点、符号、数字以及空格，默认值为 10。

❑ decimal：小数点后的位数。decimal 必须小于或等于 16。如果 decimal 大于 16，则会截断结果，使其保持为小数点后具有十六位。

【例 8-29】　使用 STR 函数返回以下字符数据，SQL 语句及运行结果如图 8-29 所示。（实例位置：光盘\MR\源码\第 8 章\8-29。）

注意

当表达式超出指定长度时，字符串为指定长度返回**。

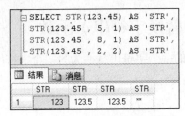

图 8-29　使用 STR 函数转换字符串

8.3.10　SUBSTRING（取字符串）函数

SUBSTRING 函数为字符表达式、二进制表达式、文本表达式或图像表达式的一部分。
语法如下。

```
SUBSTRING ( value_expression ,start_expression , length_expression )
```

参数说明如下。

❑　value_expression：是 character、binary、text、ntext 或 image 表达式。

❑　start_expression：指定返回字符的起始位置的整数或 bigint 表达式。如果 start_expression 小于 0，会生成错误并终止语句。如果 start_expression 大于值表达式中的字符数，将返回一个零长度的表达式。

❑　length_expression：是正整数或指定要返回的 value_expression 的字符数的 bigint 表达式。如果 length_expression 是负数，会生成错误并终止语句。如果 start_expression 与 length_expression 的总和大于 value_expression 中的字符数，则返回整个值表达式。

❑　返回类型：如果 expression 是支持的字符数据类型，则返回字符数据。如果 expression 是支持的 binary 数据类型中的一种数据类型，则返回二进制数据。返回的字符串类型与指定表达式的类型相同，表 8-6 中显示的除外。

表 8-6　　　　　　　　　　　返回的字符串类型与指定表达式的类型不相同

指定的表达式	返回类型
char/varchar/text	Varchar
nchar/nvarchar/ntext	Nvarchar
binary/varbinary/image	Varbinary

【例 8-30】．使用 SUBSTRING 函数，在 "Sno" 字段中从第 5 位开始取字符串，共 5 位，SQL 语句及运行结果如图 8-30 所示。（实例位置：光盘\MR\源码\第 8 章\8-30。）

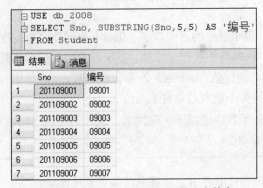

图 8-30　使用 SUBSTRING 函数取字符串

8.4　日期和时间函数

日期和时间函数主要用来显示有关日期和时间的信息。在日期和时间函数中，DAY 函数、MONTH 函数、YEAR 函数用来获取时间和日期部分的函数，DATEDIFF 函数用来获取日期和时间差的函数，DATEADD 函数用来修改日期和时间值的函数。本节详细向您介绍这些函数。

8.4.1　日期和时间函数概述

日期和时间函数主要用来操作 datetime、smalldatetime 类型的数据。日期和时间函数执行算术运行与其他函数一样，也可以在 SQL 语句的 SELECT、WHERE 子句以及表达式中使用。常用的日期时间函数及说明如表 8-7 所示。

表 8-7　　　　　　　　　　　　　常用的日期时间函数及说明

函数名称	说　　明
DATEADD	在向指定日期加上一段时间的基础上，返回新的 datetime 值
DATEDIFF	返回跨两个指定日期的日期和时间边界数
GETDATE	返回当前系统日期和时间
DAY	返回指定日期中的天的整数
MONTH	返回指定日期中的月份的整数
YEAR	返回指定日期中的年份的整数

8.4.2　GETDATE（返回当前系统日期和时间）函数

GETDATE 函数返回系统的当前日期。GETDATE 函数不使用参数。

GETDATE 函数的返回结果的长度为 29 个字符。

语法如下。

```
GETDATE()
```

【例 8-31】　使用 GETDATE 函数，返回当前系统日期和时间，SQL 语句及运行结果如图 8-31 所示。（实例位置：光盘\MR\源码\第 8 章\8-31。）

图 8-31　获取当前系统时间

8.4.3 DAY（返回指定日期的天）函数

DAY 函数返回一个整数，表示日期的"日"部分。

语法如下。

```
DAY(date)
```

参数说明如下。

❑ date：以日期格式返回有效的日期或字符串的表达式。

【例 8-32】 使用 DAY 函数，返回现有日期的日部分，SQL 语句及运行结果如图 8-32 所示。（实例位置：光盘\MR\源码\第 8 章\8-32。）

【例 8-33】 使用 DAY 函数，返回当前日期的"日"部分的整数，SQL 语句及运行结果如图 8-33 所示。（实例位置：光盘\MR\源码\第 8 章\8-33。）

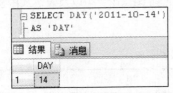

图 8-32 返回现有日期的"日"部分

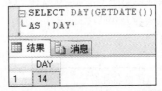

图 8-33 返回当前日期的"日"部分

8.4.4 MONTH（返回指定日期的月）函数

MONTH 函数返回一个表示日期中的"月份"日期部分的整数。

语法如下。

```
MONTH(date)
```

参数说明如下。

❑ date：是任意日期格式的日期。

【例 8-34】 使用 MONTH 函数，返回指定日期时间的月份，SQL 语句及运行结果如图 8-34 所示。（实例位置：光盘\MR\源码\第 8 章\8-34。）

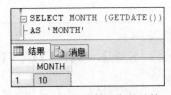

图 8-34 返回当前日期的月份

8.4.5 YEAR（返回指定日期的年）函数

YEAR 函数用于返回指定日期的年份。

语法如下。

```
YEAR (date)
```

参数说明如下。

❑ date 表示返回类型为 datetime 或 smalldatetime 的日期表达式。

有关 YEAR 函数使用的几点说明如下。

❑ 该函数等价于 DATEPART（yy,date）。

❑ SQL Server 数据库将 0 解释为 1900 年 1 月 1 日。

❑ 在使用日期函数时，其日期只应在 1753～9999 年之间，这是 SQL Server 系统所能识别的日期范围，否则会出现错误。

【例 8-35】 使用 YEAR 函数，返回指定日期时间的年份，SQL 语句及运行结果如图 8-35 所示。（实例位置：光盘\MR\源码\第 8 章\8-35。）

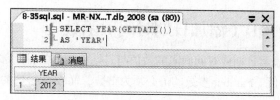

图 8-35　返回当前日期的年份

8.4.6　DATEDIFF（返回日期和时间的边界数）函数

DATEDIFF 函数用于返回日期和时间的边界数。

语法如下。

```
DATEDIFF (datepart,startdate,enddate)
```

参数说明如下。

❑ datepart 规定了应在日期的哪一部分计算差额的参数。

❑ startdate 表示计算的开始日期，startdate 是返回 datetime 值、smalldatetime 值或日期格式字符串的表达式。

❑ enddate 表示计算的终止日期。enddate 是返回 datetime 值、smalldatetime 值或日期格式字符串的表达式。

SQL Server 识别的日期部分和缩写如表 8-8 所示。

表 8-8　　　　　　　　　　　　　　日期部分和缩写对照表

日期部分	缩　　写	日期部分	缩　　写
Year	yy,yyyy	Week	wk, ww
quarter	qq, q	Hour	hh
month	mm, m	minute	mi, n
dayofyear	dy, y	second	ss, s
day	dd, d	millisecond	ms

有关 DATEDIFF 函数使用的几点说明如下。

❑ startdate 是从 enddate 中减去。如果 startdate 比 enddate 晚，则返回负值。

❑ 当结果超出整数值范围，DATEDIFF 产生错误。对于毫秒，最大数是 24 天 20 小时 31 分钟零 23.647 秒。对于秒，最大数是 68 年。

❑ 计算跨分钟、秒和毫秒这些边界的方法，使得 DATEDIFF 给出的结果在全部数据类型中是一致的。结果是带正负号的整数值，其等于跨第一个和第二个日期间的 datepart 边界数。例如，在 1 月 4 日（星期日）和 1 月 11 日（星期日）之间的星期数是 1。

【例 8-36】　使用 DATEDIFF 函数，返回两个日期之间的天数，SQL 语句及运行结果如图 8-36 所示。（实例位置：光盘\MR\源码\第 8 章\8-36。）

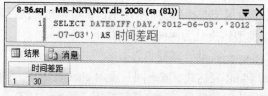

图 8-36　返回两个日期之间的天数

8.4.7 DATEADD（添加日期时间）函数

DATEADD 函数将表示日期或时间间隔的数值与日期中指定的日期部分相加后，返回一个新的 DT_DBTIMESTAMP 值。number 参数的值必须为整数，而 date 参数的取值必须为有效日期。语法如下。

```
DATEADD(datepart, number, date)
```

参数说明如下。

❑ datepart：指定要与数值相加的日期部分的参数。

❑ number：用于与 datepart 相加的值。该值必须是分析表达式时已知的整数值。

❑ date：返回有效日期或日期格式的字符串的表达式。

如果指定一个不是整数的值，则将废弃此值的小数部分。

【例 8-37】 使用 DATEADD 函数，在现在时间上加上一个月，SQL 语句及运行结果如图 8-37 所示。（实例位置：光盘\MR\源码\第 8 章\8-37。）

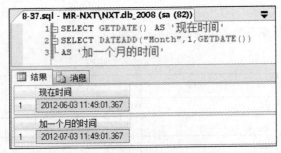

图 8-37 将现在时间上加上一个月

8.5 转换函数

如果 SQL Server 没有自动执行数据类型的转换，可以使用 CAST 和 CONVERT 转换函数将一种数据类型的表达式转换为另一种数据类型的表达式。如果比较 char 和 datetime 表达式、smallint 和 int 表达式或不同长度的 char 表达式，则 SQL Server 自动对这些表达式进行转换。

8.5.1 转换函数概述

当遇到类型转换的问题时，可以使用 SQL Server 所提供的 CAST 和 CONVERT 函数。这两种函数不但可以将指定的数据类型转换为另一种数据类型，还可用来获得各种特殊的数据格式。CAST 和 CONVERT 函数都可用于选择列表、WHERE 子句和允许使用表达式的任何地方。

在 SQL Server 中数据类型转换分为两种，分别如下。

❑ 隐性转换：SQL Server 自动处理某些数据类型的转换。例如，如果比较 char 和 datetime 表达式、smallint 和 int 表达式、或不同长度的 char 表达式，SQL Server 可将它们自动转换，这种转换被称为隐性转换，对这些转换不必使用 CAST 函数。

❑　显式转换：显式转换是指 CAST 和 CONVERT 函数，CAST 和 CONVERT 函数将数值从一种数据类型（局部变量、列或其他表达式）转换到另一种数据类型。

　　隐性转换对用户是不可见的，SQL Server 自动将数据从一种数据类型转换成另一种数据类型。例如，如果一个 smallint 变量和一个 int 变量相比较，这个 smallint 变量在比较前即被隐性转换成 int 变量。

有关转换函数使用的几点说明如下。

❑　CAST 函数基于 SQL-92 标准并且优先于 CONVERT。

❑　当从一个 SQL Server 对象的数据类型向另一个数据类型转换时，一些隐性和显式数据类型转换是不支持的。例如，nchar 数值根本就不能被转换成 image 数值。nchar 只能显式转换成 binary，隐性转换到 binary 是不支持的。nchar 可以显式或者隐性转换成 nvarchar。

❑　当处理 sql_variant 数据类型时，SQL Server 支持将具有其他数据类型的对象隐性转换成 sql_variant 类型。然而，SQL Server 并不支持从 sql_variant 数据类型隐性转换到其他数据类型的对象。

8.5.2　CAST 函数

CAST 函数用于将某种数据类型的表达式显式转换为另一种数据类型。

语法如下。

```
CAST (expression AS data_type)
```

参数说明如下。

❑　expression：表示任何有效的 SQL Server 表达式。

❑　AS：用于分隔两个参数，在 AS 之前的是要处理的数据，在 AS 之后是要转换的数据类型。

❑　data_type：表示目标系统所提供的数据类型，包括 bigint 和 sql_variant，不能使用用户定义的数据类型。

使用 CAST 函数进行数据类型转换时，在下列情况下能够被接受。

❑　两个表达式的数据类型完全相同。

❑　两个表达式可隐性转换。

❑　必须显式转换数据类型。

❑　如果试图进行不可能的转换（例如，将含有字母的 char 表达式转换为 int 类型），SQL Server 将显示一条错误信息。

❑　如果转换时没有指定数据类型的长度，则 SQL Server 自动提供长度为 30。

【例 8-38】　使用 CAST 函数将字符串"MINGRIKEJI"转换为 NVARCHAR（6）类型，SQL 语句及运行结果如图 8-38 所示。（实例位置：光盘\MR\源码\第 8 章\8-38。）

图 8-38　使用 CAST 函数转换字符串

8.5.3 CONVERT 函数

CONVERT 函数与 CAST 函数的功能相似。该函数不是一个 ANSI 标准 SQL 函数，它可以按照指定的格式将数据转换为另一种数据类型。

语法如下。

```
CONVERT (data_type[ (length) ],expression [, style])
```

参数说明如下。

❑ data_type 表示目标系统所提供的数据类型，包括 bigint 和 sql_variant。不能使用用户定义的数据类型。

❑ length 为 nchar、nvarchar、char、varchar、binary 和 varbinary 数据类型的可选参数。参数 expression 表示任何有效的 SQL Server 表达式。

❑ style 为日期样式，指定当将 datetime 数据转换为某种字符数据时或将某种字符数据转换为 datetime 数据时会使用 style 中的样式。

style 日期样式如表 8-9 所示。

表 8-9　　　　　　　　　　　　　style 日期样式

样　式	说　明	输入/输出格式
0 或 100（*）	默认值	mon dd yyyy hh:mi AM(（或者 PM）
1/101	美国	mm/dd/yyyy
2/102	ANSI	yy.mm.dd
3/103	英国/法国	dd/mm/yy
4/104	德国	dd.mm.yy
5/105	意大利	dd-mm-yy
6/106	-	dd mon yy
7/107	-	mon dd,yy
8/108	-	hh:mm:ss
9 或 109（*）	默认值+毫秒	mon dd yyyy hh:mi:ss:mmmAM（或者 PM）
10 或 110	美国	mm-dd-yy
11 或 111	日本	yy/mm/dd
12 或 112	ISO	yymmdd
13 或 113（*）	欧洲默认值+毫秒	dd mon yyyy hh:mm:ss:mmm（24h）
14 或 114	-	hh:mi:ss:mmm（24h）
20 或 120（*）	ODBC 规范	yyyy-mm-dd hh:mm:ss（24h）
21 或 121（*）	ODBC 规范（带毫秒）	yyyy-mm-dd hh:mm.mmm（24h）
126	ISO8601	yyyy-mm-dd Thh:mm:ss:mmm（不含空格）
130	科威特	dd mon yyyy hh:mi:ss:mmmAM（或者 PM）
131	科威特	dd/mm/yy hh:mi:ss.mmmAM（或者 PM）

【例 8-39】　将当前日期和时间显示为字符数据，并使用 CAST 将字符数据改为 datetime 数据类型，然后使用 CONVERT 将字符数据改为 datetime 数据类型，SQL 语句及运行结果如图 8-39 所示。（实例位置：光盘\MR\源码\第 8 章\8-39。）

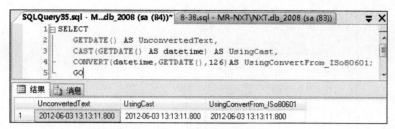

图 8-39　转换数据类型

8.6　元数据函数

元数据函数主要是返回与数据库相关的信息，本节向您介绍常用的元数据函数 COL_LENGTH 函数、COL_NAME 函数和 DB_NAME 函数。

8.6.1　元数据函数概述

元数据函数描述了数据的结构和意义，它主要用于返回数据库中的相应信息，其中包括如下内容。

❑　返回数据库中数据表或视图的个数和名称。

❑　返回数据表中数据字段的名称、数据类型、长度等描述信息。

❑　返回数据表中定义的约束、索引、主键或外键等信息。

常用的元数据函数及说明如表 8-10 所示。

表 8-10　　　　　　　　　　常用的元数据函数及说明

函数名称	说　　明
COL_LENGTH	返回列的定义长度（以字节为单位）
COL_NAME	返回数据库列的名称，该列具有相应的表标识号和列标识号
DB_NAME	返回数据库名
OBJECT_ID	返回数据库对象标识号

8.6.2　COL_LENGTH 函数

COL_LENGTH 函数用于返回列的定义长度。

语法如下。

```
COL_LENGTH ( 'table' , 'column' )
```

参数 table 表示数据表名称。参数 column 表示数据表的列名称。

【例 8-40】　首先创建一个数据表，然后使用 COL_LENGTH 函数返回指定列定义的长度，SQL 语句及运行结果如图 8-40 所示。（实例位置：光盘\MR\源码\第 8 章\8-40。）

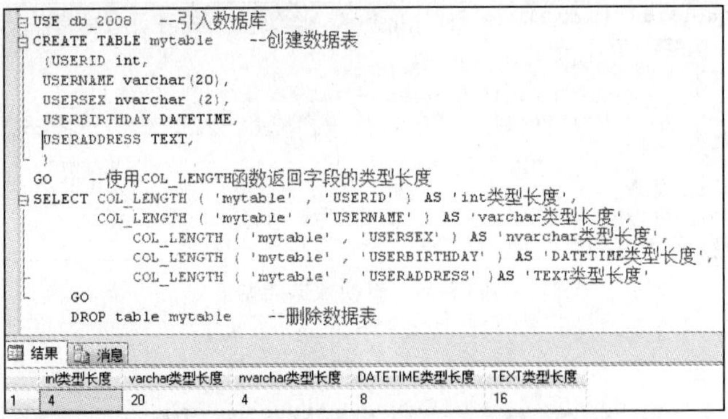

```
USE db_2008    --引入数据库
CREATE TABLE mytable    --创建数据表
  (USERID int,
  USERNAME varchar(20),
  USERSEX nvarchar (2),
  USERBIRTHDAY DATETIME,
  USERADDRESS TEXT,
  )
  GO    --使用COL_LENGTH函数返回字段的类型长度
SELECT COL_LENGTH ( 'mytable' , 'USERID' ) AS 'int类型长度',
       COL_LENGTH ( 'mytable' , 'USERNAME' ) AS 'varchar类型长度',
          COL_LENGTH ( 'mytable' , 'USERSEX' ) AS 'nvarchar类型长度',
          COL_LENGTH ( 'mytable' , 'USERBIRTHDAY' ) AS 'DATETIME类型长度',
          COL_LENGTH ( 'mytable' , 'USERADDRESS' ) AS 'TEXT类型长度'
       GO
       DROP table mytable    --删除数据表
```

	int类型长度	varchar类型长度	nvarchar类型长度	DATETIME类型长度	TEXT类型长度
1	4	20	4	8	16

图 8-40　返回字段类型的长度

8.6.3　COL_NAME 函数

COL_NAME 函数用于返回数据库列的名称。

语法如下。

```
COL_NAME ( table_id , column_id )
```

参数说明如下。

❑ table_id：包含数据库列的表的标识号，table_id 属于 int 类型。

❑ column_id：表示列的标识号，column_id 属于 int 类型。

【例 8-41】　使用 COL_NAME 函数，返回 db_2008 数据库的 Employee 表中首列的名称，SQL 语句及运行结果如图 8-41 所示。（实例位置：光盘\MR\源码\第 8 章\8-41。）

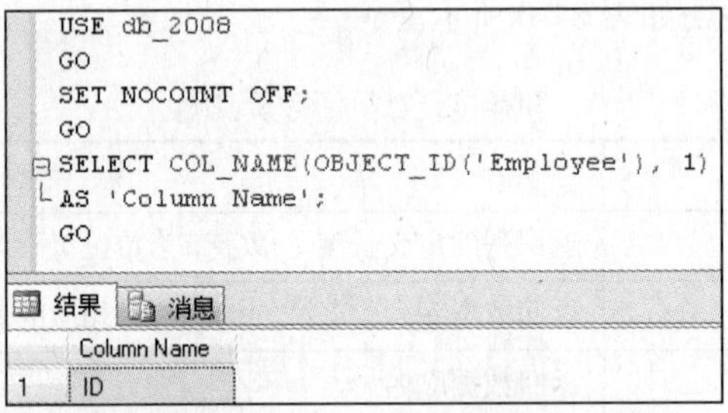

```
USE db_2008
GO
SET NOCOUNT OFF;
GO
SELECT COL_NAME(OBJECT_ID('Employee'), 1)
AS 'Column Name';
GO
```

	Column Name
1	ID

图 8-41　返回 Employee 表中首列的名称

8.6.4　DB_NAME 函数

DB_NAME 函数返回数据库名称。

语法如下。

```
DB_NAME ( [ database_id ] )
```

参数说明如下。

❑ database_id：要返回的数据库的标识号（ID）。database_id 的数据类型为 smallint，无默认值。如果未指定 ID，则返回当前数据库名称。

❑ 返回类型：nvarchar（128）类型。

【例 8-42】　使用 DB_NAME 函数，返回当前数据库的名称，SQL 语句及运行结果如图 8-42 所示。（实例位置：光盘\MR\源码\第 8 章\8-42。）

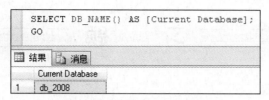

图 8-42　返回当前数据库的名称

8.7　综合实例——查看商品信息表中价格最贵的记录

在本示例中使用了一个子查询，并在子查询中使用了 MAX 函数将查询条件指定为"goods"表中价格最贵的商品信息，SQL 语句及运行结构如图 8-43 所示。

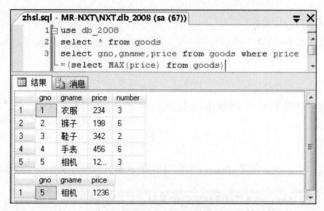

图 8-43　商品价格最贵的记录

知识点提炼

（1）聚合函数对一组值执行计算，并返回单个值。除了 COUNT 以外，聚合函数都会忽略空值。聚合函数经常与 SELECT 语句的 GROUP BY 子句一起使用。

（2）SUM 函数返回表达式中所有值的和或仅非重复值的和。SUM 只能用于数字列。空值将被忽略。

（3）数学函数可以对数据类型为整型（integer）、实型（real）、浮点型（float）、货币型（money）和 smallmoney 的列进行操作。

（4）字符串函数作用于 char、varchar、binary 和 varbinary 数据类型以及可以隐式转换为 char或 varchar 的数据类型。

（5）日期和时间函数主要用来操作 datetime、smalldatetime 类型的数据，日期和时间函数执行算术运行与其他函数一样，也可以在 SQL 语句的 SELECT、WHERE 子句以及表达式中使用。

（6）SQL Server 中数据类型转换分为两种：隐形转换和显式转换。

习 题

8-1 什么是聚合函数?

8-2 举例说明数学函数中的 ROUND 函数如何应用?

8-3 日期函数中的 GETDATE 函数是怎样获得当前时间的?

8-4 REPLACE 函数的语法格式以及如何使用此函数?

实验:显示商品信息表中的平均价格

实验目的

(1)熟悉 SQL 中的常用函数。

(2)掌握平均值函数的用法。

实验内容

根据 SQL 常用函数中的 AVG 函数求出商品表中的平均价格。

实验步骤

使用 AVG 函数,求 goods 表中 price 的平均价格,SQL 语句及运行结构如图 8-44 所示。

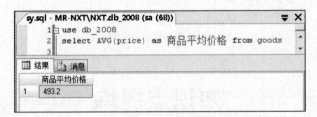

图 8-44 使用 AVG 函数获得商品平均价格

第9章

存储过程和触发器

本章要点:

- 存储过程的概念
- 存储过程的优点
- 创建、执行、查看存储过程
- 触发器的概念及优点
- 创建、查看、修改触发器
- 禁用和启动触发器

存储过程（Stored Procedure）是预编译 SQL 语句的集合，这些语句存储在一个名称下并作为一个单元来处理。存储过程代替了传统的逐条执行 SQL 语句的方式。

9.1 存储过程概述

存储过程（Stored Procedure）是预编译 SQL 语句的集合，这些语句存储在一个名称下并作为一个单元来处理。一个存储过程中可包含查询、插入、删除、更新等操作的一系列 SQL 语句，当这个存储过程被调用执行时，这些操作也会同时执行。

9.1.1 存储过程的概念

存储过程与其他编程语言中的过程类似，它可以接受输入参数并以输出参数的格式向调用过程或批处理返回多个值，包含用于在数据库中执行操作（包括调用其他过程）的编程语句，向调用过程或批处理返回状态值，以指明成功或失败（以及失败的原因）。

SQL Server 提供了 3 种类型的存储过程。各类型存储过程如下。

- ❑ 系统存储过程：用来管理 SQL Server 以及显示有关数据库和用户的信息的存储过程。
- ❑ 自定义存储过程：用户在 SQL Server 中通过采用 SQL 语句创建存储过程。
- ❑ 扩展存储过程：通过编程语言（例如，C）创建外部例程，并将这个例程在 SQL Server 中作为存储过程使用。

9.1.2 存储过程的优点

存储过程的优点表现在以下几个方面。

（1）存储过程可以嵌套使用，支持代码重用。

（2）存储过程可以接受与使用参数动态执行其中的 SQL 语句。

（3）存储过程比一般的 SQL 语句执行速度快。存储过程在创建时已经被编译，每次执行时不需要重新编译。而 SQL 语句每次执行都需要编译。

（4）存储过程具有安全特性（例如权限）和所有权链接，以及可以附加到它们的证书。用户可以被授予权限来执行存储过程而不必直接对存储过程中引用的对象具有权限。

（5）存储过程允许模块化程序设计。存储过程一旦创建，以后即可在程序中调用任意多次。这可以改进应用程序的可维护性，并允许应用程序统一访问数据库。

（6）存储过程可以减少网络通信流量。一个需要数百行 SQL 语句代码的操作可以通过一条执行过程代码的语句来执行，而不需要在网络中发送数百行代码。

（7）存储过程可以强制应用程序的安全性。参数化存储过程有助于保护应用程序不受 SQL Injection 攻击。

 SQL Injection 是一种攻击方法，它可以把恶意代码插入到以后将传递给 SQL Server 供分析和执行的字符串中。任何构成 SQL 语句的过程都应进行注入漏洞检查，因为 SQL Server 将执行其接收到的所有语法有效的查询。

9.2　存储过程的创建与管理

存储过程（Stored Procedure）是在数据库服务器端执行的一组 T-SQL 语句的集合，经编译后存放在数据库服务器中。本节主要介绍如何通过企业管理器和 Transact-SQL 语句创建存储过程。

9.2.1　使用向导创建存储过程

在 SQL Server 2008 中，使用向导创建存储过程的步骤如下。

（1）启动 SQL Server Management Studio，并连接到 SQL Server 2008 中的数据库。

（2）在"对象资源管理器"中选择指定的服务器和数据库，展开数据库的"可编辑性"节点，鼠标右键单击"存储过程"，在弹出的快捷菜单中选择"新建存储过程"命令，如图 9-1 所示。

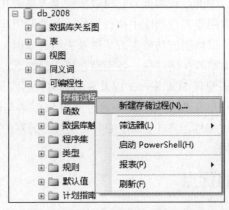

图 9-1　选择"新建存储过程"选项

（3）在弹出的"连接到数据库引擎"窗口中，单击"连接"按钮，便出现创建存储过程的窗口，如图 9-2 所示。

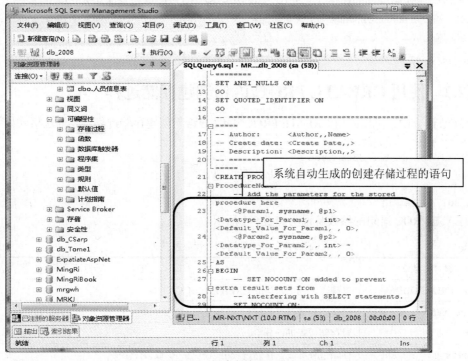

图 9-2　创建存储过程窗口

在存储过程窗口的文本框中，可以看到系统自动给出了创建存储过程的格式模板语句，工具模板格式进行修改来创建新的存储过程。

【例 9-1】　创建一个名称为 Proc_Stu 的存储过程，要求完成以下功能：在 Student 表中查询男生的 Sno，Sex，Sage 这几个字段的内容。（实例位置：光盘\MR\源码\第 9 章\9-1。）

具体的操作步骤如下。

（1）在创建存储过程的窗口中单击"查询"菜单，选择"指定模板参数的值"，弹出"指定模板参数的值"对话框，如图 9-3 所示。

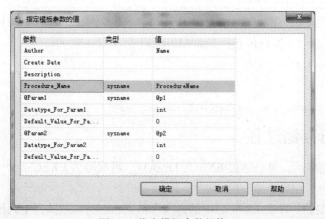

图 9-3　指定模板参数的值

（2）在"指定模板参数的值"对话框中将"Procedure_Name"参数对应的名称修改为"Proc_Stu"，单击"确定"按钮，关闭此对话框。

（3）在创建存储过程的窗口中，将对应的 SELECT 语句修改为以下的语句。

```
SELECT Sno,Sname,Sex,Sage
FROM Student
WHERE Sex='男'
```

9.2.2 使用 CREATE PROC 语句创建存储过程

在 SQL 语言中，可以使用 CREATE PROCEDURE 语句创建存储过程，其语法格式如下。

```
CREATE PROC [ EDURE ] procedure_name [ ; number ]
    [ { @parameter data_type }
        [ VARYING ] [ = default ] [ OUTPUT ]
    ] [ ,...n ]
AS sql_statement
```

CREATE PROC 语句的参数及说明如表 9-1 所示。

表 9-1　　　　　　　　　　CREATE PROC 语句的参数及说明

参　　数	描　　述
CREATE PROCEDURE	关键字，也可以写成 CREATE PROC
procedure_name	创建的存储过程名称
number	对存储过程进行分组
@parameter	存储过程参数，存储过程可以声明一个或多个参数
data_type	参数的数据类型，所有数据类型（包括 text、ntext 和 image）均可以用作存储过程的参数，但是，cursor 数据类型只能用于 OUTPUT 参数
VARYING	可选项，指定作为输出参数支持的结果集（由存储过程动态构造，内容可以变化），该关键字仅适用于游标参数
default	可选项，表示为参数设置默认值
OUTPUT	可选项，表明参数是返回参数，可以将参数值返回给调用的过程
n	表示可以定义多个参数
AS	指定存储过程要执行的操作
sql_statement	存储过程中的过程体

【例 9-2】　使用 CREATE PROCEDURE 语句创建一个存储过程，用来根据学生编号查询学生信息，SQL 语句如下。（实例位置：光盘\MR\源码\第 9 章\9-2。）

```
Create Procedure Proc_Stu
@Proc_Sno int
as
select * from Student where Sno = @Proc_Sno
```

9.2.3 执行存储过程

存储过程创建完成后，可以通过 EXECUTE 执行，可简写为 EXEC。

1. EXECUTE

EXECUTE 用来执行 Transact-SQL 中的命令字符串、字符串或执行下列模块之一：系统存储过程、用户定义存储过程、标量值用户定义函数或扩展存储过程。

EXECUTE 的语法如下。

```
[ { EXEC | EXECUTE } ]
    {
      [ @return_status = ]
      { module_name [ ;number ] | @module_name_var }
        [ [ @parameter = ] { value
                            | @variable [ OUTPUT ]
                            | [ DEFAULT ]
                            }
        ]
      [ ,...n ]
      [ WITH RECOMPILE ]
    }
[;]
```

EXECUTE 语句的参数及说明如表 9-2 所示。

表 9-2　　　　　　　　　　　　　　EXECUTE 语句的参数及说明

参　　　数	描　　　述
@return_status	可选的整型变量，存储模块的返回状态。这个变量在用于 EXECUTE 语句前，必须在批处理、存储过程或函数中声明过
module_name	是要调用的存储过程或标量值用户定义函数的完全限定或者不完全限定名称。模块名称必须符合标识符规则。无论服务器的排序规则如何，扩展存储过程的名称总是区分大小写
number	是可选整数，用于对同名的过程分组。该参数不能用于扩展存储过程
@module_name_var	是局部定义的变量名，代表模块名称
@parameter	module_name 的参数，与在模块中定义的相同。参数名称前必须加上符号（@）
value	传递给模块或传递命令的参数值。如果参数名称没有指定，参数值必须以在模块中定义的顺序提供
@variable	是用来存储参数或返回参数的变量
OUTPUT	指定模块或命令字符串返回一个参数。该模块或命令字符串中的匹配参数也必须已使用关键字 OUTPUT 创建。使用游标变量作为参数时使用该关键字
DEFAULT	根据模块的定义，提供参数的默认值。当模块需要的参数值没有定义默认值并且缺少参数或指定了 DEFAULT 关键字，会出现错误
WITH RECOMPILE	执行模块后，强制编译、使用和放弃新计划。如果该模块存在现有查询计划，则该计划将保留在缓存中

注意　　　后续版本的 Microsoft SQL Server 将删除该功能。请避免在新的开发工作中使用该功能，并着手修改当前还在使用该功能的应用程序。

2. 使用 EXECUTE 执行存储过程

【例 9-3】　使用 EXECUTE 执行存储过程 Proc_Stu，SQL 语句如下。（实例位置：光盘\MR\源码\第 9 章\9-3。）

```
exec Proc_Stu
```

使用 EXECUTE 执行存储过程的步骤如下。

（1）打开 SQL Server Management Studio，并连接到 SQL Server 2008 中的数据库。

（2）单击工具栏中 "　新建查询(N)" 按钮，新建查询编辑器，并输入如下 SQL 语句代码。

```
exec Proc_Stu
```

（3）单击"！执行(X)"按钮，就可以执行上述 SQL 语句代码，即可完成执行"Proc_Stu"存储过程。执行结果如图 9-4 所示。

图 9-4 执行存储过程的结果

9.2.4 查看存储过程

许多系统存储过程、系统函数和目录视图都提供有关存储过程的信息。您可以使用这些系统存储过程来查看存储过程的定义，即用于创建存储过程的 Transact-SQL 语句。

可以通过下面 3 种系统存储过程和目录视图查看存储过程。

1. 使用 sys.sql_modules 查看存储过程的定义

sys.sql_modules 为系统视图，通过该视图可以查看数据库中的存储过程。查看存储过程的操作方法如下。

（1）单击工具栏中"新建查询(N)"按钮，新建查询编辑器。

（2）在新建查询编辑器输入如下代码。

```
select * from sys.sql_modules
```

（3）单击"！执行(X)"按钮，执行该查询命令。查询结果如图 9-5 所示。

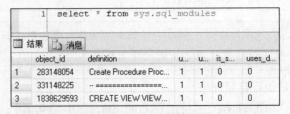

图 9-5 使用 sys.sql_modules 视图查询的存储过程

2. 使用 OBJECT_DEFINITION 查看存储过程的定义

返回指定对象定义的 Transact-SQL 源文本。语法如下。

```
OBJECT_DEFINITION ( object_id )
```

参数说明如下。

❑ object_id：要使用的对象的 ID。object_id 的数据类型为 int，并假定表示当前数据库上下文中的对象。

【例 9-4】 使用 OBJECT_DEFINITION 查看 ID 为 "1701581100" 存储过程的代码。SQL 语句如下。（实例位置：光盘\MR\源码\第 9 章\9-4。）

```
select OBJECT_DEFINITION(1701581100)
```

3. 使用 sp_helptext 查看存储过程的定义

显示用户定义规则的定义、默认值、未加密的 Transact-SQL 存储过程、用户定义 Transact-SQL 函数、触发器、计算列、CHECK 约束、视图或系统对象（如系统存储过程）。

语法如下。

```
sp_helptext [ @objname = ] 'name' [ , [ @columnname = ] computed_column_name ]
```

参数说明如下。

❑ [@objname =] 'name'：架构范围内的用户定义对象的限定名称和非限定名称。仅当指定限定对象时才需要引号。如果提供的是完全限定名称（包括数据库名称），则数据库名称必须是当前数据库的名称。对象必须在当前数据库中。name 的数据类型为 nvarchar（776），无默认值。

❑ [@columnname =] 'computed_column_name'：要显示其定义信息的计算列的名称。必须将包含列的表指定为 name。column_name 的数据类型为 sysname，无默认值。

【例 9-5】 通过 sp_helptext 系统存储过程查看名为 "Proc_Stu" 存储过程的代码，SQL 语句如下。（实例位置：光盘\MR\源码\第 9 章\9-5。）

```
sp_helptext 'Proc_Stu'
```

操作步骤如下。

（1）打开 SQL Server Management Studio，并连接到 SQL Server 2008 中的数据库。

（2）选择存储过程所在的数据库，例如 "db_2008" 数据库。

（3）单击工具栏中 " 新建查询(N) " 按钮，新建查询编辑器，并输入如下 SQL 语句代码。

```
sp_helptext 'Proc_Stu'
```

（4）单击 " 执行(X) " 按钮，就可以执行上述 SQL 语句代码。执行结果如图 9-6 所示。

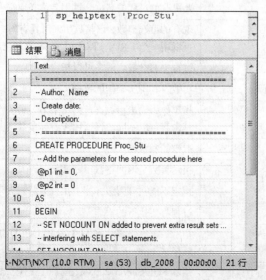

图 9-6　查看 "Proc_Stu" 存储过程的结果

9.2.5　修改存储过程

修改存储过程可以改变存储过程当中的参数或者语句，可以通过 SQL 语句中的 ALTER PROCEDURE 语句实现。虽然删除并重新创建该存储过程，也可以达到修改存储过程的目的，但是将丢失与该存储过程关联的所有权限。

1．ALTER PROCEDURE 语句

ALTER PROCEDURE 语句用来修改通过执行 CREATE PROCEDURE 语句创建的过程。该语句修改存储过程时不会更改权限，也不影响相关的存储过程或触发器。

ALTER PROCEDURE 语句的语法如下。

```
ALTER { PROC | PROCEDURE } [schema_name.] procedure_name [ ; number ]
    [ { @parameter [ type_schema_name. ] data_type }
    [ VARYING ] [ = default ] [ [ OUT [ PUT ]
    ] [ ,...n ]
[ WITH <procedure_option> [ ,...n ] ]
[ FOR REPLICATION ]
AS
    { <sql_statement> [ ...n ] | <method_specifier> }
<procedure_option> ::=
    [ ENCRYPTION ]
    [ RECOMPILE ]
    [ EXECUTE_AS_Clause ]
<sql_statement> ::=
{ [ BEGIN ] statements [ END ] }
<method_specifier> ::=
EXTERNAL NAME
assembly_name.class_name.method_name
```

ALTER PROCEDURE 语句的参数及说明如表 9-3 所示。

表 9-3　　　　　　　　　　　　ALTER PROCEDURE 语句的参数及说明

参　　数	描　　述
schema_name	过程所属架构的名称
procedure_name	要更改的过程的名称。过程名称必须符合标识符规则
number	现有的可选整数，该整数用来对具有同一名称的过程进行分组，以便可以用一个 DROP PROCEDURE 语句全部删除它们
@ parameter	过程中的参数。最多可以指定 2100 个参数
[type_schema_name.] data_type	参数及其所属架构的数据类型
VARYING	指定作为输出参数支持的结果集。此参数由存储过程动态构造，并且其内容可以不同。仅适用于游标参数
default	参数的默认值
OUTPUT	指示参数是返回参数
FOR REPLICATION	指定不能在订阅服务器上执行为复制创建的存储过程
AS	过程将要执行的操作
ENCRYPTION	指示数据库引擎会将 ALTER PROCEDURE 语句的原始文本转换为模糊格式
RECOMPILE	指示 SQL Server 2008 数据库引擎不会缓存该过程的计划，该过程在运行时重新编译

参　　数	描　　述
EXECUTE AS	指定访问存储过程后执行该存储过程所用的安全上下文
\<sql_statement\>	过程中要包含的任意数目和类型的 Transact-SQL 语句。但有一些限制
EXTERNAL NAME assembly_name.class_name.method_name	指定 Microsoft .NET Framework 程序集的方法，以便 CLR 存储过程引用。class_name 必须为有效的 SQL Server 标识符，并且必须作为类存在于程序集中。如果类具有使用句点（.）分隔命名空间部分的命名空间限定名称，则必须使用方括号（[ ]）或引号（""）来分隔类名。指定的方法必须为该类的静态方法

 默认情况下，SQL Server 不能执行 CLR 代码。可以创建、修改和删除引用公共语言运行时模块的数据库对象，不过，只有在启用 clr enabled 选项之后，才能在 SQL Server 中执行这些引用。若要启用该选项，请使用 sp_configure。

2. 使用 ALTER PROCEDURE 语句修改存储过程

【例 9-6】　通过 ALTER PROCEDURE 语句修改名为"Proc_Stu"的存储过程。（实例位置：光盘\MR\源码\第 9 章\9-6。）

具体操作步骤如下。

（1）打开 SQL Server Management Studio，并连接到 SQL Server 2008 中的数据库。

（2）选择存储过程所在的数据库，例如"db_2008"数据库。

（3）单击工具栏中"🔲 新建查询(N)"按钮，新建查询编辑器，并输入如下 SQL 语句代码。

```
ALTER PROCEDURE [dbo].[Proc_Stu]
@Sno varchar(10)
as
select * from b
```

（4）单击"❗ 执行(X)"按钮，就可以执行上述 SQL 语句代码。执行结果如图 9-7 所示。

图 9-7　使用 ALTER PROCEDURE 语句修改存储过程

除了上述方法修改存储过程外，也可以通过 SQL Server 2008 自动生成的 ALTER PROCEDURE 语句修改存储过程。以修改系统数据库"master"中系统存储过程"sp_MScleanupmergepublisher"为例，操作步骤如下。

（1）打开 SQL Server Management Studio，并连接到 SQL Server 2008 中的数据库。

（2）展开对象资源管理器中"数据库"/"系统数据库"/"master"/"可编程性"/"系统存储过程"的节点后，在"sp_MScleanupmergepublisher"系统存储过程上单击鼠标右键，弹出快捷菜单，如图 9-8 所示。

（3）选择"修改"菜单项，在查询编辑器中自动生成修改该存储过程的语句。生成的语句如图 9-9 所示。

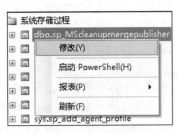

图 9-8　修改存储过程

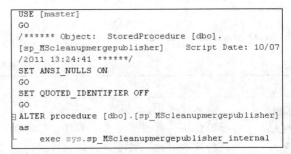

图 9-9　自动生成的 SQL 语句

（4）修改该段 SQL 语句并执行，即可完成修改该存储过程。

9.2.6　重命名存储过程

重新命名存储过程可以通过手动操作或执行 sp_rename 系统存储过程实现。

1．手动操作重新命名存储过程

（1）打开 SQL Server Management Studio，并连接到 SQL Server 2008 中的数据库。

（2）展开对象资源管理器中"数据库"/"数据库名称"/"可编程性"/"存储过程"节点，鼠标右键单击需要重新命名的存储过程，在弹出的快捷菜单中，选择"重命名"命令。例如，修改"db_2008"数据库中的"Proc_stu"存储过程名称，如图 9-10 所示。

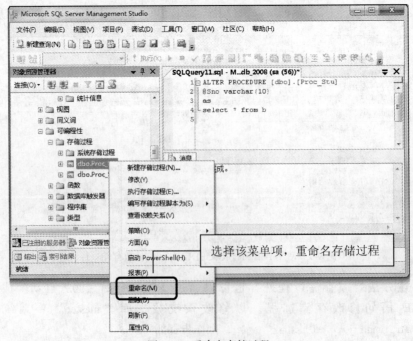

图 9-10　重命名存储过程

（3）此时，在存储过程名称的文本框中输入要修改的名称，即可重命名存储过程。

2．执行 sp_rename 系统存储过程重新命名存储过程

sp_rename 系统存储过程可以在当前数据库中更改用户创建对象的名称。此对象可以是表、索引、列、别名数据类型或 Microsoft .NET Framework 公共语言运行时（CLR）用户定义类型。语法如下。

```
sp_rename [ @objname = ] 'object_name' , [ @newname = ] 'new_name'
   [ , [ @objtype = ] 'object_type' ]
```

参数说明如下。

❑ [@objname =] 'object_name'：用户对象或数据类型的当前限定或非限定名称。如果要重命名的对象是表中的列，则 object_name 的格式必须是 table.column。如果要重命名的对象是索引，则 object_name 的格式必须是 table.index。

❑ [@newname =] 'new_name'：指定对象的新名称。new_name 必须是名称的一部分，并且必须遵循标识符的规则。newname 的数据类型为 sysname，无默认值。

❑ [@objtype =] 'object_type'：要重命名的对象的类型。

使用 sp_rename 系统存储过程重新命名存储过程的步骤如下。

（1）打开 SQL Server Management Studio，并连接到 SQL Server 2008 中的数据库。

（2）选择需要重新命名的存储过程所在的数据库，单击工具栏中"💾 新建查询(N)"按钮，新建查询编辑器，输入执行 sp_rename 系统存储过程重新命名的 SQL 语句。

【例 9-7】　将"Proc_Stu"存储过程重新命名为"Proc_StuInfo"，SQL 语句代码如下。（实例位置：光盘\MR\源码\第 9 章\9-7。）

```
sp_rename 'Proc_Stu','Proc_StuInfo'
```

（3）单击"❗执行(X)"按钮，就可以执行上述 SQL 语句代码。结果如图 9-11 所示。

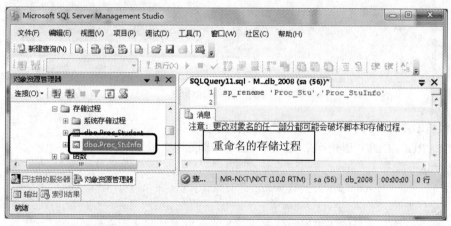

图 9-11　重新命名的存储过程

更改对象名的任一部分都可能破坏脚本和存储过程。我们建议您不要使用此语句来重命名存储过程、触发器、用户定义函数或视图，而是删除该对象，然后使用新名称重新创建该对象。

9.2.7　删除存储过程

数据库中某些不再应用的存储过程可以将其删除，这样可以节约该存储过程所占的数据库空间。删除存储过程可以通过手动删除或执行 DROP PROCEDURE 语句实现。

1. 手动删除存储过程

（1）打开 SQL Server Management Studio，并连接到 SQL Server 2008 中的数据库。

（2）展开对象资源管理器中"数据库"/"数据库名称"/"可编程性"/"存储过程"节点，鼠标右键单击要删除的存储过程，在弹出的快捷菜单中，选择"删除"命令。

（3）在"删除对象"窗体中确认所删除的存储过程，单击"确定"按钮即可将该存储过程删除。

例如：删除"Proc_StuInfo"存储过程。如图 9-12 所示。

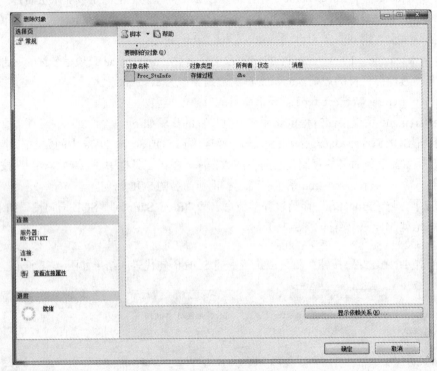

图 9-12　删除存储过程

2. 执行 DROP PROCEDURE 语句删除存储过程

DROP PROCEDURE 语句用来从当前数据库中删除一个或多个存储过程。

语法如下。

```
DROP { PROC | PROCEDURE } { [ schema_name. ] procedure } [ ,...n ]
```

参数说明如下。

❑ schema_name：过程所属架构的名称。不能指定服务器名称或数据库名称。

❑ procedure：要删除的存储过程或存储过程组的名称。

执行 DROP PROCEDURE 语句删除存储过程的步骤如下。

（1）打开 SQL Server Management Studio，并连接到 SQL Server 2008 中的数据库。

（2）选择需要删除的存储过程所在的数据库，单击工具栏中"　新建查询(N)"按钮，在新建查询编辑器中输入执行 DROP PROCEDURE 语句删除存储过程的 SQL 语句。

【例 9-8】　删除名为"Proc_Student"的存储过程，SQL 语句代码如下。（实例位置：光盘\MR\源码\第 9 章\9-8。）

```
DROP PROCEDURE Proc_Student
```

（3）单击"！执行⊗"按钮，就可以执行上述 SQL 语句代码。将 Proc_Student 存储过程删除。

注意

不可以删除正在使用的存储过程，否则 Microsoft SQL Server 2008 将在执行调用进程时显示一条错误消息。

9.3　触发器概述

9.3.1　触发器的概念

Microsoft SQL Server 提供两种主要机制来强制使用业务规则和数据完整性：约束和触发器。

触发器是一种特殊类型的存储过程，当指定表中的数据发生变化时触发器自动生效。它与表紧密相连，可以看做是表定义的一部分。触发器不能通过名称被直接调用，更不允许设置参数。

在 SQL Server 中一张表可以有多个触发器。用户可以使用 INSERT、UPDATE 或 DELETE 语句对触发器进行设置，也可以对一张表上的特定操作设置多个触发器。触发器可以包含复杂的 Transact-SQL 语句。不论触发器所进行的操作有多复杂，触发器都只作为一个独立的单元被执行，被看作是一个事务。如果在执行触发器的过程中发生了错误，则整个事务将会自动回滚。

9.3.2　触发器的优点

触发器的优点表现在以下几个方面。

（1）触发器自动执行，对表中的数据进行修改后，触发器立即被激活。

（2）为了实现复杂的数据库更新操作，触发器可以调用一个或多个存储过程，甚至可以通过调用外部过程（不是数据库管理系统本身）完成相应的操作。

（3）触发器能够实现比 CHECK 约束更为复杂的数据完整性约束。在数据库中，为了实现数据完整性约束，可以使用 CHECK 约束或触发器。CHECK 约束不允许引用其他表中的列来完成检查工作，而触发器可以引用其他表中的列。它更适合在大型数据库管理系统中用来约束数据的完整性。

（4）触发器可以检测数据库内的操作，从而取消了数据库未经许可的更新操作，使数据库修改、更新操作更安全，数据库的运行也更稳定。

（5）触发器能够对数据库中的相关表实现级联更改。触发器是基于一个表创建的，但是可以针对多个表进行操作，实现数据库中相关表的级联更改。

（6）一个表中可以同时存在 3 个不同操作的触发器（INSERT、UPDATE 和 DELETE）。

9.3.3　触发器的种类

SQL Server 包括 3 种常规类型的触发器：DML 触发器、DDL 触发器和登录触发器。

当数据库中发生数据操作语言（DML）事件时将调用 DML 触发器。DML 事件包括在指定表或视图中修改数据的 INSERT 语句、UPDATE 语句或 DELETE 语句。DML 触发器可以查询其他表，还可以包含复杂的 Transact-SQL 语句。

您可以设计以下类型的 DML 触发器。

- ❑ AFTER 触发器：在执行了 INSERT、UPDATE 或 DELETE 语句操作之后执行 AFTER 触发器。
- ❑ INSTEAD OF 触发器：执行 INSTEAD OF 触发器代替通常的触发动作。还可为带有一个或多个基表的视图定义 INSTEAD OF 触发器，而这些触发器能够扩展视图可支持的更新类型。
- ❑ CLR 触发器：CLR 触发器可以是 AFTER 触发器或 INSTEAD OF 触发器。CLR 触发器还可以是 DDL 触发器。CLR 触发器将执行在托管代码（在.NET Framework 中创建并在 SQL Server 中上载的程序集的成员）中编写的方法，而不用执行 Transact-SQL 存储过程。

DDL 触发器是一种特殊的触发器，它在响应数据定义语言（DDL）语句时触发，可以用于在数据库中执行管理任务，审核以及规范数据库操作。

9.4　触发器的创建与管理

创建 DML、DDL 触发器和登录触发器可以通过执行 CREATE TRIGGER 语句实现。但在使用该语句创建 DML、DDL 触发器和登录触发器时，其语法存在差异。本节讲解 CREATE TRIGGER 语句以及使用该语句创建 DML、DDL 触发器和登录触发器。

9.4.1　创建 DML 触发器

如果用户要通过数据操作语言（DML）事件编辑数据，则执行 DML 触发器。DML 事件是针对表或视图的 INSERT、UPDATE 或 DELETE 语句。

创建 DML 触发器的语法如下。

```
CREATE TRIGGER [ schema_name . ]trigger_name
ON { table | view }
[ WITH <dml_trigger_option> [ ,...n ] ]
{ FOR | AFTER | INSTEAD OF }
{ [ INSERT ] [ , ] [ UPDATE ] [ , ] [ DELETE ] }
[ WITH APPEND ]
[ NOT FOR REPLICATION ]
AS { sql_statement [ ; ] [ ,...n ] | EXTERNAL NAME <method specifier [ ; ] > }
<dml_trigger_option> ::=
    [ ENCRYPTION ]
    [ EXECUTE AS Clause ]
<method_specifier> ::=
    assembly_name.class_name.method_name
```

创建 DML 触发器的参数及说明如表 9-4 所示。

表 9-4　　　　　　　　　　　　创建 DML 触发器的参数及说明

参　　数	描　　述
schema_name	DML 触发器所属架构的名称。DML 触发器的作用域是为其创建该触发器的表或视图的架构
trigger_name	触发器的名称。trigger_name 必须遵循标识符规则，但 trigger_name 不能以#或##开头

续表

参　数	描　述
table | view	对其执行 DML 触发器的表或视图，有时称为触发器表或触发器视图。可以根据需要指定表或视图的完全限定名称。视图只能被 INSTEAD OF 触发器引用。不能对局部或全局临时表定义 DML 触发器
FOR | AFTER	AFTER 指定 DML 触发器仅在触发 SQL 语句中指定的所有操作都已成功执行时才被触发
INSTEAD OF	指定执行 DML 触发器而不是触发 SQL 语句，因此，其优先级高于触发语句的操作
{ [INSERT] [,] [UPDATE] [,] [DELETE] }	指定数据修改语句，这些语句可在 DML 触发器对此表或视图进行尝试时激活该触发器。必须至少指定一个选项
WITH APPEND	指定应该再添加一个现有类型的触发器
NOT FOR REPLICATION	指示当复制代理修改涉及触发器的表时，不应执行触发器
sql_statement	触发条件和操作。触发器条件指定其他标准，用于确定尝试的 DML、DDL 或 logon 事件是否导致执行触发器操作
EXECUTE AS	指定用于执行该触发器的安全上下文
< method_specifier>	对于 CLR 触发器，指定程序集与触发器绑定的方法。该方法不能带有任何参数，并且必须返回空值

【例 9-9】　为 Student 表创建 DML 触发器，当向该表中插入数据时给出提示信息。（实例位置：光盘\MR\源码\第 9 章\9-9。）

设计步骤如下。

（1）打开 SQL Server Management Studio，并连接到 SQL Server 2008 中的数据库。

（2）单击工具栏中"⌘ 新建查询(N)"按钮，新建查询编辑器，输入如下 SQL 语句代码。

```
CREATE TRIGGER TRIGGER_Stu
ON Student
AFTER INSERT
AS
RAISERROR ('正在向表中插入数据', 16, 10);
```

（3）单击"！ 执行⊗"按钮，就可以执行上述 SQL 语句代码。创建名称为 TRIGGER_Stu 的 DML 触发器。

每次对 Student 表的数据进行添加时，都会显示图 9-13 所示的消息内容。

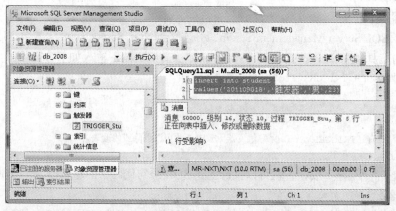

图 9-13　向表中插入数据时给出的信息

9.4.2 创建 DDL 触发器

DDL 触发器用于响应各种数据定义语言（DDL）事件。这些事件主要对应于 Transact-SQL CREATE、ALTER 和 DROP 语句，以及执行类似 DDL 操作的某些系统存储过程。

创建 DDL 触发器的语法如下。

```
CREATE TRIGGER trigger_name
ON { ALL SERVER | DATABASE }
[ WITH <ddl_trigger_option> [ ,...n ] ]
{ FOR | AFTER } { event_type | event_group } [ ,...n ]
AS { sql_statement [ ; ] [ ,...n ] | EXTERNAL NAME < method specifier > [ ; ] }
<ddl_trigger_option> ::=
    [ ENCRYPTION ]
    [ EXECUTE AS Clause ]
<method_specifier> ::=
    assembly_name.class_name.method_name
```

创建 DDL 触发器的参数及说明如表 9-5 所示。

表 9-5　　　　　　　　　　　　创建 DDL 触发器的参数及说明

参　　数	描　　述
trigger_name	触发器的名称。trigger_name 必须遵循标识符规则，但 trigger_name 不能以#或##开头
ALL SERVER	将 DDL 或登录触发器的作用域应用于当前服务器
DATABASE	将 DDL 触发器的作用域应用于当前数据库
FOR | AFTER	AFTER 指定 DML 触发器仅在触发 SQL 语句中指定的所有操作都已成功执行时才被触发
event_type	执行之后将导致激发 DDL 触发器的 Transact-SQL 语言事件的名称。DDL 事件中列出了 DDL 触发器的有效事件
event_group	预定义的 Transact-SQL 语言事件分组的名称
sql_statement	触发条件和操作。触发器条件指定其他标准，用于确定尝试的 DML、DDL 或 logon 事件是否导致执行触发器操作
< method_specifier>	对于 CLR 触发器，指定程序集与触发器绑定的方法

【例 9-10】　为 Student 表创建 DDL 触发器，防止用户对表进行删除或修改等操作。（实例位置：光盘\MR\源码\第 9 章\9-10。）

设计步骤如下。

（1）打开 SQL Server Management Studio，并连接到 SQL Server 2008 中的数据库。

（2）单击工具栏中"🔲 新建查询(N)"按钮，新建查询编辑器，输入如下 SQL 语句代码。

```
CREATE TRIGGER TRIGGER_StuDDL
ON DATABASE
FOR DROP_TABLE, ALTER_TABLE
AS
  PRINT '只有"TRIGGER_StuDDL"触发器无效时，才可以删除或修改表。'
  ROLLBACK
```

（3）单击"！执行(X)"按钮，就可以执行上述 SQL 语句代码。创建名称为 TRIGGER_StuDDL 的 DDL 触发器。

创建完该触发器后，当对数据库中的表进行修改与删除等操作时，都会提示"只有

"TRIGGER_StuDDL"触发器无效时，才可以删除或修改表。"信息，并将删除后修改操作进行回滚。显示信息如图 9-14 所示。

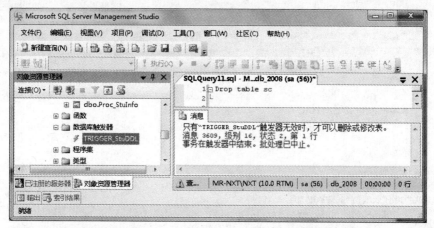

图 9-14 对数据库中表进行修改与删除等操作时显示的消息

9.4.3 创建登录触发器

登录触发器在遇到 LOGON 事件时触发。LOGON 事件是在建立用户会话时引发的。触发器可以由 Transact-SQL 语句直接创建，也可以由程序集方法创建，这些方法是在 Microsoft .NET Framework 公共语言运行时（CLR）中创建并下载到 SQL Server 实例的。SQL Server 允许为任何特定语句创建多个触发器。

创建登录触发器的语法如下。

```
CREATE TRIGGER trigger_name
ON ALL SERVER
[ WITH <logon_trigger_option> [ ,...n ] ]
{ FOR | AFTER } LOGON
AS { sql_statement [ ; ] [ ,...n ] | EXTERNAL NAME < method specifier > [ ; ] }
<logon_trigger_option> ::=
    [ ENCRYPTION ]
    [ EXECUTE AS Clause ]
<method_specifier> ::=
    assembly_name.class_name.method_name
```

创建登录触发器的参数及说明如表 9-6 所示。

表 9-6　　　　　　　　　　　　　　创建登录触发器的参数及说明

参　　数	描　　述
trigger_name	触发器的名称。trigger_name 必须遵循标识符规则，但 trigger_name 不能以#或##开头
ALL SERVER	将 DDL 或登录触发器的作用域应用于当前服务器
FOR | AFTER	AFTER 指定 DML 触发器仅在触发 SQL 语句中指定的所有操作都已成功执行时才被触发
sql_statement	触发条件和操作。触发器条件指定其他标准，用于确定尝试的 DML、DDL 或 logon 事件是否导致执行触发器操作
< method_specifier>	对于 CLR 触发器，指定程序集与触发器绑定的方法

【例 9-11】 创建一个登录触发器，该触发器拒绝 TM 登录名的成员登录 SQL Server，SQL 语句如下。（实例位置：光盘\MR\源码\第 9 章\9-11。）

```
USE master;
GO
CREATE LOGIN TM WITH PASSWORD = 'TMsoft' MUST_CHANGE,
    CHECK_EXPIRATION = ON;
GO
GRANT VIEW SERVER STATE TO TM;
GO
CREATE TRIGGER connection_limit_trigger
ON ALL SERVER WITH EXECUTE AS 'TM'
FOR LOGON
AS
BEGIN
IF ORIGINAL_LOGIN()= 'TM' AND
    (SELECT COUNT(*) FROM sys.dm_exec_sessions
        WHERE is_user_process = 1 AND
            original_login_name = 'TM') > 1
    ROLLBACK;
END;
```

设计步骤如下。

（1）打开 SQL Server Management Studio，并连接到 SQL Server 2008 中的数据库。

（2）单击工具栏中 "🔲 新建查询(N)" 按钮，新建查询编辑器，输入例 9-11 中的 SQL 语句。

（3）单击 "❗ 执行⊠" 按钮，就可以执行上述 SQL 语句代码。创建名称为 connection_limit_trigger 的登录触发器。

登录触发器与 DML 触发器、DDL 触发器所存储的位置不同，其存储位置为对象资源管理器中 "服务器对象" / "触发器"。登录触发器 connection_limit_trigger 中的 TM 为登录到 SQL Server 中的登录名。触发器及 TM 所在的位置如图 9-15 所示。

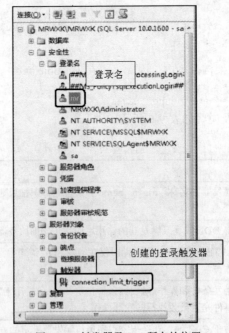

图 9-15　触发器及 TM 所在的位置

创建完该触发器后，当以 TM 的登录名登录 SQL Server 时，就会显示图 9-16 所示的提示信息。

图 9-16　TM 的登录名登录 SQL Server 时提示的信息

9.4.4　查看触发器

查看触发器与查看存储过程相同。同样可以使用 sp_helptext 存储过程与 sys.sql_modules 视图查看触发器。

1. 使用 sp_helptext 存储过程查看触发器

sp_helptext 存储过程可以查看架构范围内的触发器，非架构范围内的触发器是不能用此存储过程查看的，如 DDL 触发器、登录触发器。

【例 9-12】　sp_helptext 存储过程查看 DML 触发器，SQL 语句及运行结果如图 9-17 所示。（实例位置：光盘\MR\源码\第 9 章\9-12。）

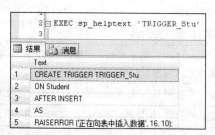

图 9-17　使用 sp_helptext 存储过程查看 DML 触发器

2. 获取数据库中触发器的信息

每个类型为 TR 或 TA 的触发器对象对应一行，TA 代表程序集（CLR）触发器，TR 代表 SQL 触发器。DML 触发器名称在架构范围内，因此，可在 sys.objects 中显示。DDL 触发器名称的作用域取决于父实体，只能在对象目录视图中显示。

【例 9-13】　在 db_2008 数据库中，查找类型为 TR 的触发器，即 DDL 触发器，SQL 语句及运行结果如图 9-18 所示。（实例位置：光盘\MR\源码\第 9 章\9-13。）

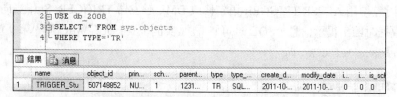

图 9-18　查找 DDL 触发器

9.4.5　修改触发器

修改触发器可以通过 ALTER TRIGGER 语句实现，下面分别对修改 DML 触发器、修改 DDL 触发器修改登录触发器进行介绍。

1. 修改 DML 触发器

修改 DML 触发器的语法如下。

```
ALTER TRIGGER schema_name.trigger_name
ON ( table | view )
[ WITH <dml_trigger_option> [ ,...n ] ]
( FOR | AFTER | INSTEAD OF )
{ [ DELETE ] [ , ] [ INSERT ] [ , ] [ UPDATE ] }
[ NOT FOR REPLICATION ]
AS { sql_statement [ ; ] [ ...n ] | EXTERNAL NAME <method specifier> [ ; ] }
<dml_trigger_option> ::=
    [ ENCRYPTION ]
    [ <EXECUTE AS Clause> ]
<method_specifier> ::=
        assembly_name.class_name.method_name
```

修改 DML 触发器的参数及说明如表 9-7 所示。

表 9-7   修改 DML 触发器的参数及说明

参　　数	描　　述
schema_name	DML 触发器所属架构的名称。DML 触发器的作用域是为其创建该触发器的表或视图的架构
trigger_name	要修改的现有触发器
table | view	对其执行 DML 触发器的表或视图，有时称为触发器表或触发器视图。可以根据需要指定表或视图的完全限定名称
AFTER	指定只有在触发 SQL 语句成功执行后，才会激发触发器
INSTEAD OF	指定执行 DML 触发器而不是触发 SQL 语句，因此，其优先级高于触发语句的操作
{ [DELETE] [,] [INSERT] [,] [UPDATE] }	指定数据修改语句在试图修改表或视图时，激活 DML 触发器。必须至少指定一个选项
NOT FOR REPLICATION	指示当复制代理修改涉及触发器的表时，不应执行触发器
sql_statement	触发条件和操作
EXECUTE AS	指定用于执行该触发器的安全上下文
< method_specifier>	对于 CLR 触发器，指定程序集与触发器绑定的方法。该方法不能带有任何参数，并且必须返回空值

【例 9-14】　使用 ALTER TRIGGER 语句修改 DML 触发器 TRIGGER_Stu，当向该表中插入、修改或删除数据时给出提示信息，SQL 语句如下。（实例位置：光盘\MR\源码\第 9 章\9-14。）

```
ALTER TRIGGER TRIGGER_Stu
ON Student
AFTER INSERT,UPDATE,DELETE
AS
RAISERROR ('正在向表中插入、修改或删除数据', 16, 10);
```

2. 修改 DDL 触发器

修改 DDL 触发器的语法如下。

```
ALTER TRIGGER trigger_name
ON { DATABASE | ALL SERVER }
```

```
[ WITH <ddl_trigger_option> [ ,...n ] ]
{ FOR | AFTER } { event_type [ ,...n ] | event_group }
AS { sql_statement [ ; ] | EXTERNAL NAME <method specifier>
[ ; ] }
 }
<ddl_trigger_option> ::=
    [ ENCRYPTION ]
    [ <EXECUTE AS Clause> ]
<method_specifier> ::=
        assembly_name.class_name.method_name
```

修改 DDL 触发器的参数及说明如表 9-8 所示。

表 9-8 修改 DDL 触发器的参数及说明

参　　数	描　　述
trigger_name	要修改的现有触发器
DATABASE	将 DDL 触发器的作用域应用于当前数据库
ALL SERVER	将 DDL 或登录触发器的作用域应用于当前服务器
AFTER	指定只有在触发 SQL 语句成功执行后，才会激发触发器
event_type	执行之后将导致激发 DDL 触发器的 Transact-SQL 语言事件的名称
event_group	预定义的 Transact-SQL 语言事件分组的名称
sql_statement	触发条件和操作
EXECUTE AS	指定用于执行该触发器的安全上下文
< method_specifier>	对于 CLR 触发器，指定程序集与触发器绑定的方法。该方法不能带有任何参数，并且必须返回空值

【例 9-15】　使用 ALTER TRIGGER 语句修改 DDL 触发器 TRIGGER_StuDDL，防止用户修改数据，SQL 语句如下。（实例位置：光盘\MR\源码\第 9 章\9-15。）

```
ALTER TRIGGER [TRIGGER_StuDDL]
ON DATABASE
FOR ALTER_TABLE
AS
RAISERROR ('只有"TRIGGER_StuDDL"触发器无效时，才可以修改表。', 16, 10)
ROLLBACK
```

3. 修改登录触发器

修改登录触发器的语法如下。

```
ALTER TRIGGER trigger_name
ON ALL SERVER
[ WITH <logon_trigger_option> [ ,...n ] ]
{ FOR | AFTER } LOGON
AS { sql_statement [ ; ] [ ,...n ] | EXTERNAL NAME < method specifier > [ ; ] }
<logon_trigger_option> ::=
    [ ENCRYPTION ]
    [ EXECUTE AS Clause ]
<method_specifier> ::=
    assembly_name.class_name.method_name
```

修改登录触发器的参数及说明如表 9-9 所示。

表 9-9	修改登录触发器的参数及说明
参 数	描 述
trigger_name	要修改的现有触发器
ALL SERVER	将 DDL 或登录触发器的作用域应用于当前服务器
AFTER	指定只有在触发 SQL 语句成功执行后，才会激发触发器
sql_statement	触发条件和操作
EXECUTE AS	指定用于执行该触发器的安全上下文
<method_specifier>	指定要与触发器绑定的程序集的方法

【例 9-16】 使用 ALTER TRIGGER 语句修改登录触发器 connection_limit_trigger，将用户名修改为 nxt，如果在此登录名下已运行 3 个用户会话，拒绝 nxt 登录到 SQL Server，SQL 语句如下。（实例位置：光盘\MR\源码\第 9 章\9-16。）

```
ALTER TRIGGER connection_limit_trigger
ON ALL SERVER WITH EXECUTE AS 'nxt'
FOR LOGON
AS
BEGIN
IF ORIGINAL_LOGIN()= 'nxt' AND
    (SELECT COUNT(*) FROM sys.dm_exec_sessions
        WHERE is_user_process = 1 AND
            original_login_name = 'nxt') > 3
    ROLLBACK;
END;
```

9.4.6 重命名触发器

重命名触发器可以使用 sp_rename 系统存储过程实现。使用 sp_rename 系统存储过程重命名触发器与重命名存储过程相同。但是使用该系统存储过程重命名触发器，不会更改 sys.sql_modules 类别视图的 definition（用于定义此模块的 SQL 文本）列中相应对象名的名称，所以建议用户不要使用该系统存储过程重命名触发器，而是删除该触发器，然后使用新名称重新创建该触发器。

【例 9-17】 使用 sp_rename 将触发器 TRIGGER_STU 重命名为 TRIGGER_Stu_DML，SQL 语句如下。（实例位置：光盘\MR\源码\第 9 章\9-17。）

```
sp_rename 'TRIGGER_STU','TRIGGER_Stu_DML'
```

9.4.7 禁用和启用触发器

当不再需要某个触发器时，可将其禁用或删除。禁用触发器不会删除该触发器，该触发器仍然作为对象存在于当前数据库中。但是，当执行任意 INSERT、UPDATE 或 DELETE 语句（在其上对触发器进行编程）时，触发器将不会激发。已禁用的触发器可以被重新启用。启用触发器会以最初创建它时的方式将其激发。默认情况下，创建触发器后会启用触发器。

1. 禁用触发器

使用 DISABLE TRIGGER 语句禁用触发器，其语法如下。

```
DISABLE TRIGGER { [ schema_name . ] trigger_name [ ,...n ] | ALL }
ON { object_name | DATABASE | ALL SERVER } [ ; ]
```

参数说明如下。

❑ schema_name：触发器所属架构的名称。

❑　trigger_name：要禁用的触发器的名称。

❑　ALL：指示禁用在 ON 子句作用域中定义的所有触发器。

注意　　　SQL Server 在为合并复制发布的数据库中创建触发器。在已发布数据库中指定 ALL 可禁用这些触发器，这样会中断复制。在指定 ALL 之前，请验证没有为合并复制发布当前数据库。

❑　object_name：对创建要执行的 DML 触发器 trigger_name 的表或视图的名称。

❑　DATABASE：对于 DDL 触发器，指示所创建或修改的 trigger_name 将在数据库范围内执行。

❑　ALL SERVER：对于 DDL 触发器，指示所创建或修改的 trigger_name 将在服务器范围内执行。ALL SERVER 也适用于登录触发器。

【例 9-18】　使用 DISABLE TRIGGER 语句禁用 DML 触发器 TRIGGER_Stu_DML，SQL 语句如下。（实例位置：光盘\MR\源码\第 9 章\9-18。）

```
DISABLE TRIGGER TRIGGER_Stu_DML ON STUDENT
```

禁用后触发器的状态如图 9-19 所示。

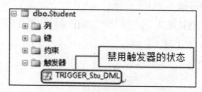

图 9-19　禁用触发器的状态

2．启用触发器

启用触发器并不是重新创建它。已禁用的 DDL、DML 或登录触发器可以通过执行 ENABLE TRIGGER 语句重新启用。

语法如下。

```
ENABLE TRIGGER { [ schema_name . ] trigger_name [ ,...n ] | ALL }
ON { object_name | DATABASE | ALL SERVER } [ ; ]
```

启用触发器的参数及说明如表 9-10 所示。

表 9-10　　　　　　　　　　　启用触发器的参数及说明

参　　数	描　　述
schema_name	触发器所属架构的名称。不能为 DDL 或登录触发器指定 schema_name
trigger_name	要启用的触发器的名称
ALL	指示启用在 ON 子句作用域中定义的所有触发器
object_name	要对其创建要执行的 DML 触发器 trigger_name 的表或视图的名称
DATABASE	对于 DDL 触发器，指示所创建或修改的 trigger_name 将在数据库范围内执行
ALL SERVER	对于 DDL 触发器，指示所创建或修改的 trigger_name 将在服务器范围内执行。ALL SERVER 也适用于登录触发器

【例 9-19】　使用 ENABLE TRIGGER 语句启用 DML 触发器 TRIGGER_Stu_DML，SQL 语句如下。（实例位置：光盘\MR\源码\第 9 章\9-19。）

```
ENABLE  TRIGGER TRIGGER_Stu_DML ON STUDENT
```

【例 9-20】 使用 ENABLE TRIGGER 语句启用登录触发器 connection_limit_trigger，SQL 语句如下。（实例位置：光盘\MR\源码\第 9 章\9-20。）

```
ENABLE TRIGGER  connection_limit_trigger ON ALL SERVER
```

9.4.8 删除触发器

删除触发器是将触发器对象从当前数据库中永久删除。通过执行 DROP TRIGGER 语句可以将 DML、DDL 或登录触发器删除。也可以通过操作 SQL Server Management Studio 手动删除 DML、DDL 或登录触发器。

1. DROP TRIGGER 语句删除触发器

DROP TRIGGER 语句可以从当前数据库中删除一个或多个 DML、DDL 或登录触发器。

（1）删除 DML 触发器。

删除 DML 触发器的语法如下。

```
DROP TRIGGER schema_name.trigger_name [ ,...n ] [ ; ]
```

参数说明如下。

❑ schema_name：DML 触发器所属架构的名称。

❑ trigger_name：要删除的触发器的名称。

【例 9-21】 使用 DROP TRIGGER 语句删除 DML 触发器 TRIGGER_Stu_DML，SQL 语句如下。（实例位置：光盘\MR\源码\第 9 章\9-21。）

```
DROP TRIGGER TRIGGER_Stu_DML
```

（2）删除 DDL 触发器。

删除 DDL 触发器的语法如下。

```
DROP TRIGGER trigger_name [ ,...n ]
ON { DATABASE | ALL SERVER }
 [ ; ]
```

参数说明如下。

❑ trigger_name：要删除的触发器的名称。

❑ DATABASE：指示 DDL 触发器的作用域应用于当前数据库。如果在创建或修改触发器时也指定了 DATABASE，则必须指定 DATABASE。

❑ ALL SERVER：指示 DDL 触发器的作用域应用于当前服务器。如果在创建或修改触发器时也指定了 ALL SERVER，则必须指定 ALL SERVER。ALL SERVER 也适用于登录触发器。

【例 9-22】 使用 DROP TRIGGER 语句删除 DDL 触发器 TRIGGER_StuDDL， SQL 语句如下。（实例位置：光盘\MR\源码\第 9 章\9-22。）

```
DROP TRIGGER TRIGGER_StuDDL ON DATABASE
```

（3）删除登录触发器。

删除登录触发器的语法如下。

```
DROP TRIGGER trigger_name [ ,...n ]
ON ALL SERVER
```

参数说明如下。

❑ trigger_name：要删除的触发器的名称。

❑ ALL SERVER：ALL SERVER 也适用于登录触发器。

【例 9-23】 使用 DROP TRIGGER 语句删除登录触发器 connection_limit_trigger，SQL 语句

如下。(实例位置:光盘\MR\源码\第 9 章\9-23。)

```
DROP TRIGGER connection_limit_trigger ON ALL SERVER
```

2. SQL Server Management Studio 手动删除触发器

手动删除触发器步骤如下。

(1)打开 SQL Server Management Studio,并连接到 SQL Server 2008 中的数据库。

(2)展开"对象资源管理器"中触发器所在位置。例如要删除创建在 db_2008 数据库的 TRIGGER_StuDDL 触发器,则展开图 9-20 所示的树型结构。

(3)鼠标右键单击要删除的触发器,在弹出的快捷菜单中选择"删除"命令,打开删除对象窗口。如图 9-21 所示。

图 9-20 展开触发器所在的位置

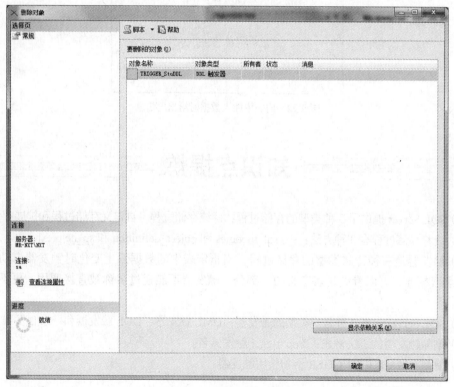

图 9-21 "删除对象"窗口

(4)在"删除对象"窗口中确认所删除的触发器,单击"确定"按钮即可将该触发器删除。

9.5 综合实例——使用触发器向 MingRiBook 数据库的 user 表中添加数据

为 USER1 表创建触发器,当向该表中插入数据时给出提示信息。设计步骤如下。

（1）打开 SQL Server Management Studio，并连接到 SQL Server 2008 中的数据库。

（2）单击工具栏中"　新建查询(N)"按钮，新建查询编辑器，输入如下 SQL 语句代码。

```
CREATE TRIGGER mr
ON user1
AFTER INSERT
AS
Print ('正在向表中插入数据');
Insert into user1 values('201109007','触发器','男',23)
```

（3）单击"！执行⊗"按钮，就可以执行上述 SQL 语句代码。创建名称为 mr 的触发器。每次对 USER1 表的数据进行添加时，都会显示图 9-22 所示的消息内容。

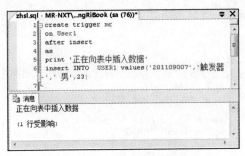

图 9-22　向表中插入数据时给出的信息

知识点提炼

（1）SQL Server 提供了 3 种类型的存储过程：系统存储过程、自定义存储过程和扩展存储过程。

（2）查看存储过程有 3 种方法：sys.sql_modules 和 object_definition 和 sp_helptext。

（3）触发器是一种特殊类型的存储过程，当指定表中的数据发生变化时触发器自动生效。它与表紧密相连，可以看做是表定义的一部分。触发器不能通过名称被直接调用，更不允许设置参数。

（4）SQL Server 包括 3 种常规类型的触发器：DML 触发器、DDL 触发器和登录触发器。

（5）删除触发器的语法格式：drop trigger 触发器名。

（6）使用 DISABLE TRIGGER 语句禁用触发器。

习　　题

9-1　使用存储过程有哪些优点？存储过程分为哪 3 类？

9-2　执行存储过程使用什么语句？

9-3　触发器有哪 3 种类型？

9-4　如何禁用触发器？

9-5　查看存储过程可使用几种语句？

实验：使用 T-SQL 语句创建存储过程并执行

实验目的

（1）熟悉存储过程的语法。
（2）掌握创建、修改、执行存储过程。

实验内容

利用存储过程进行创建和执行。

实验步骤

（1）使用 CREATE PROCEDURE 语句创建一个存储过程，用来根据学生编号查询学生信息，SQL 语句如下。

```
Create Procedure Proc_Student
@Proc_Sno int
as
select * from Student where Sno = @Proc_Sno
```

（2）使用 EXECUTE 执行存储过程 Proc_Student，SQL 语句如下。

```
exec Proc_Student
```

如图 9-23 所示。

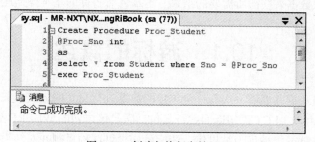

图 9-23　创建与执行存储过程

第10章
游标的使用

本章要点：

- 游标的实现
- 游标的类型
- 声明游标
- 使用游标遍历数据
- 使用系统过程查看游标
- 读取游标中的数据
- 打开、关闭、释放游标

游标是取用一组数据并能够一次与一个单独的数据进行交互的方法。然而，不能通过在整个行集中修改或者选取数据来获得所需要的结果。本章将对游标的基本操作进行详细讲解。

10.1　游标的概述

游标是取用一组数据并能够一次与一个单独的数据进行交互的方法。关系数据库中的操作会对整个行集起作用。由 SELECT 语句返回的行集包括满足该语句的 WHERE 子句中条件的所有行。这种由语句返回的完整行集被称为结果集。游标就是提供这种机制并对结果集的一种扩展。

游标通过以下方式来扩展结果处理。

- 允许定位在结果集的特定行。
- 从结果集的当前位置检索一行或一部分行。
- 支持对结果集中当前位置的行进行数据修改。
- 为由其他用户对显示在结果集中的数据库数据所做的更改提供不同级别的可见性支持。
- 提供脚本、存储过程和触发器中用于访问结果集中数据的 Transact-SQL 语句。

10.1.1　游标的实现

游标提供了一种从表中检索数据并进行操作的灵活手段。游标主要用在服务器上，处理由客户端发送给服务器端的 SQL 语句，或是批处理、存储过程、触发器中的数据处理请求。游标的优点在于它可以定位到结果集中的某一行，并可以对该行数据执行特定操作，为用户在处理数据的过程中提供了很大方便。一个完整的游标由 5 部分组成，并且这 5 个部分应符合下面的顺序。

（1）声明游标。

（2）打开游标。

（3）从一个游标中查找信息。

（4）关闭游标。

（5）释放游标。

10.1.2　游标的类型

SQL Server 提供了 4 种类型的游标，静态游标、动态游标、只进游标和键集驱动的游标。这些游标检测结果集变化的能力和内存占用的情况都有所不同，数据源没有办法通知游标当前提取行的更改。游标检测这些变化的能力也受事务隔离级别的影响。

1．静态游标

静态游标的完整结果集在游标打开时建立在 tempdb 中。静态游标总是按照游标打开时的原样显示结果集。静态游标在滚动期间很少或根本检测不到变化，虽然它在 tempdb 中存储了整个游标，但消耗的资源很少。尽管动态游标使用 tempdb 的程度最低，在滚动期间能够检测到所有变化，但消耗的资源也更多。键集驱动游标介于二者之间，它能检测到大部分的变化，但比动态游标消耗更少的资源。

2．动态游标

动态游标与静态游标相对。当滚动游标时，动态游标反映结果集中做的所有更改。结果集中的行数据值、顺序和成员在每次提取时都会改变。所有用户做的全部 UPDATE、INSERT 和 DELETE 语句均通过游标可见。

3．只进游标

只进游标不支持滚动，只支持游标从头到尾顺序提取，只在从数据库中提取出来后才能进行检索。对所有由当前用户发出或由其他用户提交、并影响结果集中的行的 INSERT、UPDATE 和 DELETE 语句，其效果在这些行从游标中提取时是可见的。

4．键集驱动游标

打开游标时，键集驱动游标中的成员和行顺序是固定的。键集驱动游标由一套被称为键集的惟一标识符（键）控制。键由以唯一方式在结果集中标识行的列构成。键集是游标打开时来自所有适合 SELECT 语句的行中的一系列键值。键集驱动游标的键集在游标打开时建立在 tempdb 中。对非键集列中的数据值所做的更改（由游标所有者更改或其他用户提交）在用户滚动游标时是可见的。在游标外对数据库所做的插入在游标内是不可见的，除非关闭并重新打开游标。

10.2　游标的基本操作

游标的基本操作包括声明游标、打开游标、读取游标中的数据、关闭游标和释放游标，本节就详细地介绍如何操作游标。

10.2.1　声明游标

声明游标可以使用 DECLARE CURSOR 语句。此语句有两种语法声明格式，分别为 ISO 标准语法和 Transact-SQL 扩展的语法。下面将分别介绍声明游标的两种语法格式。

1. ISO 标准语法

语法如下。

```
DECLARE cursor_name [ INSENSITIVE ] [ SCROLL ] CURSOR
FOR select_statement
FOR { READ ONLY | UPDATE [ OF column_name [ ,...n ] ] } ]
```

参数说明如下。

❑ DECLARE cursor_name：指定一个游标名称，其游标名称必须符合标识符规则。

❑ INSENSITIVE：定义一个游标，以创建将由该游标使用的数据的临时复本。对游标的所有请求都从 tempdb 中的临时表中得到应答，因此，在对该游标进行提取操作时返回的数据中不反映对基表所做的修改，并且该游标不允许修改。使用 SQL-92 语法时，如果省略 INSENSITIVE，（任何用户）对基表提交的删除和更新都反映在后面的提取中。

❑ SCROLL：指定所有的提取选项（FIRST、LAST、PRIOR、NEXT、RELATIVE、ABSOLUTE）均可用。如果未指定 SCROLL，则 NEXT 是唯一支持的提取选项。

❑ select_statement：定义游标结果集的标准 SELECT 语句。在游标声明的 select_statement 内不允许使用关键字 COMPUTE、COMPUTE BY、FOR BROWSE 和 INTO。

❑ READ ONLY：表明不允许游标内的数据被更新，尽管在默认状态下游标是允许更新的。在 UPDATE 或 DELETE 语句的 WHERE CURRENT OF 子句中不允许引用游标。

❑ UPDATE [OF column_name [,...n]]：定义游标内可更新的列。如果指定 OF column_name [,...n]参数，则只允许修改所列出的列。如果在 UPDATE 中未指定列的列表，则可以更新所有列。

2. Transact-SQL 扩展的语法

语法如下。

```
DECLARE cursor_name CURSOR
[ LOCAL | GLOBAL ]
[ FORWARD_ONLY | SCROLL ]
[ STATIC | KEYSET | DYNAMIC | FAST_FORWARD ]
[ READ_ONLY | SCROLL_LOCKS | OPTIMISTIC ]
[ TYPE_WARNING ]
FOR select_statement
[ FOR UPDATE [ OF column_name [ ,...n ] ] ]
```

DECLARE CURSOR 语句的参数及说明如表 10-1 所示。

表 10-1　　　　　　　　　　DECLARE CURSOR 语句的参数及说明

参　　数	描　　述
DECLARE cursor_name	指定一个游标名称，其游标名称必须符合标识符规则
LOCAL	定义游标的作用域仅限在其所在的批处理、存储过程或触发器中。当建立游标在存储过程执行结束后，游标会被自动释放
GLOBAL	指定该游标的作用域对连接是全局的。在由连接执行的任何存储过程或批处理中，都可以引用该游标名称。该游标仅在脱接时隐性释放
FORWARD_ONLY	指定游标只能从第一行滚动到最后一行。FETCH NEXT 是唯一受支持的提取选项 非指定 STATIC、KEYSET 或 DYNAMIC 关键字，否则默认为 FORWARD_ONLY。STATIC、KEYSET 和 DYNAMIC 游标默认为 SCROLL。与 ODBC 和 ADO 这类数据库 API 不同，STATIC、KEYSET 和 DYNAMICTransact-SQL 游标支持 FORWARD_ONLY。FAST_FORWARD 和 FORWARD_ONLY 是互斥的，如果指定一个，则不能指定另一个

续表

参　　数	描　　述
STATIC	定义一个游标，以创建将由该游标使用的数据的临时复本。对游标的所有请求都从 tempdb 中的该临时表中得到应答。因此，在对该游标进行提取操作时返回的数据中不反映对基表所做的修改，并且该游标不允许修改
KEYSET	指定当游标打开时，游标中行的成员资格和顺序已经固定。对行进行唯一标识的键集内置在 tempdb 内一个称为 keyset 的表中。对基表中的非键值所做的更改（由游标所有者更改或由其他用户提交）在用户滚动游标时是可视的。其他用户进行的插入是不可视的（不能通过 Transact-SQL 服务器游标进行插入）。如果某行已删除，则对该行的提取操作将返回@@FETCH_STATUS 值-2。从游标外更新键值类似于删除旧行后接着插入新行的操作。含有新值的行不可视，对含有旧值的行的提取操作将返回@@FETCH_STATUS 值-2。如果通过指定 WHERE CURRENT OF 子句用游标完成更新，则新值可视
DYNAMIC	定义一个游标，以反映在滚动游标时对结果集内的行所做的所有数据的更改。行的数据值、顺序和成员在每次提取时都会更改。动态游标不支持 ABSOLUTE 提取选项
FAST_FORWARD	指明一个 FORWARD_ONLY、READ_ONLY 型游标
SCROLL_LOCKS	指定确保通过游标完成的定位更新或定位删除可以成功。将行读入游标以确保它们可用于以后的修改时，SQL Server 会锁定这些行。如果还指定了 FAST_FORWARD，则不能指定 SCROLL_LOCKS
OPTIMISTIC	指明在数据被读入游标后，如果游标中某行数据已发生变化，那么对游标数据进行更新或删除可能会导致失败
TYPE_WARNING	指定如果游标从所请求的类型隐性转换为另一种类型，则给客户端发送警告消息

【例 10-1】 创建一个名为"Cur_Emp"的标准游标，SQL 语句如下。（实例位置：光盘\MR\源码\第 10 章\10-1。）

```
USE db_2008
DECLARE Cur_Emp CURSOR FOR
SELECT * FROM Employee
GO
```

【例 10-2】 创建一个名为"Cur_Emp_01"的只读游标，SQL 语句如下。（实例位置：光盘\MR\源码\第 10 章\10-2。）

```
USE db_2008
DECLARE Cur_Emp_01 CURSOR FOR
SELECT * FROM Employee
FOR READ ONLY    --只读游标
GO
```

【例 10-3】 创建一个名为"Cur_Emp_02"的更新游标，SQL 语句如下。（实例位置：光盘\MR\源码\第 10 章\10-3。）

```
USE db_2008
DECLARE Cur_Emp_02 CURSOR FOR
SELECT Name,Sex,Age FROM Employee
FOR UPDATE    --更新游标
GO
```

10.2.2 打开游标

打开一个声明的游标可以使用 OPEN 命令。

语法如下。

```
OPEN { { [ GLOBAL ] cursor_name } | cursor_variable_name }
```

参数说明如下。

❑ GLOBAL：指定 cursor_name 为全局游标。

❑ cursor_name：已声明的游标名称。如果全局游标和局部游标都使用 cursor_name 作为其名称，那么如果指定了 GLOBAL，cursor_name 指的是全局游标，否则，cursor_name 指的是局部游标。

❑ cursor_variable_name：游标变量的名称，该名称引用一个游标。

如果使用 INSENSITIV 或 STATIC 选项声明了游标，那么 OPEN 将创建一个临时表以保留结果集。如果结果集中任意行的大小超过 SQL Server 表的最大行大小，OPEN 将失败。如果使用 KEYSET 选项声明了游标，那么 OPEN 将创建一个临时表以保留键集。临时表存储在 tempdb 中。

【例 10-4】 首先声明一个名为 Emp_01 的游标，然后使用 OPEN 命令打开该游标，SQL 语句如下。(实例位置：光盘\MR\源码\第 10 章\10-4。)

```
USE db_2008
DECLARE Emp_01 CURSOR FOR        --声明游标
SELECT * FROM Employee
WHERE ID = '1'
OPEN Emp_01                      --打开游标
GO
```

10.2.3 读取游标中的数据

当打开一个游标之后，就可以读取游标中的数据了。可以使用 FETCH 命令读取游标中的某一行数据。

语法如下。

```
FETCH
      [ [ NEXT | PRIOR | FIRST | LAST
          | ABSOLUTE { n | @nvar }
          | RELATIVE { n | @nvar }
        ]
        FROM
      ]
{ { [ GLOBAL ] cursor_name } | @cursor_variable_name }
[ INTO @variable_name [ ,...n ] ]
```

FETCH 命令的参数及说明如表 10-2 所示。

表 10-2   FETCH 命令的参数及说明

参 数	描 述
NEXT	返回紧跟当前行之后的结果行,并且当前行递增为结果行。如果 FETCH NEXT 为对游标的第一次提取操作,则返回结果集中的第一行。NEXT 为默认的游标提取选项
PRIOR	返回紧临当前行前面的结果行,并且当前行递减为结果行。如果 FETCH PRIOR 为对游标的第一次提取操作,则没有行返回并且游标置于第一行之前
FIRST	返回游标中的第一行并将其作为当前行
LAST	返回游标中的最后一行并将其作为当前行
ABSOLUTE {n | @nvar}	如果 n 或@nvar 为正数,返回从游标头开始的第 n 行,并将返回的行变成新的当前行。如果 n 或@nvar 为负数,返回游标尾之前的第 n 行,并将返回的行变成新的当前行。如果 n 或@nvar 为 0,则没有行返回
RELATIVE {n | @nvar}	如果 n 或@nvar 为正数,返回当前行之后的第 n 行,并将返回的行变成新的当前行。如果 n 或@nvar 为负数,返回当前行之前的第 n 行,并将返回的行变成新的当前行。如果 n 或@nvar 为 0,返回当前行。如果对游标的第一次提取操作时将 FETCHRELATIVE 的 n 或@nvar 指定为负数或 0,则没有行返回。n 必须为整型常量且@nvar 必须为 smallint、tinyint 或 int
GLOBAL	指定 cursor_name 为全局游标
cursor_name	要从中进行提取的开放游标的名称。如果同时有以 cursor_name 作为名称的全局和局部游标存在,若指定为 GLOBAL,则 cursor_name 对应于全局游标,未指定 GLOBAL,则对应于局部游标
@cursor_variable_name	游标变量名,引用要进行提取操作的打开的游标
INTO @variable_name[,...n]	允许将提取操作的列数据放到局部变量中。列表中的各个变量从左到右与游标结果集中的相应列相关联。各变量的数据类型必须与相应的结果列的数据类型匹配或是结果列数据类型所支持的隐性转换。变量的数目必须与游标选择列表中的列的数目一致
@@FETCH_STATUS	返回上次执行 FETCH 命令的状态。在每次用 FETCH 从游标中读取数据时,都应检查该变量,以确定上次 FETCH 操作是否成功,决定如何进行下一步处理。@@FETCH_STATUS 变量有 3 个不同的返回值,说明如下:(1)返回值为 0,FETCH 语句成功;(2)返回值为-1,FETCH 语句失败或此行不在结果集中;(3)返回值为-2,被提取的行不存在

     在前两个参数中,包含了 n 和@nvar 其表示游标相对与作为基准的数据行所偏离的位置。

     当使用 SQL-92 语法来声明一个游标时,没有选择 SCROLL 选项,则只能使用 FETCH NEXT 命令来从游标中读取数据,即只能从结果集第一行按顺序每次读取一行。由于不能使用 FIRST、LAST、PRIOR,所以无法回滚读取以前的数据。如果选择了 SCROLL 选项,则可以使用所有的 FETCH 操作。

【例 10-5】 用@@FETCH_STATUS 控制一个 WHILE 循环中的游标活动,SQL 语句及运结果如图 10-1 所示。(实例位置:光盘\MR\源码\第 10 章\10-5。)

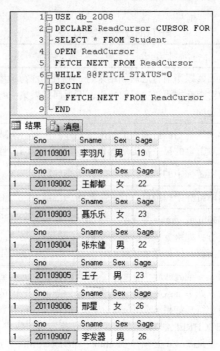

图 10-1　从游标中读取数据

10.2.4　关闭游标

当游标使用完毕之后，使用 CLOSE 语句可以关闭游标，但不释放游标占用的系统资源。语法如下。

```
CLOSE { { [ GLOBAL ] cursor_name } | cursor_variable_name }
```

参数说明如下。

❑　GLOBAL：指定 cursor_name 为全局游标。

❑　cursor_name：开放游标的名称。如果全局游标和局部游标都使用 cursor_name 作为它们的名称，那么当指定 GLOBAL 时，cursor_name 引用全局游标；否则，cursor_name 引用局部游标。

❑　cursor_variable_name：与开放游标关联的游标变量名称。

【例 10-6】　声明一个名为"CloseCursor"的游标，并使用 Close 语句关闭游标，SQL 语句如下。（实例位置：光盘\MR\源码\第 10 章\10-6。）

```
USE db_2008
DECLARE CloseCursor Cursor FOR
SELECT * FROM  Student
FOR READ ONLY
OPEN CloseCursor
CLOSE CloseCursor
```

10.2.5　释放游标

当游标关闭之后，并没有在内存中释放所占用的系统资源，所以可以使用 DEALLOCATE 命令删除游标引用。当释放最后的游标引用时，组成该游标的数据结构由 SQL Server 释放。

语法如下。

```
DEALLOCATE { { [ GLOBAL ] cursor_name } | @cursor_variable_name }
```
参数说明如下。

❑ cursor_name：已声明游标的名称。当全局和局部游标都以 cursor_name 作为它们的名称存在时，如果指定 GLOBAL，则 cursor_name 引用全局游标，如果未指定 GLOBAL，则 cursor_name 引用局部游标。

❑ @cursor_variable_name：cursor 变量的名称。@cursor_variable_name 必须为 cursor 类型。

❑ 当使用 DEALLOCATE @cursor_variable_name 来删除游标时，游标变量并不会被释放，除非超过使用该游标的存储过程和触发器的范围。

【例 10-7】 使用 DEALLOCATE 命令释放名为 "FreeCursor" 的游标，SQL 语句如下。(实例位置：光盘\MR\源码\第 10 章\10-7。)

```
USE db_2008
DECLARE FreeCursor Cursor FOR
SELECT * FROM Student
OPEN FreeCursor
Close FreeCursor
DEALLOCATE FreeCursor
```

10.3　使用系统过程查看游标

创建游标后，通常使用 sp_cursor_list 和 sp_describe_cursor 查看游标的属性。sp_cursor_list 用来报告当前为连接打开的服务器游标的属性，sp_describe_cursor 用于报告服务器游标的属性。本节就详细地介绍这两个系统过程。

10.3.1　sp_cursor_list

sp_cursor_list 报告当前为连接打开的服务器游标的属性。
语法如下。
```
sp_cursor_list [ @cursor_return = ] cursor_variable_name OUTPUT
      , [ @cursor_scope = ] cursor_scope
```
参数说明如下。

❑ [@cursor_return =] cursor_variable_name OUTPUT：已声明的游标变量的名称。cursor_variable_name 的数据类型为 cursor，无默认值。游标是只读的可滚动动态游标。

❑ [@cursor_scope =] cursor_scope：指定要报告的游标级别。cursor_scope 的数据类型为 int，无默认值，可取值如表 10-3 所示。

表 10-3　　　　　　　　　　　　　　　cursor_scope 可取的值

值	说　明
1	报告所有本地游标
2	报告所有全局游标
3	报告本地游标和全局游标

【例 10-8】 声明一个游标，并使用 sp_cursor_list 报告该游标的属性，SQL 语句如下。(实例位置：光盘\MR\源码\第 10 章\10-8。)

```
USE db_2008
GO
DECLARE Cur_Employee CURSOR FOR
SELECT Name
FROM Employee
WHERE Name LIKE '王%'
OPEN Cur_Employee
DECLARE @Report CURSOR
EXEC master.dbo.sp_cursor_list @cursor_return = @Report OUTPUT,
     @cursor_scope = 2
FETCH NEXT from @Report
WHILE (@@FETCH_STATUS <> -1)
BEGIN
   FETCH NEXT from @Report
END
CLOSE @Report
DEALLOCATE @Report
GO
CLOSE Cur_Employee
DEALLOCATE Cur_Employee
GO
```

10.3.2　sp_describe_cursor

sp_describe_cursor 用于报告服务器游标的属性。

语法如下。

```
sp_describe_cursor [ @cursor_return = ] output_cursor_variable OUTPUT
    { [ , [ @cursor_source = ] N'local'
  , [ @cursor_identity = ] N'local_cursor_name' ]
  | [ , [ @cursor_source = ] N'global'
  , [ @cursor_identity = ] N'global_cursor_name' ]
  | [ , [ @cursor_source = ] N'variable'
  , [ @cursor_identity = ] N'input_cursor_variable' ]
  }
```

sp_describe_cursor 语句的参数及说明如表 10-4 所示。

表 10-4　　　　　　　　　　　　　sp_describe_cursor 语句的参数及说明

参　　数	描　　述
[@cursor_return =] output_cursor_variable OUTPUT	用于接收游标输出的声明游标变量的名称。output_cursor_variable 的数据类型为 cursor，无默认值。调用 sp_describe_cursor 时，该参数不得与任何游标关联。返回的游标是可滚动的动态只读游标
[@cursor_source =] { N'local'| N'global' | N'variable' }	指定是使用局部游标的名称、全局游标的名称还是游标变量的名称来指定要报告的游标。该参数的类型为 nvarchar（30）
[@cursor_identity =] N'local_cursor_name']	由具有 LOCAL 关键字或默认设置为 LOCAL 的 DECLARE CURSOR 语句创建的游标名称。local_cursor_name 的数据类型为 nvarchar（128）
[@cursor_identity =] N'global_cursor_name']	由具有 GLOBAL 关键字或默认设置为 GLOBAL 的 DECLARE CURSOR 语句创建的游标名称。global_cursor_name 的数据类型为 nvarchar（128）
[@cursor_identity =] N'input_cursor_variable']	与所打开游标相关联的游标变量的名称。input_cursor_variable 的数据类型为 nvarchar（128）

【例 10-9】 声明一个游标，并使用 sp_describe_cursor 报告该游标的属性，SQL 语句如下。
（实例位置：光盘\MR\源码\第 10 章\10-9。）

```
USE db_2008
GO
DECLARE Cur_Employee CURSOR STATIC FOR
SELECT Name
FROM Employee
OPEN Cur_Employee
DECLARE @Report CURSOR
EXEC master.dbo.sp_describe_cursor @cursor_return = @Report OUTPUT,
        @cursor_source = N'global', @cursor_identity = N'Cur_Employee'
FETCH NEXT from @Report
WHILE (@@FETCH_STATUS <> -1)
BEGIN
    FETCH NEXT from @Report
END
CLOSE @Report
DEALLOCATE @Report
GO
CLOSE Cur_Employee
DEALLOCATE Cur_Employee
GO
```

10.4　综合实例——利用游标在商品表中 返回指定商品行数据

利用 Select 语句虽然可以高效地检索数据,但如果要将数据一条一条地读取出来并进行处理,就不行了。而游标是以记录为处理单位的, 所以可以使用游标来进行这样的工作。本例利用游标在商品表中返回指定商品行数据。

（1）依次单击“开始”→“Microsoft SQL Server 2008”→“新建查询”，出现 Microsoft SQL Server 2008 新建查询编辑器。

（2）在新建查询编辑器中输入如下 SELECT 语句。

```
DECLARE khqc_Cursor CURSOR --声明游标
for select * FROM db_2008.dbo.goods
OPEN khqc_Cursor --打开游标
BEGIN
    --读取记录到游标返回指行数据
    FETCH next FROM khqc_Cursor
END
CLOSE khqc_Cursor    /*关闭游标*/
DEALLOCATE khqc_Cursor  /*释放游标*/
GO
```

（3）单击执行按钮，查询结果如图 10-2 所示。

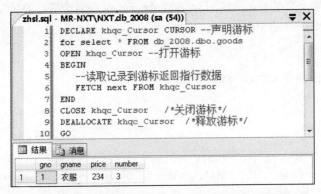

图 10-2 利用游标在商品表中返回指定商品行数据

知识点提炼

（1）游标是取用一组数据并能够一次与一个单独的数据进行交互的方法。它几乎不如想象中的那样经常发生。然而，确实不能通过在整个行集中修改或者甚至选取数据来获得所需要的结果。

（2）游标的实现的步骤：声明游标、打开游标、从一个游标中查找信息、关闭游标、释放游标。

（3）SQL Server 提供了 4 种类型的游标：静态游标、动态游标、只进游标和键集驱动的游标。

（4）声明游标可以使用 DECLARE CURSOR 语句。此语句有两种语法声明格式，分别为 ISO 标准语法和 Transact-SQL 扩展的语法。

（5）创建游标后，通常使用 sp_cursor_list 和 sp_describe_cursor 查看游标的属性。

（6）打开游标的语法：OPEN 游标名称。

习　题

10-1　SQL Server 提供了哪几种类型的游标？

10-2　一个完整的游标应由哪几部分组成？

10-3　声明游标有两种语法声明格式分别是什么？

10-4　使用系统过程如何查看游标？

10-5　如何读取游标中的数据？

实验：关闭释放游标

实验目的

（1）熟悉游标的使用。

（2）掌握如何关闭游标、释放游标、读取游标。

实验内容

根据游标的使用，进行关闭释放游标。

实验步骤

（1）依次单击"开始"→"Microsoft SQL Server 2008"→"新建查询"，出现 Microsoft SQL Server 2008 新建查询编辑器。

（2）在新建查询编辑器中输入下面的语句。

```
USE db_2008
GO
DECLARE mycursor CURSOR FOR --声明游标
SELECT gname as 商品名称,count(*) as 商品记录数,sum(number)as 商品数量 FROM goods WHERE
number >3 Group BY gname
OPEN mycursor  --打开游标
FETCH NEXT FROM mycursor --读取游标中数据
WHILE @@FETCH_STATUS = 0   -- 判断是否还有需要读取的记录
BEGIN
    FETCH NEXT FROM mycursor     --读取记录到游标
END
CLOSE mycursor   /*关闭游标*/
DEALLOCATE mycursor  /*释放游标*/
GO
```

（3）单击执行按钮，首先读取游标中的数据，然后关闭游标，最后释放游标，结果如图 10-3 所示。

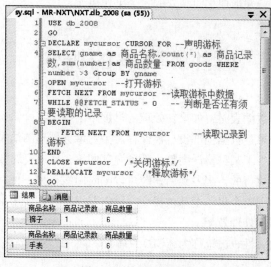

图 10-3　关闭释放游标

本章要点：

- 事务的概念
- 显示事务与隐式事务
- 使用事务
- 锁的实现
- 分布式事务处理
- 自动提交事务
- API 中控制隐式事务

事务是由一系列语句构成的逻辑工作单元。事务和存储过程等批处理有一定程度上的相似之处，通常都是为了完成一定业务逻辑而将一条或者多条语句"封装"起来，使它们与其他语句之间出现一个逻辑上的边界，并形成相对独立的一个工作单元。

11.1 事务的概念

当使用事务修改多个数据表时，如果在处理的过程中出现了某种错误，例如，系统死机或突然断电等情况，则返回结果是数据全部没有被保存。因为事务处理的结果只有两种：一种是在事务处理的过程中，如果发生了某种错误则整个事务全部回滚，使所有对数据的修改全部撤销，事务对数据库的操作是单步执行的，当遇到错误时可以随时回滚；另一种是如果没有发生任何错误且每一步的执行都成功，则整个事务全部被提交。可以看出，有效使用事务不但可以提高数据的安全性，还可以增强数据的处理效率。

事务包含 4 种重要的属性，被统称为 ACID（原子性、一致性、隔离性和持久性）。一个事务必须通过 ACID。

（1）原子性（Atomic）：事务是一个整体的工作单元，事务对数据库所做的操作要么全部执行，要么全部取消。如果某条语句执行失败，则所有语句全部回滚。

（2）一致性（ConDemoltent）：事务在完成时，必须使所有的数据都保持一致状态。在相关数据库中，所有规则都必须应用于事务的修改，以保持所有数据的完整性。如果事务成功，则所有数据将变为一个新的状态；如果事务失败，则所有数据将处于开始之前的状态。

（3）隔离性（Isolated）：由事务所作的修改必须与其他事务所作的修改隔离。事务查看数据时数据所处的状态，要么是另一并发事务修改它之前的状态，要么是另一事务修改它之后的状态，事务不会查看中间状态的数据。

（4）持久性（Durability）：当事务提交后，对数据库所做的修改就会永久保存下来。

11.2 显式事务与隐式事务

事务是单个的工作单元。如果某一事务成功，则在该事务中进行的所有数据修改均会提交，成为数据库中的永久组成部分。如果事务遇到错误且必须取消或回滚，则所有数据修改均被清除。在本节中主要介绍显式事务和隐式事务。

SQL Server 以下列几种事务模式运行。

- 自动提交事务：每条单独的语句都是一个事务。
- 显式事务：每个事务均以 BEGIN TRANSACTION 语句显式开始，以 COMMIT 或 ROLLBACK 语句显式结束。
- 隐式事务：在前一个事务完成时新事务隐式启动，但每个事务仍以 COMMIT 或 ROLLBACK 语句显式完成。
- 批处理级事务：只能应用于多个活动结果集（MARS），在 MARS 会话中启动的 Transact-SQL 显式或隐式事务变为批处理级事务。当批处理完成时没有提交或回滚的批处理级事务自动由 SQL Server 进行回滚。

11.2.1 显式事务

显式事务是用户自定义或用户指定的事务。可以通过 BEGIN TRANSACTION、COMMIT TRANSACTION、COMMIT WORK、ROLLBACK TRANSACTION 或 ROLLBACK WORK 事务处理语句定义显式事务。下面将简单介绍以上几种事务处理语句的语法和参数。

1. BEGiN TRANSACTION 语句

用于启动一个事务，它标志着事务的开始。

语法如下。

```
BEGIN  TRAN [ SACTION ] [ transaction_name | @tran_name_variable[ WITH MARK
[ 'description' ] ] ]
```

参数说明如下。

- transaction_name 表示设定事务的名称，字符个数最多为 32 个字符。
- @tran_name_variable 表示用户定义的、含有有效事务名称的变量名称，必须用 char、varchar、nchar 或 nvarchar 数据类型声明该变量。
- WITH MARK ['description']表示指定在日志中标记事务，description 是描述该标记的字符串。

2. COMMIT TRANSACTION 语句

用于标志一个成功的隐式事务或用户定义事务的结束。

语法如下。

```
COMMIT [ TRAN [ SACTION ] [ transaction_name | @tran_name_variable ] ]
```

参数说明如下。

❑ transaction_name 表示此参数指定由前面的 BEGIN TRANSACTION 指派的事务名称，此处的事务名称仅用来帮助程序员阅读，以及指明 COMMIT TRANSACTION 与哪些嵌套的 BEGIN TRANSACTION 相关联。

❑ @tran_name_variable 表示用户定义的、含有有效事务名称的变量名称，必须用 char、varchar、nchar 或 nvarchar 数据类型声明该变量。

如果@@TRANCOUNT 为 1，COMMIT TRANSACTION 使得自从事务开始以来所执行的所有数据修改成为数据库的永久部分，释放连接占用的资源，并将 @@TRANCOUNT 减少到 0。如果@@TRANCOUNT 大于 1，则 COMMIT TRANSACTION 使@@TRANCOUNT 按 1 递减。

3. COMMIT WORK 语句

用于标志事务的结束。

语法如下。

```
COMMIT [WORK]
```

此语句的功能与 COMMIT TRANSACTION 相同，但 COMMIT TRANSACTION 接受用户定义的事务名称。

4. ROLLBACK TRANSACTION 语句

用于将显式事务或隐式事务回滚到事务的起点或事务内的某个保存点。当执行事务的过程中发生某种错误，可以使用 ROLLBACK TRANSACTION 语句或 ROLLBACK WORK 语句，使数据库撤销在事务中所做的更改，并使数据恢复到事务开始之前的状态。

语法如下。

```
ROLLBACK [ TRAN [ SACTION ] [ transaction_name | @tran_name_variable| savepoint_name
| @savepoint_variable ] ]
```

参数说明如下。

❑ transaction_name 表示 BEGIN TRANSACTION 对事务名称的指派。

❑ @tran_name_variable 表示用户定义的、含有有效事务名称的变量名称，必须用 char、varchar、nchar 或 nvarchar 数据类型声明该变量。

❑ savepoint_name 是来自 SAVE TRANSACTION 语句对保存点的定义，当条件回滚只影响事务的一部分时使用 savepoint_name。

❑ @savepoint_variable 表示用户定义的、含有有效保存点名称的变量名称。

5. ROLLBACK WORK 语句

用于将用户定义的事务回滚到事务的起点。

语法如下。

```
ROLLBACK [WORK]
```

此语句的功能与 ROLLBACK TRANSACTION 相同，除非 ROLLBACK TRANSACTION 接受用户定义的事务名称。

11.2.2 隐式事务

隐式事务需要使用 SET IMPLICIT_TRANSACTIONS ON 语句将隐式事务模式设置为打开。在打开了隐式事务的设置开关时，执行下一条语句时自动启动一个新事务，并且每关闭一个事务时，执行下一条语句又会启动一个新事务，直到关闭了隐式事务的设置开关。

SQL Server 的任何数据修改语句都是隐式事务，例如：ALTER TABLE、CREATE、DELETE、DROP、FETCH、GRANT、INSERT、OPEN、REVOKE、SELECT、TRUNCATE TABLE、UPDATE。这些语句都可以作为一个隐式事务的开始。如果要结束隐式事务，需要使用 COMMIT TRANSACTION 或 ROLLBACK TRANSACTION 语句来结束事务。

11.2.3 API 中控制隐式事务

用来设置隐式事务的 API 机制是 ODBC 和 OLE DB。

1. ODBC

❑ 调用 SQLSetConnectAttr 函数启动隐式事务模式，其中 Attribute 设置为 SQL_ATTR_AUTOCOMMIT，ValuePtr 设置为 SQL_AUTOCOMMIT_OFF。

❑ 在调用 SQLSetConnectAttr 之前，连接将一直保持为隐式事务模式，其中 Attribute 设置为 SQL_ATTR_AUTOCOMMIT，ValuePtr 设置为 SQL_AUTOCOMMIT_ON。

❑ 调用 SQLEndTran 函数提交或回滚每个事务，其中 CompletionType 设置为 SQL_COMMIT 或 SQL_ROLLBACK。

2. OLE DB

OLE DB 没有专门用来设置隐式事务模式的方法。

❑ 调用 ITransactionLocal::StartTransaction 方法启动显式模式。

❑ 当调用 ITransaction::Commit 或 ITransaction::Abort 方法（其中，fRetaining 设置为 TRUE）时，OLE DB 将完成当前的事务并进入隐式事务模式。只要 ITransaction::Commit 或 ITransaction::Abort 中的 fRetaining 设置为 TRUE，那么连接就将保持隐式事务模式。

❑ 调用 ITransaction::Commit 或 ITransaction::Abort（其中 fRetaining 设置为 FALSE）停止隐式事务模式。

11.2.4 事务的 COMMIT 和 ROLLBACK

结束事务包括"成功时提交事务"和"失败时回滚事务"两种情况。在 Transact-SQL 中可以使用 COMMIT 和 ROLLBACK 结束事务。

1. COMMIT

提交事务，用在事务执行成功的情况下。COMMIT 语句保证事务的所有修改都被保存，同时 COMMIT 语句也释放事务中使用的资源，例如，事务使用的锁。

2. ROLLBACK

回滚事务，用于事务在执行失败的情况下，将显式事务或隐式事务回滚到事务的起点或事务内的某个保存点。

11.3　使用事务

在掌握事务的概念与运行模式之后，本节继续介绍如何使用事务。

11.3.1　开始事务

当一个数据库连接启动事务时，在该连接上执行的所有 Transact-SQL 语句都是事务的一部分，直到事务结束。开始事务使用 BEGIN TRANSACTION 语句。下面将以示例的形式演示如何在 SQL 中使用开始事务。

【例 11-1】 用事务修改 "Employee" 表中的数据，首先使用 BEGIN TRANSACTION 语句启动事务 "update_data"，然后修改指定条件的数据，最后使用 COMMIT TRANSACTION 提交事务，SQL 语句及运行结果如图 11-1 所示。（实例位置：光盘\MR\源码\第 11 章\11-1。）

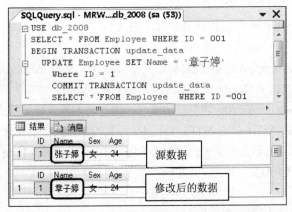

图 11-1　使用事务修改 "操作员信息表" 中的数据

在例 11-1 中，BEGIN TRANSACTION 语句指定一个事务的开始，update_data 语句为事务名称。它可由用户自定义，但必须是有效的标识符。COMMIT TRANSACTION 语句指定事务的结束。

 BEGIN TRANSACTION 与 COMMIT TRANSACTION 之间的语句，可以是任何对数据库进行修改的语句。

11.3.2　结束事务

当一个事务执行完成之后要将其结束以便释放所占用的内存资源，结束事务使用 COMMIT 语句。

【例 11-2】 使用事务在 "Employee" 表中添加一条记录，并使用 COMMIT 语句结束事务，SQL 语句及运行结果如图 11-2 所示。（实例位置：光盘\MR\源码\第 11 章\11-2。）

图 11-2　使用 COMMIT 结束事务

在例 11-2 中，使用了@@ERROR 函数，此函数用于判断最后的 Transact-SQL 语句是否执行成功。此函数有两个返回值：如果此语句执行成功，则@@ERROR 返回 0；如果此语句产生错误，则@@ERROR 返回错误号。每一个 Transact-SQL 语句完成时，@@ERROR 的值都会改变。

11.3.3　回滚事务

使用 ROLLBACK TRANSACTION 语句可以将显式事务或隐式事务回滚到事务的起点或事务内的某个保存点。

语法如下。

```
ROLLBACK { TRAN | TRANSACTION }
    [ transaction_name | @tran_name_variable
    | savepoint_name | @savepoint_variable ]
[ ; ]
```

参数说明如下。

❑ transaction_name 是为 BEGIN TRANSACTION 上的事务分配的名称（即事务名称）。它必须符合标识符规则，但只使用事务名称的前 32 个字符，当嵌套事务时，transaction_name 必须是最外面的 BEGIN TRANSACTION 语句中的名称。

❑ @tran_name_variable 是用户定义的、包含有效事务名称的变量的名称。它必须用 char、varchar、nchar 或 nvarchar 数据类型声明变量。

❑ savepoint_name 是 SAVE TRANSACTION 语句中的 savepoint_name（即保存点的名称）。savepoint_name 必须符合标识符规则，当条件回滚应只影响事务的一部分时，可使用 savepoint_name。

❑ @savepoint_variable 是用户定义的、包含有效保存点名称的变量的名称。它必须用 char、varchar、nchar 或 nvarchar 数据类型声明变量。

在 ROLLBACK TRANSACTION 语句中用到了保存点，通常使用 SAVE TRANSACTION 语句在事务内设置保存点。

语法如下。

```
SAVE { TRAN | TRANSACTION } { savepoint_name | @savepoint_variable }[ ; ]
```

参数说明如下。

❑ savepoint_name 是保存点的名称，它必须符合标识符规则。当条件回滚应只影响事务的一部分时，可使用 savepoint_name。

❑ @savepoint_variable 是用户定义的、包含有效保存点名称的变量的名称。它必须用 char、varchar、nchar 或 nvarchar 数据类型声明变量。

11.3.4　事务的工作机制

下面将通过一个示例讲解事务的工作机制。

【例 11-3】　使用事务修改"Employee"表中的数据，并将指定的员工记录删除，SQL 语句及运行结果如图 11-3 所示。（实例位置：光盘\MR\源码\第 11 章\11-3。）

此例子的功能是修改"Employee"表中的员工信息，并将指定的员工记录删除，其事务的工作机制可以分为以下几点。

（1）当在代码中出现 BEGIN TRANSACTION 语句时，SQL Server 将会显示事务，并会给新事务分配一个事务 ID。

```
USE db_2008
SELECT * FROM Employee
BEGIN TRANSACTION UPDATE_DAT
  UPDATE Employee SET Name = '闻双'
  WHERE ID = 16
  DELETE Employee WHERE ID = 16
COMMIT TRANSACTION UPDATE_DATA
```

| 结果 | 消息 |

(15 行受影响)

(1 行受影响)

(1 行受影响)

图 11-3　修改 Employee 表中的数据

（2）当事务开始后，SQL Server 将会运行事务体语句，并将事务体语句记录到事务日志中。

（3）在内存中执行事务日志中所记录的事务体语句。

（4）当执行到 COMMIT 语句时会结束事务，同时事务日志也会被写到数据库的日志设备上，从而保证日志可以被恢复。

11.3.5　自动提交事务

自动提交事务是 SQL Server 默认的事务处理方式，当任何一条有效的 SQL 语句被执行后，它对数据库所做的修改都将会被自动提交，如果发生错误，则将会自动回滚并返回错误信息。

【例 11-4】　使用 INSERT 语句向数据库中添加 3 条记录，但由于添加了重复的主键，导致最后一条 INSERT 语句在编译时产生错误，从而使这条语句没有被执行，SQL 语句及运行结果如图 11-4 所示。（实例位置：光盘\MR\源码\第 11 章\11-4。）

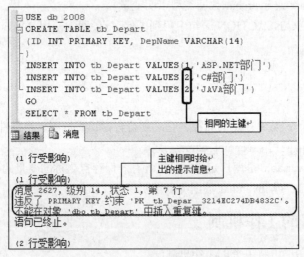

图 11-4　自动提交事务出现错误

在此例中，SQL Server 将前两条记录添加到了指定的数据表中，而将第三条记录回滚，这是因为第三条记录出现编译错误并且不符合条件（主键不允许重复），所以被事务回滚。

11.3.6　事务的并发问题

事务的并发问题主要体现在丢失或覆盖更新、未确认的相关性（脏读）、不一致的分析（不可重复读）和幻象读 4 个方面，这些是影响事务完整性的主要因素。如果没有锁定且多个用户同时访问一个数据库，则当他们的事务同时使用相同的数据时可能会发生以上几种问题。下面将一一说明。

1. 丢失更新

当两个或多个事务选择同一行，然后基于最初选定的值更新该行时，会发生丢失更新问题。每个事务都不知道其他事务的存在。最后的更新将重写由其他事务所做的更新，这样就会导致数据丢失。

例如，最初有一份原始的电子文档，文档人员 A 和 B 同时修改此文档，当修改完成之后保存时，最后修改完成的文档必将替换第一个修改完成的文档，那么就造成了数据丢失更新的后果。如果文档人员 A 修改并保存之后，文档人员 B 再进行修改则可以避免该问题。

2. 未确认的相关性（脏读）

如果一个事务读取了另外一个事务尚未提交的更新，则称为脏读。

例如，文档人员 B 复制了文档人员 A 正在修改的文档，并将文档人员 A 的文档发布，此后，文档人员 A 认为文档中存在着一些问题需要重新修改，此时文档人员 B 所发布的文档就将与重新修改的文档内容不一致。如果文档人员 A 将文档修改完成并确认无误的情况下，文档人员 B 再复制则可以避免该问题。

3. 不一致的分析（不可重复读）

当事务多次访问同一行数据，并且每次读取的数据不同时，将会发生不一致分析问题。不一致的分析与未确认的相关性类似，因为其他事务也正在更改该数据。然而，在不一致的分析中，事务所读取的数据是由进行了更改的事务提交的。而且，不一致的分析涉及多次读取同一行，并且每次信息都由其他事务更改，因而发生了不可重复读的情况。

例如，文档人员 B 两次读取文档人员 A 的文档，但在文档人员 B 读取时，文档人员 A 又重新修改了该文档中的内容，在文档人员 B 第二次读取文档人员 A 的文档时，文档中的内容已被修改，此时则发生了不可重复读的情况。如果文档人员 B 在文档人员 A 全部修改后读取文档，则可以避免该问题。

4. 幻象读

幻象读和不一致的分析有些相似，当一个事务的更新结果影响到另一个事务时，将会发生幻象读问题。事务第一次读的行范围显示出其中一行已不复存在于第二次读或后续读中，因为该行已被其他事务删除。同样，由于其他事务的插入操作，事务的第二次或后续读显示有一行已不存在于原始读中。

例如，文档人员 B 更改了文档人员 A 所提交的文档，但当文档人员 B 将更改后的文档合并到主副本时，却发现文档人员 A 已将新数据添加到该文档中。如果文档人员 B 在修改文档之前，没有任何人将新数据添加到该文档中，则可以避免该问题。

11.3.7　事务的隔离级别

当事务接受不一致的数据级别时被称为事务的隔离级别。如果事务的隔离级别比较低，会增加事务的并发问题，有效地设置事务的隔离级别可以降低并发问题的发生。

设置隔离数据可以使一个进程使用，同时还可以防止其他进程的干扰。设置隔离级别定义了 SQL Server 会话中所有 SELECT 语句的默认锁定行为，当锁定用作并发控制机制时，它可以解决并发问题。这使所有事务得以在彼此完全隔离的环境中运行，但是任何时候都可以有多个正在运行的事务。

在 SQL Server 中，可以使用 SET TRANSACTION ISOLATION LEVEL 语句来设置事务的隔离级别。

SET TRANSACTION ISOLATION LEVEL：控制由连接发出的所有 SELECT 语句的默认事务锁定行为。

语法如下。

```
SET TRANSACTION ISOLATION LEVEL{ READ COMMITTED | READ UNCOMMITTED | REPEATABLE READ
| SERIALIZABLE}
```

参数说明如下。

- ❑ READ COMMITTED 指定在读取数据时控制共享锁以避免脏读，但数据可在事务结束前更改，从而产生不可重复读取或幻象读取数据，该选项是 SQL Server 的默认值。
- ❑ READ UNCOMMITTED 执行脏读或 0 级隔离锁定，这表示不发出共享锁，也不接受排他锁。该选项的作用与在事务内所有语句中的所有表上设置 NOLOCK 相同，这是 4 个隔离级别中限制最小的级别。
- ❑ REPEATABLE READ 锁定查询中使用的所有数据以防止其他用户更新数据，但是其他用户可以将新的幻象行插入数据集，且幻象行包括在当前事务的后续读取中，因为并发低于默认隔离级别，所以应只在必要时才使用该选项。
- ❑ SERIALIZABLE 表示在数据集上放置一个范围锁，以防止其他用户在事务完成之前更新数据集或将行插入数据集内。

SQL Server 提供了 4 种事务的隔离级别，如表 11-1 所示。

表 11-1 事务的隔离级别

隔离级别	脏　　读	不可重复读	幻　象　读
Read Uncommitted（未提交读）	是	是	是
Read Committed（提交读）	否	是	是
Repeatable Read（可重复读）	否	否	是
Serializable（可串行读）	否	否	否

SQL Server 的默认隔离级别为 Read Committed，可以使用锁来实现隔离性级别。

1. Read Uncommitted（未提交读）

此隔离级别为隔离级别中最低的级别，如果将 SQL Server 的隔离级别设置为 Read Uncommitted，则可以对数据执行未提交读或脏读，并且等同于将锁设置为 NOLOCK。

【例 11-5】 设置未提交读隔离级别，SQL 语句如下。（实例位置：光盘\MR\源码\第 11 章\11-5。）

```
BEGIN TRANSACTION
UPDATE Employee SET Name = '章子婷'
SET TRANSACTION ISOLATION LEVEL READ UNCOMMITTED    --设置未提交读隔离级别
COMMIT TRANSACTION
SELECT * FROM Employee
```

2. Read Committed（提交读）

此项隔离级别为 SQL 中默认的隔离级别，将事务设置为此级别，可以在读取数据时控制共享锁以避免脏读，从而产生不可重复读取或幻象读取数据。

【例 11-6】 设置提交读隔离级别，SQL 语句如下。（实例位置：光盘\MR\源码\第 11 章\11-6。）

```
SET TRANSACTION ISOLATION LEVEL Read Committed
BEGIN TRANSACTION
SELECT * FROM Employee
ROLLBACK TRANSACTION
SET TRANSACTION ISOLATION LEVEL Read Committed    --设置提交读隔离级别
UPDATE Employee SET Name = '章子婷'
```

3. Repeatable Read（可重复读）

此项隔离级别增加了事务的隔离级别，将事务设置为此级别可以防止脏读、不可重复读和幻象读。

【例 11-7】 设置可重复读隔离级别，SQL 语句如下。（实例位置：光盘\MR\源码\第 11 章\11-7。）

```
SET TRANSACTION ISOLATION LEVEL Repeatable Read
BEGIN TRANSACTION
SELECT * FROM Employee
ROLLBACK TRANSACTION
SET TRANSACTION  ISOLATION LEVEL Repeatable Read    --设置可重复读隔离级别
INSERT INTO Employee values ('16','星星','男','25')
```

4. Serializable（可串行读）

此项隔离级别是所有隔离级别中限制最大的级别，它防止了所有的事务并发问题，此级别可以适用于绝对的事务完整性的要求。

【例 11-8】 设置可串行读隔离级别，SQL 语句如下。（实例位置：光盘\MR\源码\第 11 章\11-8。）

```
SET TRANSACTION ISOLATION LEVEL Serializable
BEGIN TRANSACTION
SELECT * FROM Employee
ROLLBACK TRANSACTION
SET TRANSACTION ISOLATION LEVEL Serializable    --设置可串行读
DELETE FROM  Employee  WHERE ID = '1'
```

11.4　锁

锁是一种机制，用于防止一个过程在对象上进行操作时，同某些已经在该对象上完成的事情发生冲突。锁可以防止事务的并发问题，如丢失更新、脏读（dirty read）、不可重复读（NO-Repeatable Read）和幻影（phantom）等问题。本节主要介绍锁的机制、模式等。

11.4.1　SQL Server 锁机制

锁在数据库中是非常重要的，锁可以防止事务的并发问题，在多个事务访问下能够保证数据库完整性和一致性。例如，当多个用户同时修改或查询同一个数据库中的数据时，可能会导致数据不一致的情况，为了控制此类问题的发生，SQL Server 引入了锁机制。

在各类数据库中所使用的锁机制基本是一致的，但也有区别。当使用数据库时，SQL Server 采用系统来管理锁，例如，当用户向 SQL Server 发送某些命令时，SQL Server 将通过满足锁的条件为数据库加上适当的锁，这也就是动态加锁。

在用户对数据库没有特定要求的情况下，通过系统自动管理锁即可满足基本的使用要求，相反，如果用户在数据库的完整性和一致性方面有特殊的要求，则需要使用锁来实现用户的要求。

11.4.2 锁模式

锁具有模式属性，它用于确定锁定的用途，如表 11-2 所示。

表 11-2　　　　　　　　　　　　　　　　　　　锁模式

锁　模　式	描　　述
共享（S）	用于不更改或不更新数据的操作（只读操作），如 SELECT 语句
更新（U）	用于可更新的资源中。防止当多个会话在读取、锁定以及随后可能进行的资源更新时发生常见形式的死锁
排他（X）	用于数据修改操作，例如 INSERT、UPDATE 或 DELETE。确保不会同时出现同一资源进行多重更新
意向	用于建立锁的层次结构。意向锁的类型为：意向共享（IS）、意向排他（IX）以及与意向排他共享（SIX）
架构	在执行依赖于表架构的操作时使用。架构锁的类型为：架构修改（Sch-M）和架构稳定性（Sch-S）
大容量更新（BU）	向表中大容量复制数据并指定了 TABLOCK 提示时使用

1. 共享锁

共享锁用于保护读取的操作，它允许多个并发事务读取其锁定的资源。在默认情况下，数据被读取后，SQL Server 立即释放共享锁并可以对释放的数据进行修改。例如，执行查询"SELECT * FROM table1"时，首先锁定第一页，直到在读取后的第一页被释放锁时才锁定下一页。但是，事务隔离级别连接的选项设置和 SELECT 语句中的锁定设置都可以改变 SQL Server 的这种默认设置。例如，"SELECT * FROM table1 HOLDLOCK"在表的查询过程中一直保存锁定，直到查询完成才释放锁定。

2. 更新锁

更新锁在修改操作的初始化阶段用来锁定要被修改的资源。它避免使用共享锁造成的死机现象，因为使用共享锁修改数据时，如果同时有两个或多个事务同时对一个事务申请了共享锁，而这些事务都将共享锁升级为排他锁，这时，这些事务都不会释放共享锁而是一直等待对方释放，这样很容易造成死锁。如果一个数据在修改前直接申请更新锁并在修改数据时升级为排他锁，就可以避免死机现象。

3. 排他锁

排他锁是为修改数据而保留的，它锁定的资源既不能读取也不能修改。

4. 意向锁

意向锁表示 SQL Server 在资源的底层获得共享锁或排他锁的意向。例如，表级的共享意向锁表示事务意图将排他锁释放到表的页或行中。意向锁又可以分为共享意向锁、独占意向锁和共享式独占意向锁。共享意向锁表明事务意图锁定底层资源上放置共享锁来读取数据；独占意向锁表明事务意图锁定底层资源上放置排他锁来修改数据。共享式排他锁表明事务允许其他事务使用共享锁来读取顶层资源，并意图在该资源底层上放置排他锁。

5. 架构锁

架构锁用于执行依赖于表架构的操作。构架锁又分为架构修改（sch-m）锁和架构稳定性（sch-s）锁。架构修改（sch-m）锁表示执行表的数据定义语言（ddl）操作；架构稳定性（sch-s）

锁表示不阻塞任何事务锁并包括排他锁。在编译查询时，其他事务（包括在表上有排他锁的事务）都能继续运行，但不能在表上执行 ddl 操作。

6. 大容量更新锁

向表中大容量复制数据并且指定 tablock 提示，或者在 sp_tableoption 设置 table lock on bulk 表选项时而使用大容量更新锁。大容量更新锁允许进程将数据并发地大容量复制到同一表中，同时防止其他不进行大容量复制数据的进程访问该表。

11.4.3　锁的粒度

为了优化数据的并发性，可以使用 SQL Server 中锁的粒度，它可以锁定不同类型的资源。为了使锁定的成本减至最少，SQL Server 自动将资源锁定在适合任务的级别。如果锁的粒度大，则并发性高且开销大，如果锁的粒度小，则并发性低且开销小。

SQL Server 支持的锁粒度如表 11-3 所示。

表 11-3　　　　　　　　　　　　　　　　锁的粒度

锁　大　小	描　　　述
行锁（RID）	行标识符。用于单独锁定表中的一行，这是最小的锁
键锁	锁定索引中的节点。用于保护可串行事务中的键范围
页锁	锁定 8KB 的数据页或索引页
扩展盘区锁	锁定相邻的 8 个数据页或索引页
表锁	锁定整个表
数据库锁	锁定整个数据库

1. 行锁（RID）

行锁为锁的粒度当中最小的资源。行锁就是指事务在操作数据的过程中，锁定一行或多行的数据，其他事务不能同时处理这些行的数据。行级锁占用的数据资源最小，所以在事务的处理过程中，允许其他事务操作同一个表中的其他数据。

2. 页锁

页锁是指事务在操作数据的过程中，一次锁定一页。在 SQL Server 中 25 个行锁可以升级为一个页锁，当此页被锁定后，其他事务就不能够操作此页数据，即使只锁定一条数据，那么其他事务也不能够对此页数据进行操作。从而可以看出页锁与其行锁相比，页锁占用的数据资源比较多。

3. 表锁

表锁是指事务在操作数据的过程中，锁定了整个数据表。当整个数据表被锁定后，其他事务不能够使用此表中的其他数据。表锁的特点是使用事务处理的数据量大，并且使用较少的系统资源。但是当使用表锁时，如果所占用的数据量大，那么将会延迟其他事务的等待时间，从而降低了系统的并发性能。

4. 数据库锁

数据库锁可锁定整个数据库，可防止任何事务或用户对此数据库进行访问。数据库锁是一种比较特殊的锁，它可以控制整个数据库的操作。

数据库锁可用于在进行数据恢复操作，当进行此操作时，可以防止其他用户对此数据库进行各种操作。

11.4.4　查看锁

在 SQL Server 2008 中，查看锁的相关信息，通常使用 sys.dm_tran_locks 动态管理视图。下面来看一个示例。

【例 11-9】　使用 sys.dm_tran_locks 动态管理视图查看活动锁的信息，SQL 语句及运行结果如图 11-5 所示。（实例位置：光盘\MR\源码\第 11 章\11-9。）

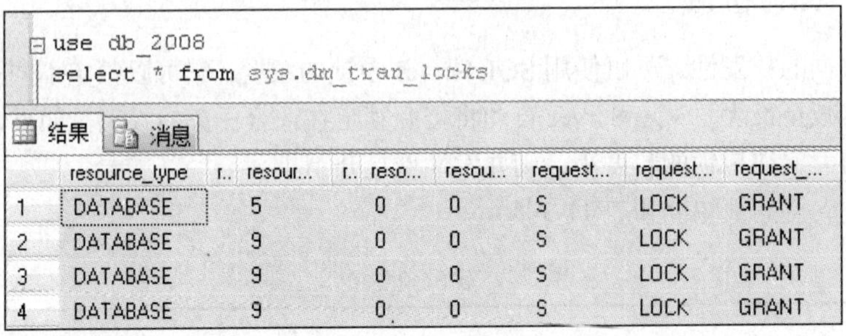

图 11-5　显示锁信息

另外，在早期的版本中，通常使用 sp_lock 储存过程来查看，在 SQL Server 2008 数据库中，该存储过程同样适用。

语法如下。

```
sp_lock [[@spid1 =] 'spid1'] [,[@spid2 =] 'spid2']
```

参数说明如下。

- [@spid1 =] 'spid1'表示来自 master.dbo.sysprocesses 的 SQL Server 进程 ID 号，spid1 的数据类型为 int，默认值为 NULL，执行 sp_who 可获取有关该锁的进程信息，如果没有指定 spid1，则显示所有锁的信息。

- [@spid2 =] 'spid2'用于检查锁信息的另一个 SQL Server 进程 ID 号，spid2 的数据类型为 int，默认设置为 NULL，spid2 为可以与 spid1 同时拥有锁的另一个 spid，用户可以获取有关的信息。

11.4.5　死锁

当两个或多个线程之间有循环相关性时，将会产生死锁。死锁是一种可能发生在任何多线程系统中的状态，而不仅仅发生在关系数据库管理系统中。多线程系统中的一个线程可能获取一个或多个资源（如锁）。如果正获取的资源当前为另一线程所拥有，则第一个线程可能必须等待拥有线程释放目标资源，这时就说等待线程在哪个特定资源上与拥有线程有相关性。

在数据库系统中，如果多个进程分别锁定了一个资源，并又要访问已经被锁定的资源，则此时就会产生死锁，同时也会导致多个进程都处于等待的状态。在事务提交或回滚之前两个线程都不能释放资源，而且它们因为正等待对方拥有的资源而不能提交或回滚事务。

例如，事务 A 的线程 T1 具有 Supplier 表上的排他锁。事务 B 的线程 T2 具有 Part 表上的排他锁，并且之后需要 Supplier 表上的锁。事务 B 无法获得这一锁，因为事务 A 已拥有它。事务 B 被阻塞，等待事务 A。然而，事务 A 需要 Part 表的锁，但又无法获得锁，因为事务 B 将它锁定了。

程序示意图如图 11-6 所示。

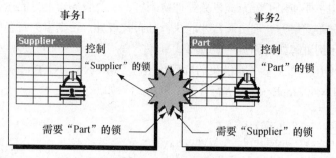

图 11-6　死锁示意图

在上图中，对于 Part 表锁资源，线程 T1 在线程 T2 上具有相关性。同样，对于 Supplier 表锁资源，线程 T2 在线程 T1 上具有相关性。因为这些相关性形成了一个循环，所以在线程 T1 和线程 T2 之间存在死锁。

　　　　事务在提交或回滚之前不能释放持有的锁。因为事务需要对方控制的锁才能继续操作，所以它们不能提交或回滚。BEGIN TRANSACTION 与 COMMIT TRANSACTION 之间的语句，可以是任何对数据库进行修改的语句。

可以使用 LOCK_timeout 来设置程序请求锁定的最长等待时间，如果一个锁定请求等待超过了最长等待时间，那么该语句将被自动取消。LOCK_timeout 语句主要用于自定义锁超时。
语法如下。

```
SET Lock_timeout[ timeout_period ]
```

　　　　参数 timeout_period 以毫秒为单位，值为–1（默认值）时表示没有超时期限（即无限期等待）。当锁等待超过超时值时，将返回错误。值为 0 时表示根本不等待，并且一遇到锁就返回信息。

【例 11-10】　将锁超时期限设置为 5000 毫秒，SQL 语句如下。

```
SET Lock_timeout 5000
```

11.5　分布式事务处理

在前面的学习中我们已经了解，事务是单个的工作单元，而分布式事务则是跨越两个或多个数据库的。本节主要介绍分布式事务，如何创建分布式事务与分布式处理协调器。

11.5.1　分布式事务简介

在事务处理中，涉及一个以上数据库的事务被称为分布式事务。分布式事务跨越两个或多个称为资源管理器的服务器。如果分布式事务由 Microsoft 分布式事务处理协调器（MS DTC）这类事务管理器或其他支持 X/Open XA 分布式事务处理规范的事务管理器进行协调，则 SQL Server 可以作为资源管理器运行。

11.5.2　创建分布式事务

保证数据的完整性十分重要，要保证数据的完整性，就要在事务处理中保证事务的原子性。

在分布式事务处理中主要使用了分布式事务处理协调器，一台服务器上只能运行一个处理协调器实例，必须启动了分布式事务处理协调器才能执行分布式事务，否则事务就会失败。

下面通过一个示例讲解如何创建一个分布式事务。

【例 11-11】 利用分布式事务对链接的远程数据源"MR-NXT\NXT"的"db_2008"数据库中的 Employee 表和本地 Employee 表进行修改，SQL 语句如下。

```
Set Xact_Abort on
Begin DISTRIBUTED TRANSACTION
Update Employee set Name = '星星' where ID = 1
Update [MR-NXT\NXT].[ db_2008].[dbo].[ Employee] set Name = '章子婷' where ID = 1
COMMIT TRANSACTION
```

在上段代码中使用了 Xact_Abort 语句，此语句可实现当出现错误时回滚当前 Transact-SQL 命令，在 Xact_Abort 语句执行之后，任何运行时语句错误都将导致当前事务自动回滚。编译错误（如语法错误）不受 Xact_Abort 语句的影响。

说明　分布式事务处理要保证事务的原子性，即在事务执行过程中发生错误时，已更新操作必须可以回滚，否则事务数据库就会处于不一致状态。

11.5.3　分布式处理协调器

分布式事务处理协调器（DTC）系统服务负责协调跨计算机系统和资源管理器分布的事务，如数据库、消息队列、文件系统和其他事务保护资源管理器。如果事务性组件是通过 COM+配置的，就需要 DTC 系统服务。消息队列（也称作 MSMQ）中的事务性队列和 SQL Server 跨多系统运行也需要 DTC 系统服务。

11.6　综合实例——使用事务对表进行添加和查询操作

本实例主要演示如何使用事务对表进行添加和查询操作，步骤如下。

使用事务在"student"表中添加一条记录，并使用 COMMIT 语句结束事务，SQL 语句及运行结果如图 11-7 所示。

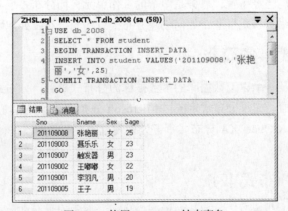

图 11-7　使用 COMMIT 结束事务

知识点提炼

（1）事务是由一系列语句构成的逻辑工作单元。事务和存储过程等批处理有一定程度上的相似之处，通常都是为了完成一定业务逻辑而将一条或者多条语句"封装"起来，使它们与其他语句之间出现一个逻辑上的边界，并形成相对独立的一个工作单元。

（2）事务包含 4 种重要的属性，被统称为 ACID（原子性、一致性、隔离性和持久性）。

（3）结束事务包括"成功时提交事务"和"失败时回滚事务"。

（4）事务的并发问题主要体现在丢失或覆盖更新、未确认的相关性（脏读）、不一致的分析（不可重复读）和幻象读 4 个方面。

（5）锁是一种机制，用于防止一个过程在对象上进行操作时，同某些已经在该对象上完成的事情发生冲突。

（6）显式事务是用户自定义或用户指定的事务。

（7）用来设置隐式事务的 API 机制是 ODBC 和 OLE DB。

习　　题

11-1　事务中包含的 4 种重要的属性分别是什么？

11-2　用来设置隐式事务的 API 机制是什么？

11-3　什么是锁？

11-4　如何开启事务、结束事务？

实验：使用事务完成对表的修改和删除操作

实验目的

（1）熟悉事务的开启和结束。

（2）掌握如何用事务对表进行修改和删除。

实验内容

使用事务完成对表的修改和删除操作。

实验步骤

（1）使用事务修改"student"表中的数据，首先使用 BEGIN TRANSACTION 语句启动事务"update_data"，然后修改指定条件的数据，最后使用 COMMIT TRANSACTION 提交事务，SQL 语句及运行结果如图 11-8 所示。

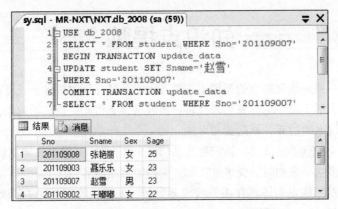

图 11-8　使用事务修改"student"表中的数据

（2）使用事务将指定的员工记录删除，SQL 语句及运行结果如图 11-9 所示。

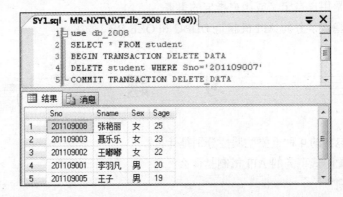

图 11-9　删除"student"表中的数据

第12章
SQL Server 2008 的维护

本章要点：

- 数据库的分离和附加
- 导入导出数据
- 备份和恢复数据库
- 收缩数据库和文件
- 生成与执行 SQL 脚本

本章介绍 SQL Server 2008 中对数据库及数据表的维护管理。掌握分离和附加数据库、导入和导出数据表、备份和恢复数据库等操作，能够执行将数据库或数据表生成脚本的操作，了解数据库维护计划。

12.1　分离和附加数据库

使用分离和附加数据库的方法，可以实现对数据库的复制。对于 SQL Server 数据库来说，分离和附加的数据库，在执行速度和实现数据库的复制功能上更加方便、快捷。除了系统数据库以外，其余的数据库都可以从服务器的管理中分离出来，分离后的数据库又可以根据需要重新将其附加到数据库中。本节主要介绍如何分离与附加数据库。

12.1.1　分离数据库

分离数据库不是删除数据库，它只是将数据库从服务器中分离出去。下面介绍如何分离数据库 "MRKJ"，具体操作步骤如下。

（1）启动 SQL Server Management Studio，并连接到 SQL Server 2008 中的数据库，在 "对象资源管理器" 中展开 "数据库" 节点。

（2）鼠标右键单击要分离的数据库 "MRKJ"，在弹出的快捷菜单中选择 "任务" / "分离" 命令，弹出 "分离数据库" 窗体，如图 12-1 所示。

（3）在 "分离数据库" 窗体中，"删除连接" 表示是否断开与指定数据库的连接；"更新统计信息" 表示在分离数据库之前是否更新过时的优化统计信息。这里选择 "删除连接" 和 "更新统计信息" 选项。

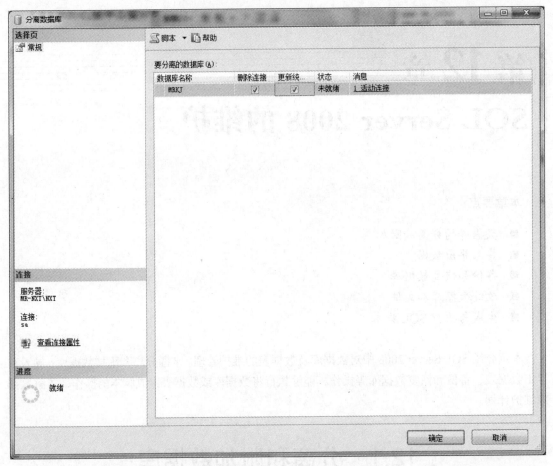

图 12-1　分离数据库

（4）单击"确定"按钮，完成数据库的分离操作。

12.1.2　附加数据库

与分离对应的就是附加操作，它可以将分离的数据库重新附加到数据库中，也可以附加其他服务器组中分离的数据库。但在附加数据库时，必须指定主数据文件（MDF 文件）的名称和物理位置。

下面附加数据库"MRKJ"，具体操作步骤如下。

（1）启动 SQL Server Management Studio，并连接到 SQL Server 2008 中的数据库。

（2）鼠标右键单击数据库，在弹出的快捷菜单中选择"附加"命令，弹出"附加数据库"窗体，在"附加数据库"窗体中单击"添加"按钮，弹出"定位数据库文件"窗体，在该窗体中可以选择要附加数据库的位置，如图 12-2 所示。

（3）单击"确定"按钮，返回到"附加数据库"窗体，如图 12-3 所示。

（4）单击"确定"按钮，完成数据库的附加操作。

图 12-2　定位数据库文件窗体

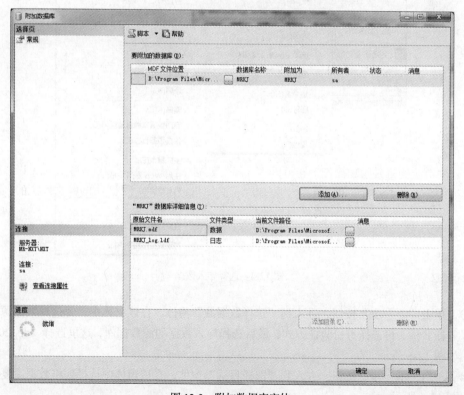

图 12-3　附加数据库窗体

12.2　导入导出数据

SQL Server 2008 提供了强大的数据导入导出功能，它可以在多种常用数据格式（数据库、电子表格和文本文件）之间导入和导出数据，为不同数据源间的数据转换提供了方便。本节主要介绍如何导入导出数据表。

12.2.1　导入 SQL Server 数据表

导入数据是从 Microsoft SQL Server 的外部数据源中检索数据，然后将数据插入到 SQL Server 表的过程。下面主要介绍通过导入导出将 SQL Server 数据库 "db_2008" 中的部分数据表导入到 SQL Server 数据库 "MRKJ" 中。具体操作步骤如下。

（1）启动 SQL Server Managcment Studio，并连接到 SQL Server 2008 中的数据库。在 "对象资源管理器" 中展开 "数据库" 节点。

（2）鼠标右键单击数据库 "MRKJ"，在弹出的快捷菜单中选择 "任务" / "导入数据" 命令，如图 12-4 所示，此时将弹出 "SQL Server 导入和导出向导" 窗体。

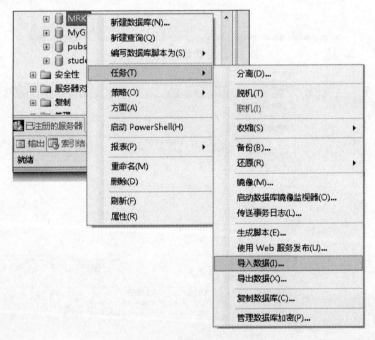

图 12-4　选择导入数据

（3）单击 "下一步" 按钮，进入到 "选择数据源" 窗体，在该窗体中首先选择数据源，然后选择服务器名称，再选择身份验证方式，最后选择导入数据的源数据库，这里选择 "db_2008" 数据库。如图 12-5 所示。

（4）单击 "下一步" 按钮，进入到 "选择目标" 窗体，在该窗体中选择要将数据库复制到何处，如图 12-6 所示。

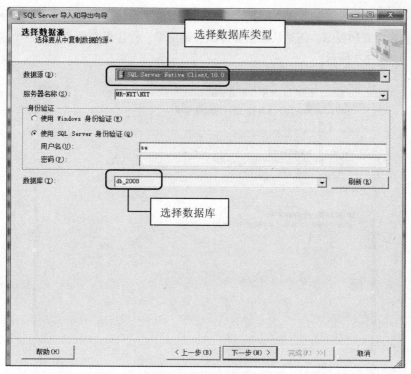

图 12-5　选择数据源

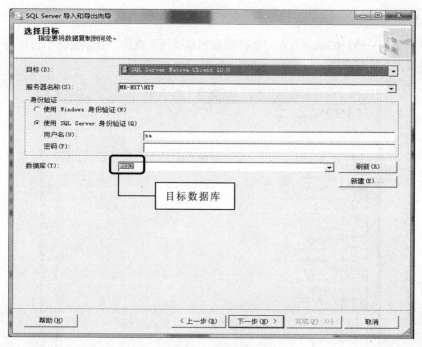

图 12-6　选择目标

在选择要将数据库复制到何处时，首先需要输入服务器名称，然后选择身份验证方式，并输入用户名和密码，最后选择数据库。

（5）单击"下一步"按钮，进入"指定表复制或查询"窗体。在该窗体中选择是从指定数据源复制一个或多个表和视图，还是从数据源复制查询结果，在这里选择"复制一个或多个表或视图的数据"，如图 12-7 所示。

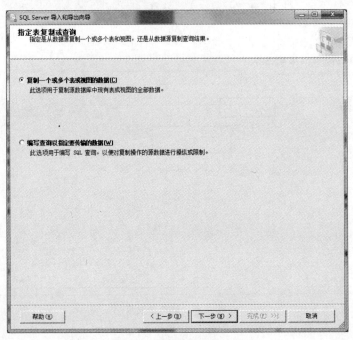

图 12-7　指定表复制或查询

（6）单击"下一步"按钮，进入"选择源表和源视图"窗体，在该窗体中选择一个或多个要复制的表或视图，这里选择"Employee 表"，如图 12-8 所示。

图 12-8　选择源表和源视图

（7）单击"下一步"按钮，进入"保存并运行包"窗体，该窗体用于提示是否选择 SSIS 包，如图 12-9 所示。

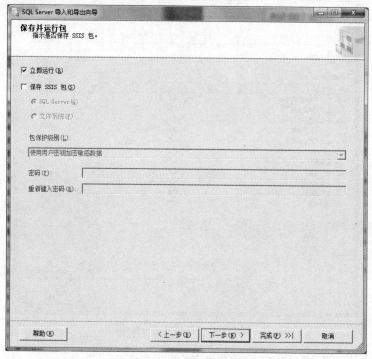

图 12-9　"保存并运行包"窗体

（8）单击"下一步"按钮，进入"完成该向导"窗体，如图 12-10 所示。

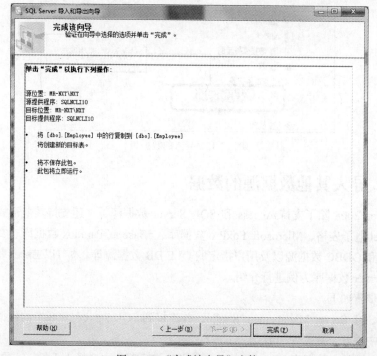

图 12-10　"完成该向导"窗体

（9）单击"完成"按钮开始执行复制操作，进入"执行成功"窗体，如图 12-11 所示。

图 12-11 "执行成功"窗体

（10）最后单击"关闭"按钮，完成数据表的导入操作。

（11）展开数据库"MRKJ"，单击"表"选项，即可从数据库中查看从数据库"db_2008"中导入的数据表，如图 12-12 所示。

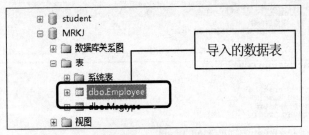

图 12-12 导入的数据表

12.2.2 导入其他数据源的数据

SQL Server 2008 除了支持 Access 和 SQL Server 数据源外，还支持其他形式的数据源，如 Microsoft Excel 电子表格、Microsoft FoxPro 数据库、dBase 或 Paradox 数据库、文本文件、大多数的 OLE DB 和 ODBC 数据源以及用户指定的 OLE DB 数据源等。本节以 Excel 表格中的数据内容导入 SQL Server 数据库为例进行介绍。

具体操作步骤如下。

（1）启动 SQL Server Management Studio，并连接到 SQL Server 2008 中的数据库。在"对象资源管理器"中展开"数据库"节点。

（2）鼠标右键单击数据库"db_2008"，在弹出的快捷菜单中选择"任务" / "导入数据"命令，如图 12-13 所示。此时将弹出"选择数据源"窗体，如图 12-14 所示。

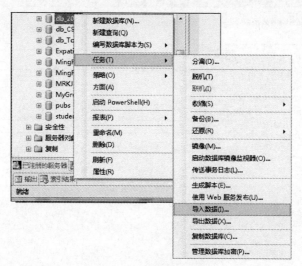

图 12-13　选择导入数据

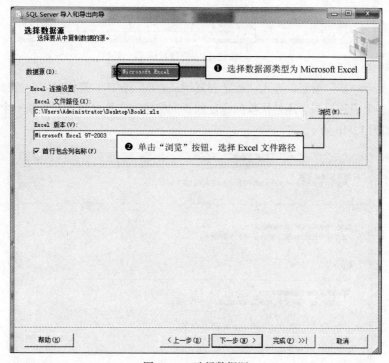

图 12-14　选择数据源

（3）在"选择数据源"窗体中，首先，选择数据源类型，类型为 Microsoft Excel，然后，选择 Excel 文件的路径。最后，单击"下一步"按钮，进入到"选择目标"窗体中，在该窗体中选择要将数据库复制到何处，如图 12-15 所示。

　　　　　　　在选择要将数据库复制到何处时，首先需要输入服务器名称，然后选择身份验证方式，并输入用户名和密码，最后选择数据库。

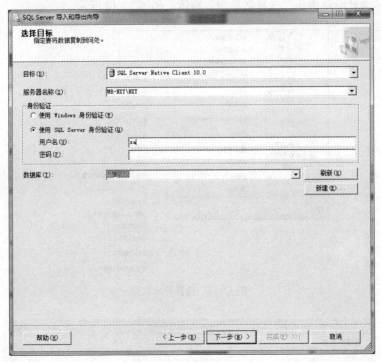

图 12-15　选择目标

（4）单击"下一步"按钮，进入"指定表复制或查询"窗体。在该窗体中选择是从指定数据源复制一个或多个表和视图，还是从数据源复制查询结果，在这里选择"复制一个或多个表或视图的数据"，如图 12-16 所示。

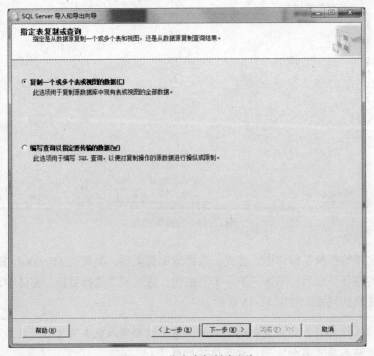

图 12-16　指定表复制或查询

（5）单击"下一步"按钮，进入"选择源表和源视图"窗体，在该窗体中选择一个或多个要复制的表或视图，如图 12-17 所示。

图 12-17　选择源表和源视图

（6）单击"下一步"按钮，进入"保存并运行包"窗体，该窗体用于提示是否选择 SSIS 包，如图 12-18 所示。

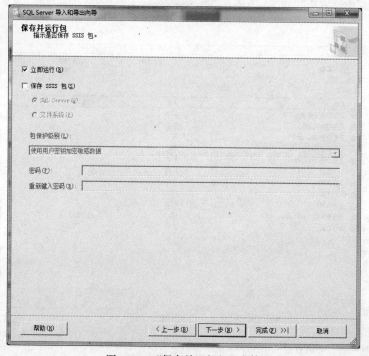

图 12-18　"保存并运行包"窗体

（7）单击"下一步"按钮，进入"完成该向导"窗体，如图 12-19 所示。

图 12-19 "完成该向导"窗体

（8）单击"完成"按钮开始执行复制操作，进入"执行成功"窗体，如图 12-20 所示。

图 12-20 "执行成功"窗体

（9）最后单击"关闭"按钮，完成数据表的导入操作。

（10）展开数据库"db_2008"，打开"sheet1 表"，可以看到在 Excel 表格转换的数据信息已经成功地导入到 SQL Server 数据库中了，如图 12-21 所示。Excel 表格中的内容如图 12-22 所示。

图 12-21　导入的"sheet1 表"中的数据

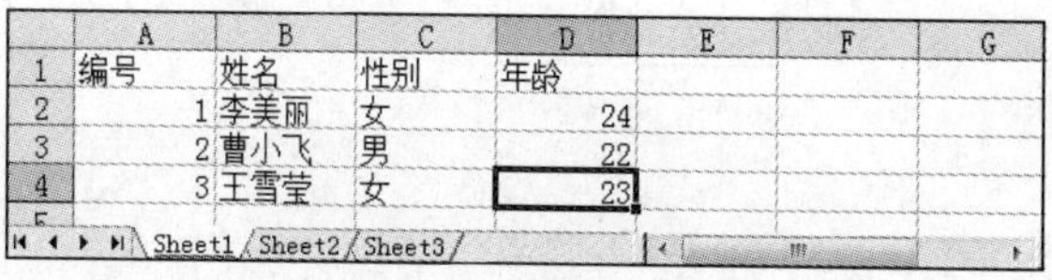

图 12-22　Excel 表格中的内容

12.3.3　导出 SQL Server 数据表

导出数据是将 SQL Server 实例中的数据设为某些用户指定格式的过程，如将 SQL Server 表的内容复制到 Excel 表格中。

下面主要介绍通过导入导出向导将 SQL Server 数据库"db_2008"中的部分数据表导出到 Excel 表格中。具体操作步骤如下。

（1）启动 SQL Server Management Studio，并连接到 SQL Server 2008 中的数据库。在"对象资源管理器"中展开"数据库"节点。

（2）鼠标右键单击数据库"db_2008"，在弹出的快捷菜单中选择"任务"/"导出数据"命令，如图 12-23 所示。此时将弹出"选择数据源"窗体，在该窗体中选择要从中复制数据的源，如图 12-24 所示。

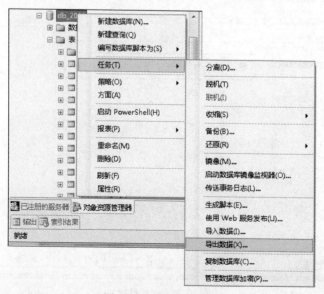

图 12-23　选择导出数据

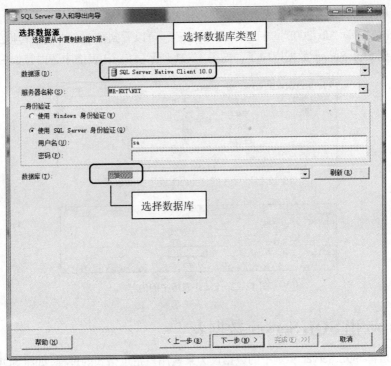

图 12-24　选择数据源

（3）单击"下一步"按钮，进入到"选择目标"窗体，在该窗体中选择要将数据库复制到何处，在该窗体中分别选择数据源类型和 Excel 文件的位置，如图 12-25 所示。

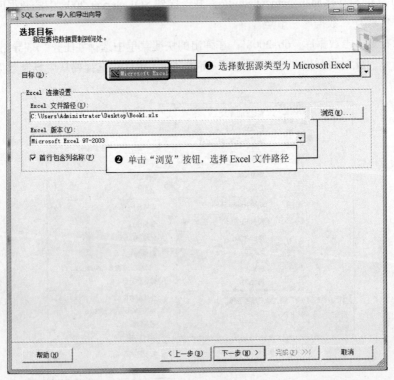

图 12-25　选择目标

（4）单击"下一步"按钮，进入"指定表复制或查询"窗体。在该窗体中选择是从指定数据源复制一个或多个表和视图，还是从数据源复制查询结果，在这里选择"复制一个或多个表或视图的数据"，如图 12-26 所示。

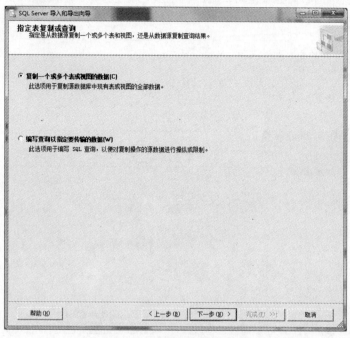

图 12-26　指定表复制或查询

（5）单击"下一步"按钮，进入"选择源表和源视图"窗体，在该窗体中选择一个或多个要复制的表或视图，这里选择"Employee"表和"Student"表，如图 12-27 所示。

图 12-27　选择源表和源视图

（6）单击"下一步"按钮，进入"保存并运行包"窗体，该窗体用于提示是否选择 SSIS 包，如图 12-28 所示。

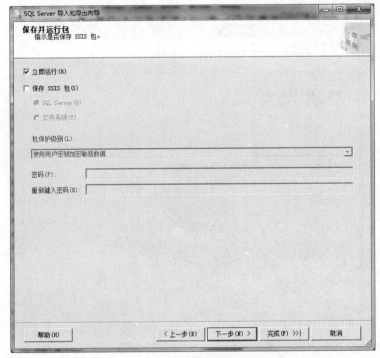

图 12-28 "保存并运行包"窗体

（7）单击"下一步"按钮，进入"完成该向导"窗体，如图 12-29 所示。

图 12-29 "完成该向导"窗体

（8）单击"完成"按钮开始执行复制操作，进入"执行成功"窗体，如图 12-30 所示。

图 12-30 "执行成功"窗体

（9）最后单击"关闭"按钮，完成数据表的导入操作。

（10）打开 book1.Excel，即可查看从数据库"db_2008"中导出的数据表中的内容，如图 12-31 所示。图 12-32 所示为 student 表中的内容。

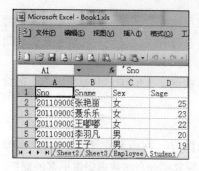

图 12-31 Excel 文件中的内容

图 12-32 student 表中的内容

12.3 备份和恢复数据库

备份和恢复数据库对于数据库管理员来说是保证数据库安全性的一项重要工作。Microsoft SQL Server 2008 提供了高性能的备份和恢复功能，它可以实现多种方式的数据库备份和恢复操作，避免了由于各种故障造成的损坏而丢失数据。本节主要介绍如何实现数据库的备份与恢复操作。

12.3.1　备份类型

用于还原和恢复数据的数据副本被称为"备份"。使用备份可以在发生故障后还原数据。例如：媒体故障、用户错误（例如，误删除了某个表）、硬件故障（例如，磁盘驱动器损坏或服务器报废）和自然灾难等。

创建 SQL Server 备份的目的是为了还原已损坏的数据。SQL Server 支持完整备份和差异备份。数据库备份对于进行日常管理非常有用，如将数据库从一台服务器复制到另一台服务器，设置数据库镜像以及进行存档。在数据库大小允许时都建议使用这种方式。SQL Server 支持以下数据库备份类型。

- ❑ 完整备份："完整备份"包括特定数据库（或者一组特定的文件组或文件）中的所有数据，以及可以恢复这些数据的足够的日志。
- ❑ 差异备份："差异备份"基于数据的最新完整备份。这称为差异的"基准"或者差异基准。差异基准是读/写数据的完整备份。差异备份仅包括自建立差异基准后发生更改的数据。通常，建立基准备份之后很短时间内执行的差异备份比完整备份的基准更小，创建速度也更快。因此，使用差异备份可以加快进行频繁备份的速度，从而降低数据丢失的风险。
- ❑ 文件备份：可以分别备份和还原数据库中的文件。使用文件备份能够只还原损坏的文件，而不用还原数据库的其余部分，从而加快了恢复速度。

12.3.2　恢复模式

恢复模式旨在控制事务日志维护。有 3 种恢复模式：简单恢复模式、完整恢复模式和大容量日志恢复模式。通常，数据库使用完整恢复模式或简单恢复模式。

（1）简单恢复：允许将数据库恢复到最新的备份。

简单恢复仅用于测试和开发数据库或包含的大部分数据为只读的数据库。简单恢复所需的管理最少，数据只能恢复到最近的完整备份或差异备份，不备份事务日志，且使用的事务日志空间最小。

与以下两种恢复类型相比，简单恢复更容易管理，但如果数据文件损坏，出现数据丢失的风险系数会很高。

（2）完全恢复：允许将数据库恢复到故障点状态。

完全恢复提供了最大的灵活性，使数据库可以恢复到早期时间点，在最大范围内防止出现故障时丢失数据。与简单恢复类型相比，完全恢复模式和大容量日志恢复模式会向数据提供更多的保护。

（3）大容量日志记录恢复：允许大容量日志记录操作。

大容量日志恢复模式是对完全恢复模式的补充。对某些大规模操作（例如创建索引或大容量复制），它比完全恢复模式性能更高，占用的日志空间会更少。不过，大容量日志恢复模式会降低时点恢复的灵活性。

12.3.3　备份数据库

"备份数据库"任务可执行不同类型的 SQL Server 数据库备份（完整备份、差异备份和文件备份）。

下面以备份数据库"MRKJ"为例介绍如何备份数据库。具体操作步骤如下。

（1）启动 SQL Server Management Studio，并连接到 SQL Server 2008 中的数据库。在"对象资源管理器"中展开"数据库"节点。

（2）鼠标右键单击要备份的数据库"MRKJ"，在弹出的快捷菜单中选择"任务"/"备份"命令，如图 12-33 所示。

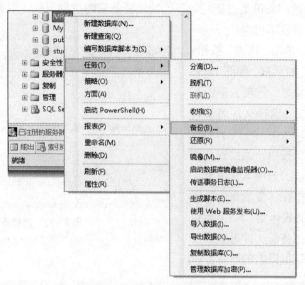

图 12-33　选择备份数据库

（3）进入"备份数据库"窗体，如图 12-34 所示。在"常规"选项卡中设置备份数据库的数据源和备份地址。

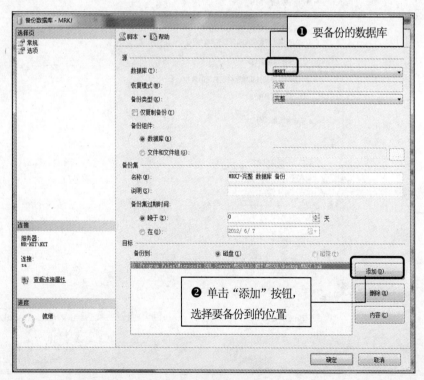

图 12-34　备份数据库窗体

在该对话框中设置以下几项。

❑ 在"数据库"列表框中验证数据库名，如果需要也可以更改备份的数据库名称。

❑ 在"备份类型"列表框中选择数据库备份的类型，这里选择"完整"备份。同时选择"备份组件"选项组中的"数据库"选项，备份整个数据库。

❑ 根据需要通过"备份集过期时间"选项设置备份的过期天数。取值范围为 0～9999，0 表示备份集将永不过期。

在"目标"区域中单击"添加"按钮，弹出"选择备份目标"对话框，如图 12-35 所示，这里选择"文件名"选项，单击其后的浏览按钮"……"，选择文件名及其路径。

（4）单击"确定"按钮，返回到"备份数据库"窗体。单击"选项"选项卡，如图 12-36 所示。这里在"覆盖媒体"区域中选择"备份到现有媒体集"/"追加到现有备份集"选项，把备份文件追加到指定媒体介质上，同时保留以前的所有备份。

图 12-35　选择备份目标

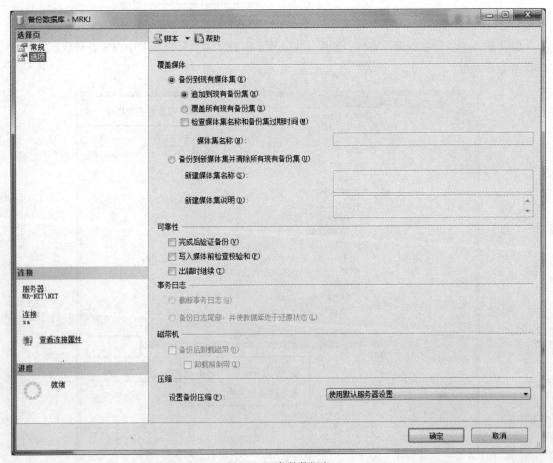

图 12-36　备份数据库

（5）单击"确定"按钮，系统提示备份成功的提示信息，如图 12-37 所示。单击"确定"按钮后即可完成数据库的完整备份。

图 12-37　提示信息

12.3.4　恢复数据库

执行数据库备份的目的是便于进行数据恢复。如果发生机器错误、用户操作错误等，用户就可以对备份过的数据库进行恢复。

下面以恢复数据库"MRKJ"为例介绍如何恢复数据库。具体操作步骤如下。

（1）启动 SQL Server Management Studio，并连接到 SQL Server 2008 中的数据库。在"对象资源管理器"中展开"数据库"节点。

（2）鼠标右键单击要恢复的数据库"MRKJ"，在弹出的快捷菜单中选择"任务"/"还原"/"数据库"命令，如图 12-38 所示。

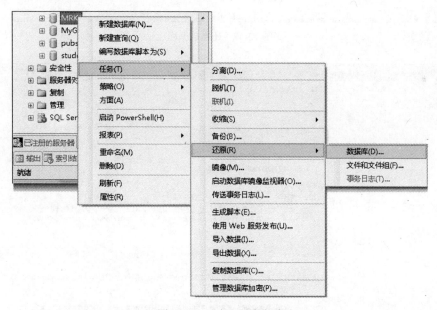

图 12-38　选择还原数据库

（3）进入"还原数据库"对话框，在该对话框的"常规"选项卡中设置还原的目标和源数据库，在该对话框中保留默认设置即可，如图 12-39 所示。

（4）单击"选项"选项卡，设置还原操作时采用的形式以及恢复完成后的状态。如图 12-40 所示。这里在"还原选项"区域中选择"覆盖现有数据库"复选框，以便在恢复时覆盖现有数据库及其相关文件。

（5）单击"确定"按钮，系统提示还原成功的提示信息，如图 12-41 所示。单击"确定"按钮后即可完成数据库的还原操作。

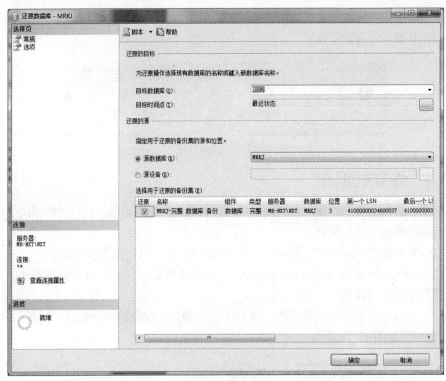

图 12-39　还原数据库

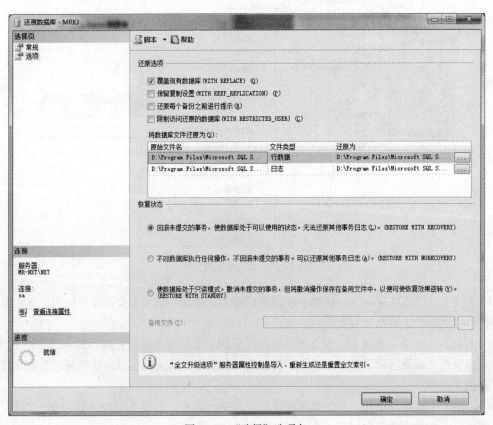

图 12-40　"选择"选项卡

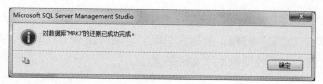

图 12-41 提示信息

12.4 收缩数据库和文件

由于 SQL Server 2008 对数据库空间分配采用的是"先分配、后使用"的机制，所以数据库在使用的过程中就可能会存在多余的空间，在一定程度上造成了存储空间的浪费。为此，SQL Server 2008 提供了收缩数据库的功能，允许对数据库中的每个文件进行收缩，直至收缩到没有剩余的可用空间为止。

SQL Server 2008 数据库的数据和日志文件都可以收缩。既可以成组或单独地手动收缩数据库文件，也可以对数据库进行设置，使其按照指定的间隔自动收缩。

12.4.1 自动收缩数据库

SQL Server 2008 在执行收缩操作时，数据库引擎会删除数据库的每个文件中已经分配但还没有使用的页，收缩后的数据库空间将自动减少。下面介绍如何自动收缩数据库。具体操作步骤如下。

（1）启动 SQL Server Management Studio，并连接到 SQL Server 2008 中的数据库。在"对象资源管理器"中展开"数据库"节点。

（2）鼠标右键单击指定的数据库"MRKJ"，在弹出的快捷菜单中选择"属性"命令，进入"数据库属性"对话框，单击"选项"选项卡，如图 12-42 所示。

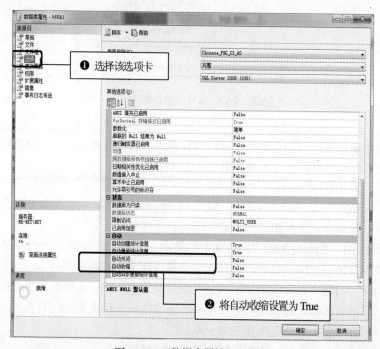

图 12-42 "数据库属性"对话框

（3）在"其他选项"列表中单击"自动"/"自动收缩"的文本框，在弹出的浮动列表框中选择"TRUE"，然后单击"确定"按钮。数据库引擎会定期检查每个数据库空间使用情况，如果发现大量闲置的空间，就会自动收缩数据库文件的大小。

12.4.2 手动收缩数据库

除了自动收缩数据库，用户也可以手动收缩数据库或数据库中的文件。下面介绍如何手动收缩数据库"MRKJ"。具体操作步骤如下。

（1）启动 SQL Server Management Studio，并连接到 SQL Server 2008 中的数据库。在"对象资源管理器"中展开"数据库"节点。

（2）鼠标右键单击要收缩的数据库"MRKJ"选项，在弹出的快捷菜单中选择"任务"/"收缩"/"数据库"命令，如图 12-43 所示。

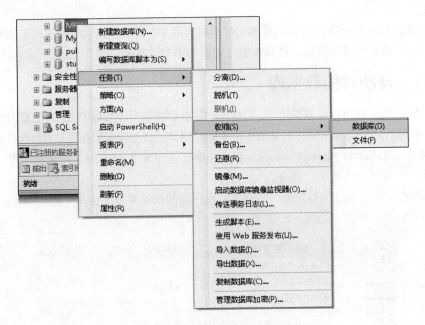

图 12-43 选择收缩数据库

若要收缩单个数据库文件，可以右键单击要收缩的数据库，在弹出的快捷菜单中选择"任务"/"收缩"/"文件"命令即可收缩文件。

（3）进入"收缩数据库-MRKJ"窗体，如图 12-44 所示。该窗体中各选项的说明如下。

❑ 数据库：数据库文本框中显示了要收缩的数据库名称。

❑ 数据库大小："当前分配的空间"文本框显示了所选数据库的已经分配的空间；"可用空间"文本框显示了所选数据库的日志文件和数据文件的可用空间。

❑ 收缩操作：勾选"在释放未使用的空间前重新组织文件。选中此选项可能会影响性能"选项，系统会按指定百分比收缩数据库。通过微调按钮设置"收缩后文件中的最大可用空间"的百分比（取值范围介于 0～99）。

（4）设置完成后单击"确定"按钮进行数据库收缩操作。

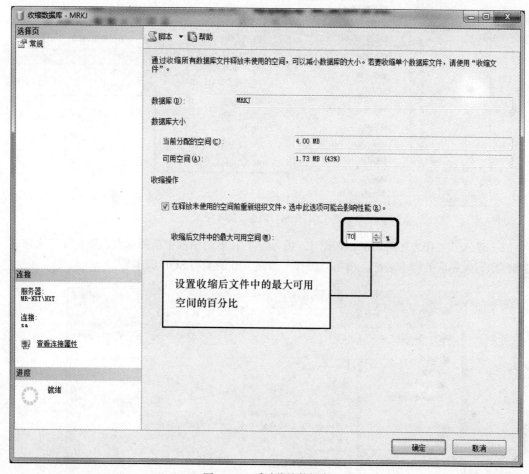

图 12-44　手动收缩数据库

12.5　生成与执行 SQL 脚本

脚本是存储在文件中的一系列 SQL 语句，是可再用的模块化代码。用户通过 SQL Server Management Studio 可以对指定文件中的脚本进行修改、分析和执行。本节主要介绍如何将数据库数据表生成脚本，以及如何执行脚本。

12.5.1　将数据库生成 SQL 脚本

数据库在生成脚本文件后，可以在不同的计算机之间传送。下面将数据库"db_2008"生成脚本文件。具体操作步骤如下。

（1）启动 SQL Server Management Studio，并连接到 SQL Server 2008 中的数据库。在"对象资源管理器"中展开"数据库"节点。

（2）鼠标右键单击指定的数据库"db_2008"，在弹出的快捷菜单中选择"编写数据库脚本为"/"CREATE 到"/"文件"命令，如图 12-45 所示。

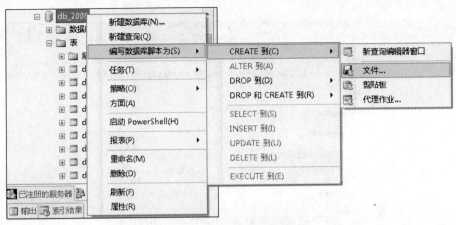

图 12-45　编写数据库脚本模式

（3）进入"另存为"对话框，如图 12-46 所示。在该对话框中选择保存位置，在"文件名"文本框中写入相应的脚本名称。单击"保存"按钮，开始编写 SQL 脚本。

图 12-46　保存文件

12.5.2　将数据表生成 SQL 脚本

除了将数据库生成脚本文件以外，用户还可以根据需要将指定的数据表生成脚本文件。下面将数据库"db_2008"中的数据表"Student"生成脚本文件。具体操作步骤如下。

（1）启动 SQL Server Management Studio，并连接到 SQL Server 2008 中的数据库。在"对象资源管理器"中展开"数据库"节点。

（2）展开指定的数据库"db_2008"/"表"选项。

（3）鼠标右键单击数据表"Student"，在弹出的快捷菜单中选择"编写表脚本为"/"CREATE

到"/"文件"命令，如图 12-47 所示。

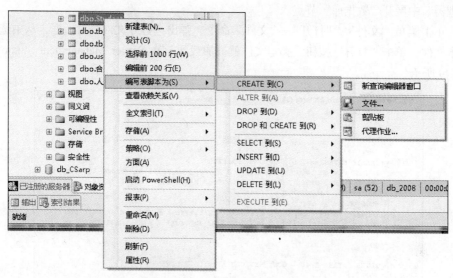

图 12-47　编写数据表脚本模式

（4）进入"另存为"对话框，如图 12-48 所示。在该对话框中选择保存位置，在"文件名"文本框中写入相应的脚本名称，单击"保存"按钮，开始编写 SQL 脚本。

图 12-48　保存文件

12.5.3　执行 SQL 脚本

脚本文件生成以后，用户可以通过 SQL Server Management Studio 对指定的脚本文件进行修改，然后执行该脚本文件。执行 SQL 脚本文件的具体操作步骤如下。

（1）启动 SQL Server Management Studio，并连接到 SQL Server 2008 中的数据库。在"对象资源管理器"中展开"数据库"节点。

（2）单击菜单"文件"/"打开"/"文件"命令，弹出"打开文件"对话框，从中选择保存过的脚本文件，单击"打开"按钮。脚本文件就被加载到 SQL Server Management Studio 中了。如图 12-49 所示。

```
SQL Server.sql - M...T.db_2008 (sa (53))  SQLQuery1.sql - MR....db_2008 (sa (52))
  1  USE [master]
  2  GO
  3
  4  /****** Object:  Database [db_2008]      Script Date: 06/07/2012 10:25:35
     ******/
  5  CREATE DATABASE [db_2008] ON  PRIMARY
  6  ( NAME = N'db_2008', FILENAME = N'D:\Program Files\Microsoft SQL Server
     \MSSQL10.NXT\MSSQL\DATA\db_2008.mdf' , SIZE = 4096KB , MAXSIZE =
     UNLIMITED, FILEGROWTH = 1024KB )
  7   LOG ON
  8  ( NAME = N'db_2008_log', FILENAME = N'D:\Program Files\Microsoft SQL
     Server\MSSQL10.NXT\MSSQL\DATA\db_2008_log.ldf' , SIZE = 1024KB ,
     MAXSIZE = 2048GB , FILEGROWTH = 10%)
  9  GO
 10
 11  ALTER DATABASE [db_2008] SET COMPATIBILITY_LEVEL = 100
 12  GO
 13
```

图 12-49　脚本文件

（3）在打开的脚本文件中可以对代码进行修改。修改完成后，可以按 Ctrl+F5 键或 ✔ 按钮对脚本语言分析，然后使用 F5 键或 执行(X) 按钮执行脚本。

12.6　综合实例——查看用户创建的所有数据库

本实例主要是查看用户创建的所有数据库，可通过对 sysdatabases 表执行 SELECT 语句，获取当前 SQL Server 实例中所有数据库信息，使用 syslogins 表验证登录账户，通过查询语句查询登录账户名不为 sa 的数据库。sysdatabases 表为 SQL Server 实例中包含的数据库的集合，syslogins 表为登录账户的集合。示例代码如下。

```
use master
select *
from master..sysdatabases D
where sid not in(select sid from master..syslogins where name='sa')
```

示例实际运行结果如图 12-50 所示。

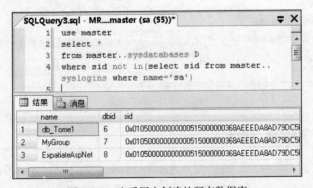

图 12-50　查看用户创建的所有数据库

知识点提炼

（1）SQL Server 支持以下数据库备份类型：完整备份、差异备份和文件备份。

（2）备份数据库：选择要备份的数据库，然后右键单击任务，选择备份命令，进入“备份数据库”窗体，在“常规”选项卡中设置备份数据库的数据源和备份地址，最后单击确定按钮，系统提示备份成功。

（3）恢复模式有 3 种：简单恢复模式、完整恢复模式和大容量日志恢复模式。

（4）分离数据库不是删除数据库，它只是将数据库从服务器中分离出去。

（5）与分离对应的就是附加操作，它可以将分离的数据库重新附加到数据库中，也可以附加其他服务器组中分离的数据库，但在附加数据库时，必须指定主数据文件（MDF 文件）的名称和物理位置。

（6）自动收缩数据库步骤：选择指定的数据库，右键点击“属性”弹出“数据库属性”对话框，单击“选项”选项卡，把自动收缩改成 true。

习　　题

12-1　什么是备份？SQL Server 支持哪几种备份？

12-2　SQL Server 2008 提供了哪种恢复模式？

12-3　如何获得数据库、数据表的脚本？

12-4　如何把数据备份？

12-5　怎样导出 SQL Server 的数据表？

实验：查看硬盘分区

实验目的

（1）熟悉查看硬盘的可用空间。

（2）掌握存储过程。

实验内容

根据系统提供的函数，查看硬盘的分区。

实验步骤

通过数据库查看本地硬盘分区信息，可以使用系统提供的 xp_fixeddrives 存储过程。通过该存储过程可以获取本地硬盘的盘符及其容量，示例代码如下。

```
USE master
EXEC xp_fixeddrives
```

实际运行结果如图 12-51 所示。

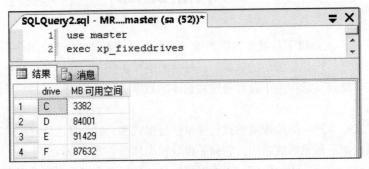

图 12-51   查看硬盘分区

第13章
SQL Server 2008 数据库安全

本章要点：

- 数据库安全概述
- 验证模式
- 创建与删除登录名
- 用户及权限管理
- 更改密码策略

安全性对于任何一个数据库管理系统来说都非常重要。SQL Server 2008 提供了内置的安全性和数据保护，它可以根据用户的权限不同，来决定用户是否可以登录到当前的 SQL Server 数据库，以及可以对数据库实现哪些操作，在一定程度上避免了数据因使用不当或非法访问而造成泄露和破坏。

13.1 数据库安全概述

SQL Server 2008 提供了内置的安全性和数据保护，它可以根据用户的权限不同，来决定用户是否可以登录到当前的 SQL Server 数据库，以及可以对数据库实现哪些操作，在一定程度上避免了数据因使用不当或非法访问而造成泄露和破坏。

13.2 登录管理

要对 SQL Server 2008 中的数据库进行操作，需要先使用登录名登录 SQL Server 2008，然后再对数据库进行操作，然而，在对数据库进行操作时，其所操作的数据库中还要存在与登录名相应的数据库用户。本节将介绍登录名的创建与删除，更改登录用户的验证方式等。

13.2.1 验证模式

验证方式指数据库服务器如何处理用户名与密码。SQL Server 2008 的验证方式包括 Windows 验证模式与混合验证模式。

❑　Windows 验证模式

Windows 验证模式是 SQL Server 2008 使用 Windows 操作系统中的信息验证账户名和密码。这是默认的身份验证模式，比混合模式安全。Windows 验证使用 Kerberos 安全协议，通过强密码的复杂性验证提供密码策略强制，提供账户锁定与密码过期功能。

❑　混合模式

允许用户使用 Windows 身份验证或 SQL Server 身份验证进行连接。通过 Windows 用户账户连接的用户可以使用 Windows 验证的受信任连接。

13.2.2　创建与删除登录名

给相关的 SQL Server 管理人员及用户创建不同的登录账户以及删除登录账户。

1. 创建登录名

在 SQL Server 2008 中可以创建的登录账户有两种：一种是 SQL Server 标准登录账户，如 sa 账户；另一种是 Windows 系统账户登录 SQL Server 2008，如 Administrator 账户。创建登录名的步骤如下。

❑　创建标准登录账户

（1）使用 Microsoft SQL Server Management Studio 连接到需要创建标准登录账户的 SQL Server 2008。

（2）单击"服务器名"/"安全性"/"登录名"展开所连接的服务器，并在登录名界面列中单击鼠标右键，在弹出的快捷菜单中选择"新建登录名"命令。如图 13-1 所示。

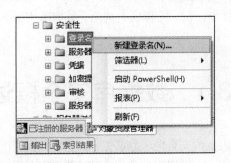

图 13-1　Microsoft SQL Server Management Studio 中展开服务器后

（3）在"登录名-新建"对话框中的"登录名"处输入创建的登录名，并选中"SQL Server 身份验证"单选按钮，此时在"密码"及"确认密码"文本框中可以输入创建的登录名登录时所用的密码。如图 13-2 所示。

（4）输入要创建的登录名与密码后，单击"确认"按钮即可完成创建标准登录账户。

❑　创建 Windows 系统账户登录 SQL Server 2008

（1）按照创建标准登录账户的方法打开"登录名-新建"对话框，选中"Windows 身份验证"单选按钮，单击"搜索"按钮。

（2）在弹出的"选择用户或组"对话框中，单击"对象类型"按钮，弹出"对象类型"对话框，如图 13-3 所示，在此对话框中可以选择查找对象的类型。

（3）单击"确定"按钮，在弹出的"选择用户或组"对话框中，单击"位置"按钮打开"位置"对话框，如图 13-4 所示，在此对话框中选择进行搜索的位置。

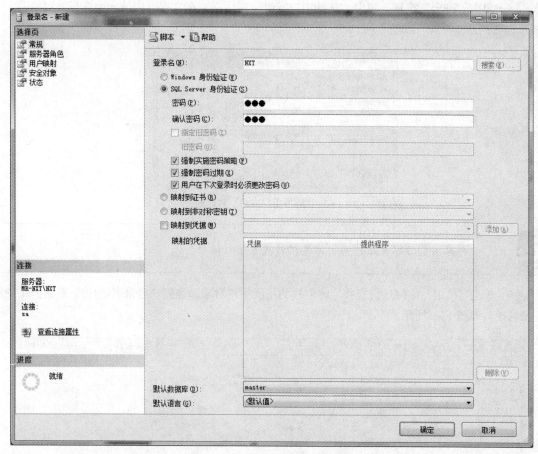

图 13-2 "登录名-新建"对话框

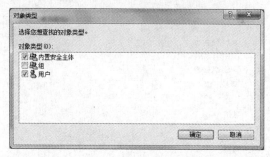

图 13-3 选择对象类型

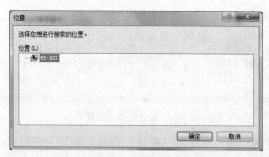

图 13-4 搜索位置

（4）单击"确定"按钮，弹出"选择用户或组"对话框，在文本框内输入要选择的对象名，如图 13-5 所示。

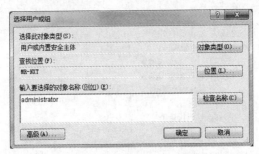

图 13-5 "选择用户或组"对话框

 对象名称可以是用户名、计算机名或者组对话框。

（5）单击"确定"按钮进行查找，将创建的系统用户对象添加到"登录名-新建"对话框中的登录名处。如图 13-6 所示。

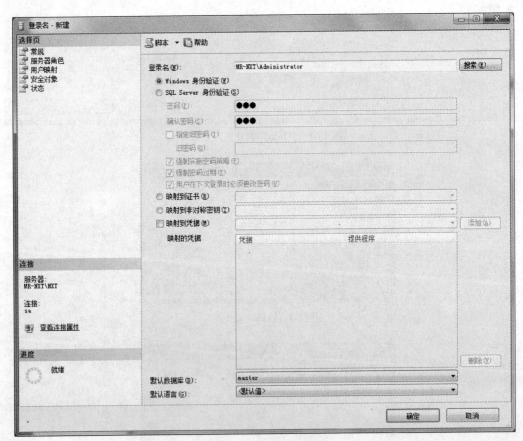

图 13-6 显示创建的登录名

（6）单击"登录名-新建"对话框中的"确认"按钮，即可完成创建 Windows 系统账户登录 SQL Server 2008。

2.　删除登录名

（1）使用 Microsoft SQL Server Management Studio 连接到需要删除登录名的 SQL Server 2008。

（2）选择服务器名/"安全性"/"登录名"展开所连接的服务器，并在登录名界面列中选择需要删除的登录名，单击鼠标右键，在弹出的快捷菜单中选择"删除"命令。如图 13-7 所示。

图 13-7　在 Microsoft SQL Server Management Studio 中选择要删除的登录名

（3）在弹出的"删除对象"对话框中单击"确定"按钮，即可删除该登录名，如图 13-8 所示。

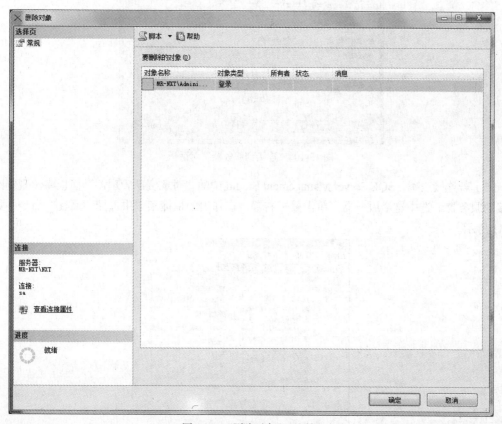

图 13-8　"删除对象"对话框

（4）单击"确定"按钮，在弹出的"Microsoft SQL Server Management Studio"提示框中单击"确定"按钮，即可完成登录名的删除，如图 13-9 所示。

图 13-9 "Microsoft SQL Server Management Studio" 提示框

13.2.3 更改登录用户验证方式

登录用户的验证方式一般是在 SQL Server 2008 安装时被确定的。如果需要改变登录用户的验证方式，只可以通过 SQL Server Configuration Manager 改变服务器的验证方式。改变登录用户验证方式步骤如下。

（1）选择"开始"/"所有程序"/"Microsoft SQL Server 2008"/"SQL Server Management Studio"菜单打开"SQL Server Management Studio"工具。

（2）通过"连接到服务器"对话框连接到需要改变登录用户验证方式的 SQL Server 2008 服务器。"连接到服务器"对话框如图 13-10 所示。

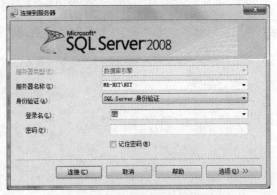

图 13-10 "连接到服务器"对话框

（3）若连接正确，SQL Server Management Studio 中的"对象资源管理器"面板将出现刚刚所连接的服务器。选中这个服务器，单击鼠标右键，在弹出的快捷菜单中选择"属性"命令，如图 13-11 所示。

图 13-11 SQL Server Management Studio

（4）在弹出的"服务器属性"对话框中的"选项页"区域中选择"安全性"，如图 13-12 所示。

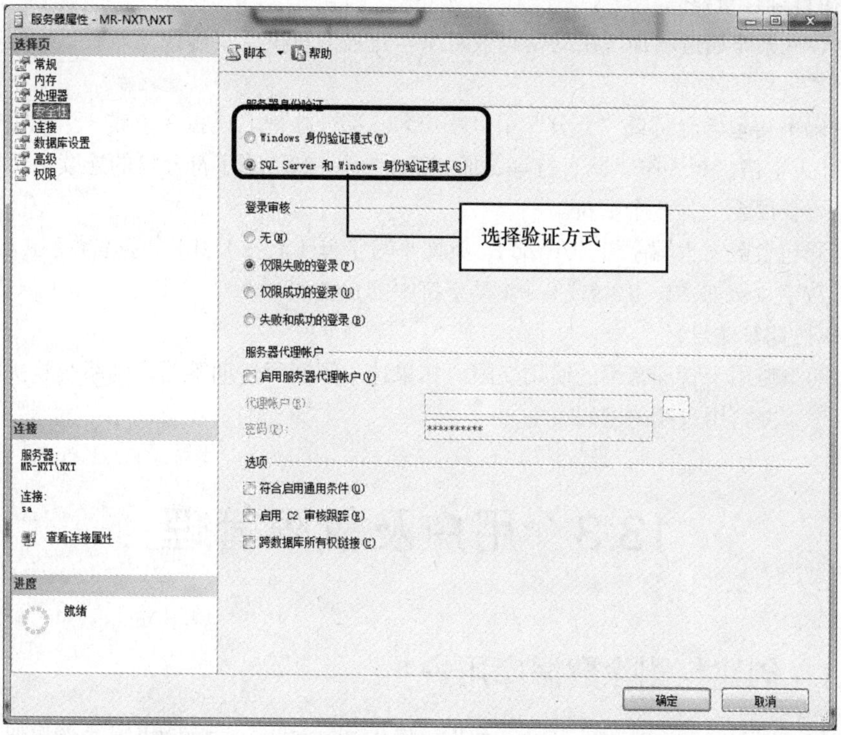

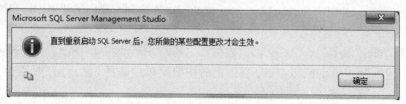

图 13-12　"服务器属性"对话框显示的"安全性"页面

（5）在"服务器身份验证"框架内重新选择登录用户的验证方式。选择完成后单击"确定"按钮，这时会弹出"Microsoft SQL Server Management Studio"提示框，提示重新启动 SQL Server 后所做的更改才会生效。"Microsoft SQL Server Management Studio"提示框如图 13-13 所示。

图 13-13　"Microsoft SQL Server Management Studio"提示框

（6）单击"Microsoft SQL Server Management Studio"提示框中的"确定"按钮后，重新启动 SQL Server，即可更改登录用户验证方式。

13.2.4　密码策略

SQL Server 中的密码最多可包含 128 个字符，其中包括字母、符号和数字。由于在 Transact-SQL 语句（以下简称 SQL 语句）中经常使用登录名、用户名、角色和密码，所以必须用英文双引号（"）或方括号（[ ]）分隔某些符号，例如，SQL Server 登录名、用户、角色或密码中含有空格、以空格开头、以$或@字符开头等，都需要在 Transact-SQL 语句中使用分隔符。

SQL Server 2008 运行在 Windows Server 2003 或更高的操作环境时，可以使用 Windows 的密码机制。Windows Server 2003 密码中使用的复杂性策略和过期策略可以应用于 SQL Server 内部使用。

1. 密码复杂性策略

密码复杂性策略通过增加可用的密码数量来阻止强力攻击，实施该策略时，密码必须符合以下原则。

- ❑ 密码不得包含全部或"部分"用户账户名。部分账户名是指 3 个或 3 个以上两端用"空白"（空格、制表符、回车符等）或"-"、"_"、"#"等字符分隔的连续字母数字字符。
- ❑ 密码长度至少为 6 个字符。
- ❑ 密码包含英文大写字母（A～Z）、英文小写字母（a～z）、10 个基本数字（0～9）、非字母数字（例如：!、$、#或%）4 类字符中的 3 类。

2. 密码过期策略

密码过期策略用于管理密码的使用期限。如果选中了密码过期策略，则系统将提醒用户更改旧密码和账户，并禁用过期的密码。

13.3　用户及权限管理

13.3.1　创建与删除数据库用户

登录名仅可以登录到 SQL Server 中，如果想操作 SQL Server 中的数据库，还需要在所要操作的数据库中拥有相应的数据库用户，否则是不能对这个数据库进行操作的。本节介绍如何创建及删除数据库用户。

1. 创建数据库用户

创建数据库用户的步骤如下。

（1）使用 Microsoft SQL Server Management Studio 连接到需要创建数据库用户的 SQL Server 2008。

（2）单击"服务器名"/"数据库"/数据库名称/"安全性"/"用户"展开所连接的服务器，并在用户界面列中单击鼠标右键，在弹出的快捷菜单中选择"新建用户"命令。如图 13-14 所示。

（3）在弹出的"数据库用户-新建"对话框中输入操作数据库的用户名，以及登录服务器的登录名，并选择其相应的架构与数据库中的角色。例如新建用户名为"mr"，并分配架构与角色，如图 13-15 所示。

2. 删除数据库用户

删除数据库用户的步骤如下。

（1）使用 Microsoft SQL Server Management Studio 连接到需要创建数据库用户的 SQL Server 2008。

（2）单击"服务器名"/"数据库"/数据库名称/"安全性"/"用户"展开所连接的服务器，并在用户界面列中选择需要删除的用户名，单击鼠标右键，在弹出的快捷菜单选择"删除"命令。

（3）在弹出的"删除对象"窗口中确认所删除的用户名是否正确，单击"确定"按钮即可删除该用户名。

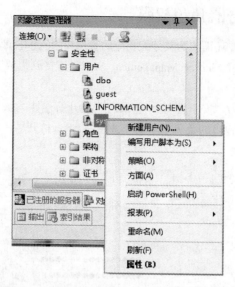

图 13-14　Microsoft SQL Server Management Studio

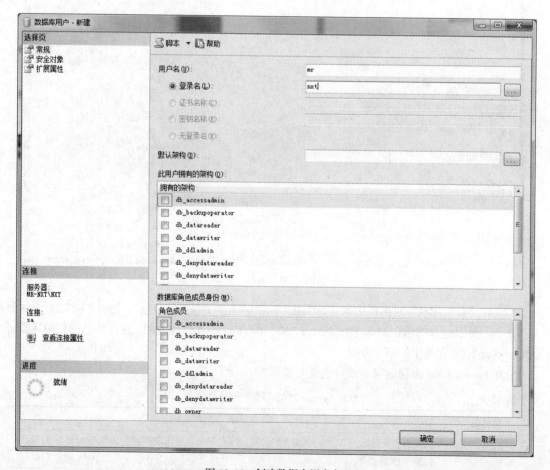

图 13-15　创建数据库用户名

13.3.2 设置服务器角色权限

创建完相应的登录名后，还需要为其分配相应的管理权限。为登录名设置角色权限的步骤如下。

（1）使用 Microsoft SQL Server Management Studio 连接到需要分配角色权限的 SQL Server 2008。

（2）单击"服务器名"/"安全性"/"登录名"展开所连接的服务器，选择需要设置权限的登录名，单击鼠标右键，在弹出的菜单中单击"属性"命令。打开"登录属性"对话框，如图 13-16 所示。

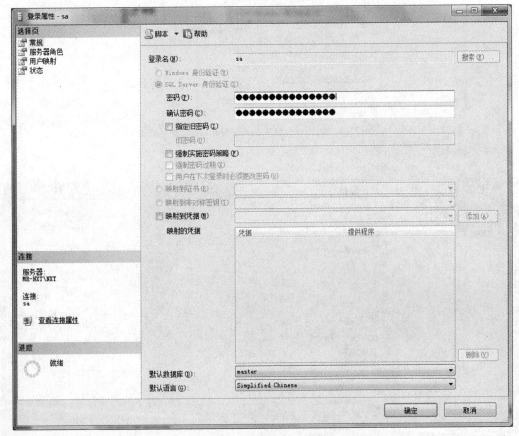

图 13-16　"登录属性"对话框

（3）在"登录属性"对话框中的"选项页"区域中选择"服务器角色"，如图 13-17 所示。"服务器角色"页面包含的角色都是 SQL Server 2008 固有的，不允许改变的。这些角色的权限涵盖了 SQL Server 2008 管理中的各个方面。

SQL Server 2008 包含的服务器角色说明如表 13-1 所示。

表 13-1　　　　　　　　　　　　SQL Server 2008 包含的服务器角色

角色名	描　　述
bulkadmin	该角色可以运行 BULK INSERT 语句。该语句可将文本文件内的数据导入到 SQL Server 2008 的数据库中
dbcreator	该角色可以创建、更改、删除和还原任何数据库

角色名	描　　述
diskadmin	该角色可以管理磁盘文件
processadmin	该角色可以终止在数据库引擎 实例中运行的进程
securityadmin	该角色可以管理登录名及其属性，还重置 SQL Server 登录名的密码
serveradmin	该角色可以更改服务器范围的配置选项和关闭服务器
setupadmin	该角色可以添加和删除链接服务器，并可以执行某些系统存储过程
sysadmin	该角色可以在数据库引擎中执行任何活动

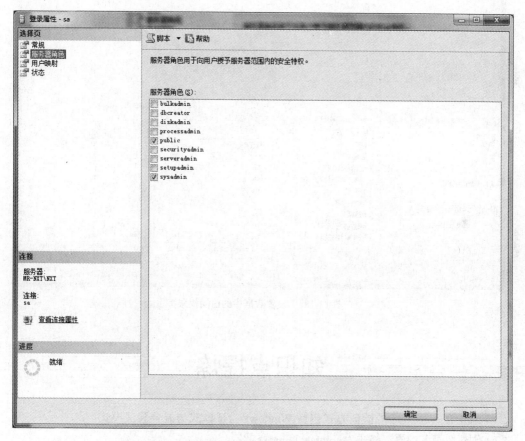

图 13-17　"登录属性"对话框显示的"服务器角色"页面

（4）在"服务器角色"区域中勾选相应的角色，单击"确定"按钮。即可完成角色设置。

13.4　综合实例——设置数据库的访问权限

下面设置数据库 pubs 的访问权限，设置数据库用户 mrsoft 可以在数据库 pubs 中创建表和视图。具体操作步骤如下。

（1）在对象资管理器下的数据库中，用鼠标右键单击 pubs 数据库，在弹出的快捷菜单中选择

"属性"菜单命令，打开数据库属性对话框，切换到"权限"选项卡。

（2）选择数据库用户 mrsoft，在创建表和创建视图下的空白单元格中设置允许创建，如图 13-18 所示。

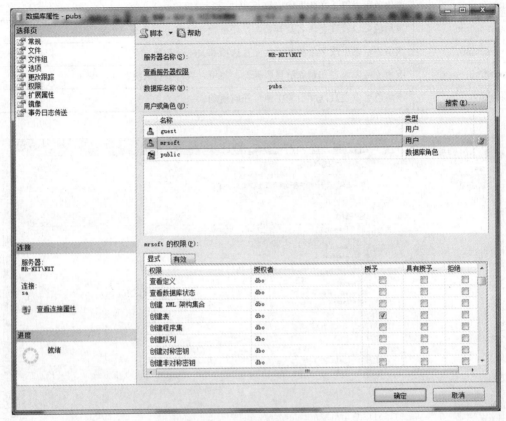

图 13-18　设置数据库的访问权限

知识点提炼

（1）SQL Server 2008 的验证方式包括 Windows 验证模式与混合验证模式。

（2）创建登录名的语法格式为：create login 登录名。

（3）更改登录名的密码步骤：选择安全性/登录名/选择将要更改的登录名，右键单击"属性"弹出"登录属性"窗体，修改密码，单击"确定"按钮。修改成功。

（4）删除登录名执行 SQL 语句：drop login 登录名。

（5）更改登录用户的验证方式：①通过"连接服务器"对话框连接到需要改变登录用户验证方式的服务器，若连接正确，"对象资源管理器"的面板出现连接服务器。选中这个服务器，单击鼠标右键，在弹出的快捷菜单中选择"属性"命令。②在弹出的"服务器属性"对话框中的"选项页"区域中选择"安全性"，在"服务器身份验证"框架内重新选择登录用户的验证方式。选择完成后单击"确定"按钮。

（6）密码策略分为：复杂性策略和过期策略。

习　题

13-1　SQL Server 2008 的验证方式包括哪两种？

13-2　如何创建登录名和删除登录名？

13-3　密码策略包含那两种策略？

13-4　如何更改登录用户的验证方式？

实验：创建数据库用户账户

实验目的

（1）熟悉 SQL Server 对象服务器的连接。

（2）掌握如何创建数据库用户。

实验内容

根据 SQL Server 数据库创建数据库用户。

实验步骤

下面为 SQL Server 2008 自带的实例数据库 pubs 创建一个用户账户。具体操作步骤如下。

（1）在对象资源管理器的数据库中选中数据库 pubs，展开目录，右键单击"用户"选项，在弹出的菜单中选择"新建用户"，如图 13-19 所示。

图 13-19　选择"新建用户"选项

（2）打开图 13-20 所示的对话框。"登录名"下拉列表框中列出了该 SQL Server 2008 数据库服务器的所有登录账户。

（3）在"登录名"下拉列表框中选择登录名 mrsoft，SQL Server 2008 系统会自动在"用户名"

文本框预填用户名 mrsoft。默认情况下，用户名和登录名相同。其他设置为默认的。单击"确定"按钮，即可完成创建数据库用户账户。

创建数据库用户账户 mrsoft 后，即可在企业管理器中看到它，如图 13-21 所示。

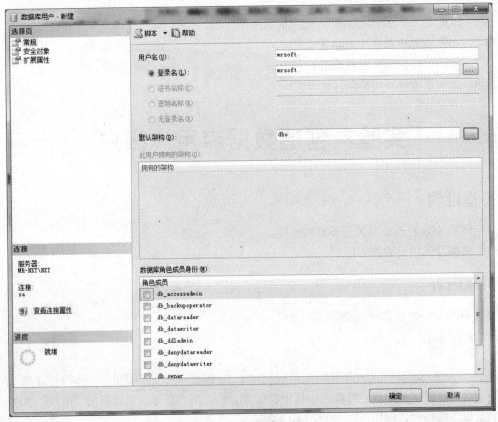

图 13-20　新建用户

图 13-21　新建的数据库用户账户 mrsoft

第14章
综合案例——图书综合管理系统

本章要点：

- 图书综合管理系统的基本开发流程
- 图书综合管理系统的功能结构及业务流程
- 图书综合管理系统的数据库设计
- 图书综合管理系统的公共模块设计
- 主要功能模块的窗体设计过程
- 主要功能模块的代码设计过程
- 开发图书综合管理系统时遇到的问题

前面章节中讲解了 SQL Server 2008 数据库设计的主要内容，本章给出一个完整的应用案例——图书综合管理系统，该系统要求使用 Visual Basic 语言结合 SQL Server 2008 数据库进行实现。

14.1　需求分析

图书综合管理系统主要包括对图书作者和出版社等在内的基础数据管理、图书进销存管理、图书借阅管理、图书归还管理、读者管理、统计打印和系统管理等几部分。

通过实际调查，要求图书综合管理系统具有以下功能。

- ❑　系统使用人员较多，需要较好的权限管理设置。
- ❑　批量填写图书入库单、图书销售单、图书借阅单、图书归还单。
- ❑　灵活的报表设计及打印功能。
- ❑　图书库存查询及图书库存预警。
- ❑　读者信息与图书分类管理。
- ❑　图书信息查询。
- ❑　完善的权限管理，增强系统的安全性。
- ❑　数据备份及恢复功能，保证系统数据的安全性。

14.2　总体设计

14.2.1　系统目标

根据需求分析的描述及与用户的沟通，现制定系统实现目标如下。

- ❑　利用条形码扫描器进书、售书、借书、还书，使信息传递准确、顺畅。
- ❑　灵活的运用表格批量输入数据，使信息传递更快捷。
- ❑　系统采用人机对话方式，界面美观友好、信息查询灵活、方便、快捷、准确、数据存储安全可靠。
- ❑　在进行数据查询时，采用模糊查询方式。
- ❑　图书类别分类详细、层次清晰，并以树状形式浏览。
- ❑　管理员可以设置操作员的权限。
- ❑　完善的读者资料库，使借书更安全。
- ❑　分类详细的图书目录，使读者查询更方便。
- ❑　快速借书、还书，提高日常工作效率。
- ❑　强大的库存预警功能，尽可能地减少商家不必要的损失。
- ❑　对用户输入的数据系统将进行严格的数据检验，尽可能排除人为的错误。
- ❑　数据保密性强，为每个用户设置权限级别。
- ❑　系统最大限度地实现易安装性、易维护性和易操作性。
- ❑　系统运行稳定、安全可靠。

14.2.2　构建开发环境

图书综合管理系统的开发环境如下。

- ❑　开发环境：Visual Basic 6.0（SP5）。
- ❑　开发语言：VB。
- ❑　后台数据库：SQL Server 2008。
- ❑　开发平台：Windows XP（SP2）/Windows Server 2003（SP2）/Windows 7。
- ❑　分辨率：最佳效果 1024 像素×768 像素。

14.2.3　系统功能结构

图书综合管理系统是一个以 SQL Server 2008 为数据库的管理系统，由基本信息设置、图书销售管理、图书入库管理、借书管理、还书管理、决策分析、系统管理及系统维护等模块组成。规划系统功能模块如下。

- ❑　基本信息管理模块。

该模块主要完成图书类别信息设置、图书存放位置信息设置、读者类别信息设置、读者信息设置。

- ❑　图书销售管理模块。

该模块主要由图书销售及图书销售查询组成。

❑ 图书入库管理。

该模块由图书入库、图书入库查询、图书库存上下限设置、图书库存查询和图书库存预警组成。

❑ 借书管理模块。

该模块包括借书登记、借书查询和书证到期提醒 3 部分。

❑ 还书管理模块。

该模块包括还书登记、还书查询两部分。

❑ 决策分析模块。

该模块包括图书销量分析、图书借阅分析和库存分析 3 部分。

❑ 系统管理模块。

该模块包括操作员信息设置、操作员密码设置、操作员级别设置和操作员权限设置 4 部分。

❑ 系统维护模块。

该模块包括图书综合系统初始化、数据库备份和恢复 3 部分。

图书综合管理系统的功能结构如图 14-1 所示。

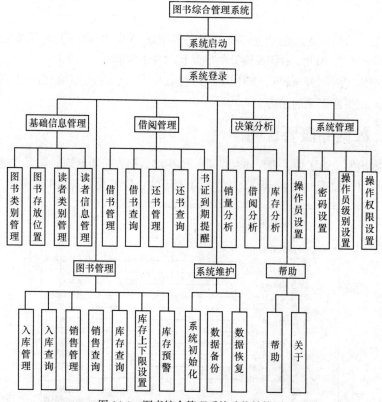

图 14-1 图书综合管理系统功能结构图

14.2.4 业务流程图

图书综合管理系统站业务流程图如图 14-2 所示。

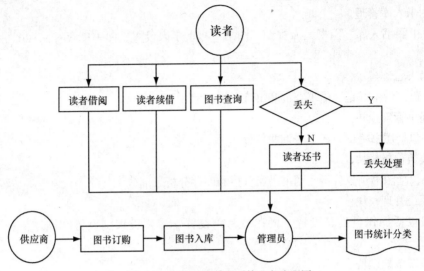

图 14-2　图书综合管理系统业务流程图

14.3　数据库设计

一个成功的项目是由 50%的业务+50%的软件所组成，而 50%的成功软件又是由 25%的数据库+25%的程序所组成，因此，数据库设计的好坏是非常重要的一环。图书综合管理系统采用 SQL Server 2008 数据库，名称为 books，其中包含 13 张数据表。下面分别给出数据表概要说明、数据库 E-R 图分析及主要数据表的结构。

14.3.1　数据库概要说明

从读者角度出发，为了使读者对本系统数据库中的数据表有更清晰的认识，笔者在此设计了数据表树形结构图，如图 14-3 所示，其中包含了对系统中所有数据表的相关描述。

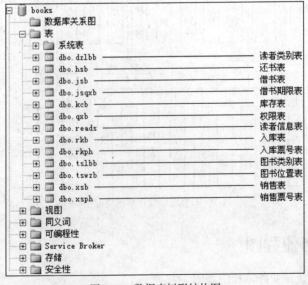

图 14-3　数据表树形结构图

14.3.2　数据库 E–R 图

E-R 图是根据用户的需求，设计各种实体以及它们之间的关系，为后面的逻辑结构设计打下基础。根据分析设计的结果，进行部分实体设计。部分实体的 E-R 图描述如下。

读者类别实体 E-R 图如图 14-4 所示。

图 14-4　读者类别实体 E-R 图

读者信息实体 E-R 图如图 14-5 所示。

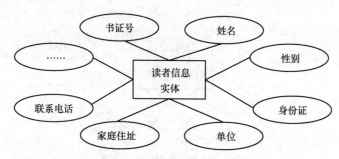

图 14-5　读者信息实体 E-R 图

入库信息实体 E-R 图如图 14-6 所示。

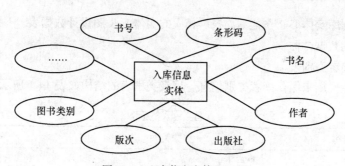

图 14-6　入库信息实体 E-R 图

入库票号信息实体 E-R 图如图 14-7 所示。

图 14-7　入库票号信息实体 E-R 图

库存信息实体 E-R 图如图 14-8 所示。

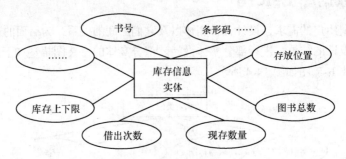

图 14-8　库存信息实体 E-R 图

销售信息实体 E-R 图如图 14-9 所示。

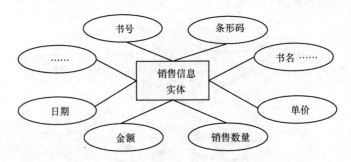

图 14-9　销售信息实体 E-R 图

14.3.3　数据表结构

在设计完数据库实体 E-R 图之后，根据相应的实体 E-R 图设计数据表。下面分别介绍本系统中的主要数据表的数据结构。

1．dzlbb（读者类别表）

读者类别表主要用来保存读者类别信息。读者类别表的结构如表 14-1 所示。

表 14-1　　　　　　　　　　　　　　　读者类别表的结构

字段名称	数据类型	字段大小
类别名称	nvarchar	4
收费标准	money	8
期限	nvarchar	6
备注	nvarchar	200

2．reads（读者信息表）

读者信息表主要用来保存读者基础信息。读者信息表的结构如表 14-2 所示。

表 14-2　　　　　　　　　　　　　　　读者信息表的结构

字段名称	数据类型	字段大小
书证号	nvarchar	20
姓名	nvarchar	10

续表

字段名称	数据类型	字段大小
性别	nvarchar	2
身份证	nvarchar	25
单位	nvarchar	30
家庭住址	nvarchar	30
联系电话	nvarchar	40
读者类别	nvarchar	4
办证价格	money	8
期限	nvarchar	6
办证日期	datetime	8
已借书数	smallint	2
相片路径	image	200
收费标准	money	8
到期日期	datetime	8

3. rkb（入库表）

入库表主要用来保存图书入库信息。入库表的结构如表 14-3 所示。

表 14-3　　　　　　　　　　　入库表的结构

字段名称	数据类型	字段大小
书号	nvarchar	30
条形码	nvarchar	20
书名	nvarchar	200
作者	nvarchar	20
出版社	nvarchar	30
版次	nvarchar	50
图书类别	nvarchar	20
存放位置	nvarchar	20
单价	money	8
入库数量	smallint	2
金额	money	8
经手人	nvarchar	10
票号	nvarchar	30
操作员	nvarchar	10
日期	datetime	8

4. rkph（入库票号表）

入库票号表主要用来保存图书入库的票据信息。入库票号表的结构如表 14-4 所示。

表 14-4 入库票号表的结构

字段名称	数据类型	字段大小
票号	nvarchar	30
入库品种	nvarchar	10
入库数量	smallint	2
合计金额	money	8
经手人	nvarchar	10
操作员	nvarchar	10
日期	datetime	8

5. kcb（库存表）

库存表用来保存库存图书信息。库存表的结构如表 14-5 所示。

表 14-5 库存表的结构

字段名称	数据类型	字段大小
书号	nvarchar	30
条形码	nvarchar	20
书名	nvarchar	200
作者	nvarchar	20
出版社	nvarchar	30
图书类别	nvarchar	20
存放位置	nvarchar	20
图书总数	smallint	2
单价	money	8
现存数量	smallint	2
金额	money	8
借出次数	smallint	2
库存上限	smallint	2
库存下限	smallint	2

6. xsb（销售表）

销售表用来保存图书销售信息。销售表的结构如表 14-6 所示。

表 14-6 销售表的结构

字段名称	数据类型	字段大小
书号	nvarchar	30
条形码	nvarchar	20
书名	nvarchar	200
作者	nvarchar	20
出版社	nvarchar	30

字段名称	数据类型	字段大小
图书类别	nvarchar	20
存放位置	nvarchar	20
单价	money	8
销售数量	smallint	2
金额	money	8
经手人	nvarchar	10
票号	nvarchar	30
操作员	nvarchar	10
日期	datetime	8

14.4　公共模块设计

在网站项目开发中以类的形式来组织、封装一些常用的方法和事件，将会在编程过程中起到事半功倍的效果。本网站中创建了两个重要的公共类，下面分别对它们进行详细介绍。

14.4.1　函数准备

在开发图书综合管理系统时需要用到一些常用的函数，只有灵活运用这些函数，才能开发出功能强大的应用程序，下面给出程序中用到相关函数的语法结构及用途。

1. Len 函数

用途：返回 Long，用于返回字符串内字符的数目，或是存储变量所需的字节数。

语法：Len(string)。

参数：string 表示任何有效的字符串表达式。如果 string 包含 Null，会返回 Null。

2. Trim 函数

用途：返回字符串中前端和后端的空格。

语法：LTrim(string)。

参数：string 可以是任何有效的字符串表达式。如果 string 包含 Null，将返回 Null。

3. Val 函数

用途：将字符数据转换为数值数据。

语法：Val(string)。

参数：string 可以是任何有效的字符串表达式。

4. Str 函数

用途：将数值型数据转换为字符类型的数据。

语法：Str(number)。

参数：number 类型为 Long，其中可包含任何有效的数值表达式。

5. Format 函数

用途：返回一个字符串表达式，它根据格式表达式中的指令来格式化字符串。

语法：Format(expression[,format[,firstdayofweek[,firstweekofyear]]])。

参数说明如表 14-7 所示。

表 14-7　　　　　　　　　　　　　Format 函数的参数说明

部　　分	说　　明
Expression	必要参数。任何有效的表达式
format	可选参数。有效的命名表达式或用户自定义格式表达式
firstdayofweek	可选参数。常数，表示一星期的第一天
firstweekofyear	可选参数。常数，表示一年的第一周

14.4.2　控件准备

在开发图书综合管理系统时需要添加一些 Active 控件，这些控件是通过"工程"\"部件"菜单项添加的。在所添加的选项当中，有的选项包含多个控件，为使读者方便添加控件，下面给出图书综合管理系统程序中需要添加的选项和需要使用的对应控件，如图 14-10 所示。

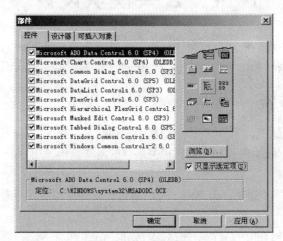

图 14-10　部件选项卡

14.4.3　公共模块设计

将一些公用的数据信息放到模块中可以节省系统资源，实现代码重用，提高程序运行速度，本系统中用到了 Module1 模块。

在公共模块（Module1）中创建一个连接函数 cnn()，可用来执行 SQL 语句，并可以在程序中使用 Recordset 对象连接数据源，从而优化了 ADO+SQL Server 2008 数据库的连接。

```
Public adoCon As New ADODB.Connection
Public adoRs As New ADODB.Recordset
Public Sub main()
    Dim temp As String
    temp = "DSN=NBooks"
    adoCon.Open (temp)
End Sub
Public Function Cnn() As ADODB.Connection      '声明函数
    '创建连接
```

```
    Set Cnn = New ADODB.Connection
    '打开连接
    Cnn.Open "DSN=NBooks"
End Function
```

14.5　主要模块开发

本节将对图书综合管理系统的几个主要功能模块的窗体设计及代码设计进行详细讲解。

14.5.1　系统登录设计

系统登录主要用于对登录图书综合管理系统的用户进行安全性检查，以防止非法用户登录该系统。管理员可以给用户分配权限，用户登录时根据所具有的权限操作系统中相应的功能。

在登录系统时验证操作员及其密码，主要通过 ADO 控件中记录集（RecordSet）对象结合 If 语句判断用户选定的操作员及其输入的密码与数据库中的操作员和密码是否相同来实现，如果相同，则允许登录，并给予相应的权限，否则将不允许用户登录。

系统登录的运行结果如图 14-11 所示。

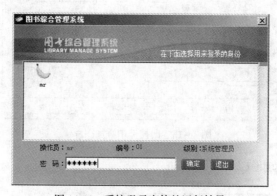

图 14-11　系统登录窗体的运行结果

1. 窗体设计

（1）在工程中新建一个窗体，将窗体的名称设置为"main_mm"，BorderStyle 属性设置为"main_mm"，通过添加 Image 控件 🖼 设置其 Picture 属性添加图片。

（2）在窗体上添加 Adodc 控件 📑，由于该控件属于 ActiveX 控件，在使用之前必须从"部件"对话框中添加到工具箱。添加方法为：在"工程"/"部件"对话框中勾选"Microsoft Ado Data Controls 6.0(SP4)"列表项，单击"确定"按钮之后即可将 Adodc 控件添加到工具箱当中。

（3）在窗体中添加一个 ListView 控件 🔡 和文本框控件 🔤。

（4）在窗体中添加 5 个 Label 控件 A，设置前两个 Label 控件的 Caption 属性为"确定"和"退出"，设置后 3 个 Label 控件的 Caption 属性为空。

（5）在窗体中添加一个 ImageList 控件 🗇。

（6）在窗体上添加一个 ImageList 控件，在控件上单击鼠标右键，选择"属性"项，然后在弹出的"属性页"对话框中选择"通用"选项卡，在该选项卡中设置向控件添加图片的大小，如图 14-12 所示。

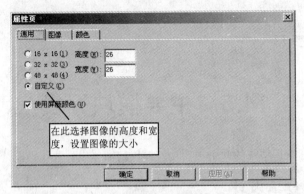

图 14-12　设置添加图片的大小

（7）在 ImageList 控件的"属性页"对话框中选择"图像"选项卡，通过单击"插入图片"按钮添加图片，如图 14-13 所示。

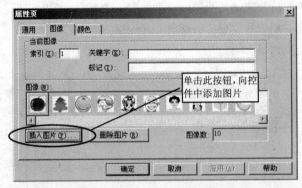

图 14-13　向控件中添加图片

登录窗体的设计结果如图 14-14 所示。

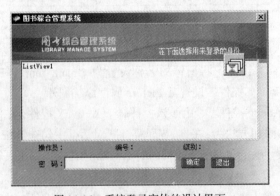

图 14-14　系统登录窗体的设计界面

2．代码设计

在代码窗口的声明部分定义如下变量。

```
Dim itmX As ListItem          '声明一个 ListItem 对象
Dim MyIcon As Integer         '声明一个整型变量
Dim text, MyMsg As String     '声明字符串变量
```

　　在窗体装载事件中，通过 ADO 控件的 ConnectionString 属性建立数据库连接，同时将所有操作员的名称及头像添加到 ListView 控件当中，代码如下。

```
Private Sub Form_Load()
    Adodc1.ConnectionString = "DSN=NBooks"
    Adodc1.RecordSource = "select * from qxb"
    Adodc1.Refresh
        If Adodc1.Recordset.RecordCount > 0 Then
            With Adodc1.Recordset
            .MoveFirst
            czy.Caption = .Fields("操作员")
            bh.Caption = .Fields("编号")
            jb.Caption = .Fields("操作员级别")
            '添加操作员
                Do While .EOF = False
                    text = .Fields("操作员")
                    MyIcon = Val(Right(.Fields("头像"), Val(Len(.Fields("头像")) - 2)))
                    Set itmX = ListView1.ListItems.Add(, , text, MyIcon)
                    .MoveNext
                Loop
            End With
        End If
End Sub
```

　　单击"确认"按钮，如果输入的操作员姓名和口令正确，则通过身份验证，登录到系统当中，并根据权限分配相应的操作功能。通过 SQL 语句查询输入的用户名和密码信息在数据库中是否存在，如果查询到符合条件的记录信息则显示系统主窗体，登录到系统当中，实现的程序代码如下。

```
Private Sub Label1_Click()                        '确认
    Adodc1.RecordSource = "select * from qxb where 操作员 = '" + Trim(czy.Caption) + "'"
    'Trim 函数返回 Variant (String)，其中包含指定字符串的拷贝，没有前导和尾随空白。
    Adodc1.Refresh
    If Adodc1.Recordset.RecordCount > 0 Then          '如果记录数大于零
        With Adodc1.Recordset
            frm_main.jcxxgl.Enabled = .Fields("基础信息管理")
            frm_main.Toolbar1.Buttons(1).Enabled = .Fields("基础信息管理")
            frm_main.tsgl.Enabled = .Fields("图书管理")
            frm_main.Toolbar1.Buttons(3).Enabled = .Fields("图书管理")
            frm_main.Toolbar1.Buttons(9).Enabled = .Fields("图书管理")
            frm_main.Label1.Enabled = .Fields("图书管理")
            frm_main.Label2.Enabled = .Fields("图书管理")
            frm_main.Label3.Enabled = .Fields("图书管理")
            frm_main.Label9.Enabled = .Fields("图书管理")
            frm_main.jygl.Enabled = .Fields("借阅管理")
            frm_main.Toolbar1.Buttons(5).Enabled = .Fields("借阅管理")
            frm_main.Toolbar1.Buttons(7).Enabled = .Fields("借阅管理")
            frm_main.Label4.Enabled = .Fields("借阅管理")
            frm_main.Label5.Enabled = .Fields("借阅管理")
            frm_main.Label10.Enabled = .Fields("借阅管理")
            frm_main.jcfx.Enabled = .Fields("决策分析")
            frm_main.Label6.Enabled = .Fields("决策分析")
```

```
                    frm_main.Label7.Enabled = .Fields("决策分析")
                    frm_main.Label8.Enabled = .Fields("决策分析")
                    frm_main.xtwh.Enabled = .Fields("系统维护")
                    frm_main.xtgl.Enabled = .Fields("系统管理")
                    frm_main.Toolbar1.Buttons(11).Enabled = .Fields("系统管理")
            End With
            '验证操作员及密码
            If Text1.text = Adodc1.Recordset.Fields("密码") Then
                Load frm_main
                frm_main.Show
                frm_main.St1.Panels(3).text = czy.Caption
                Unload Me
            Else
                If czy.Caption = "" Then
                    MsgBox "请选择操作员！", "图书综合管理系统"
                    ListView1.SetFocus
                Else
                    If Text1.text <> Adodc1.Recordset.Fields("密码") Then
                        MsgBox "密码错误,请重新输入密码！", "图书综合管理系统"
                        Txttime.text = Val(Txttime.text) + 1
                        Text1.SetFocus
                    End If
                End If
                If Txttime.text = "3" Then              '密码错误 3 次, 退出系统
                    MyMsg = MsgBox("密码输入错误,请向系统管理员查询！", "图书综合管理系统")
                    If MyMsg = vbOK Then End
                End If
            End If
        End If
    End If
End Sub
```

14.5.2 程序主窗体

程序主窗体是图书综合管理系统的交互控制平台，实现给予操作员不同的使用权限。
程序主窗体运行界面如图 14-15 所示。

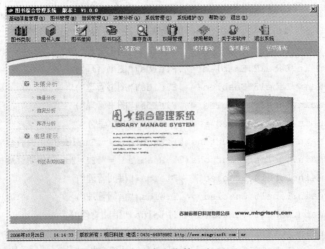

图 14-15 程序主窗体运行界面

1．窗体设计

（1）在工程中新建一个窗体，将窗体的名称设置为"Frm_main"，BorderStyle 属性设置为"1-Fixed Single"，MaxButton 属性设置为 False，并向 Picture 属性中加载一幅图片。

（2）单击"工具"菜单下的"菜单编辑器"子菜单项。

（3）在弹出的"菜单编辑器"对话框中，在"标题"输入栏中输入显示的菜单名，在"名称"输入栏中输入代码中使用的菜单名。

（4）完成主菜单后，可以运用下箭头把选定的菜单项在同级菜单内向下移动一个位置，以完成子菜单的设计。

（5）工具栏主要运用 ToolBar 控件 与 ImageList 控件 完成。它由 8 个功能按钮以及 9 个分割按钮的分割条组成。

（6）向窗体中添加 StatusBar 控件 、CommonDialog 控件 等。

程序主窗体的设计结果如图 14-16 所示。

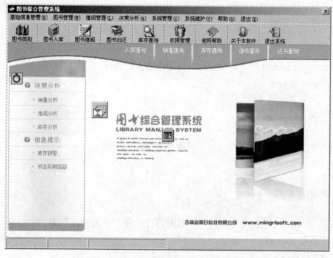

图 14-16　程序主窗体的设计结果

2．代码设计

通过程序主窗体加载其他管理模块窗体，代码如下。

```
Private Sub tslb_Click()          '加载图书类别设置窗体
    Load main_jcxx_tslbsz
    main_jcxx_tslbsz.Show
    frm_main.Enabled = False
End Sub
Private Sub place_Click()         '加载图书存放位置窗体
    Load main_jcxx_tswzsz
    main_jcxx_tswzsz.Show
    frm_main.Enabled = False
End Sub
Private Sub rlbsz_Click()         '加载读者类别设置窗体
    Load main_jcxx_dzlbsz
    main_jcxx_dzlbsz.Show
    frm_main.Enabled = False
End Sub
```

```
Private Sub reads_Click()              '加载读者信息设置窗体
    Load main_jcxx_dzxxsz
    main_jcxx_dzxxsz.Show
    frm_main.Enabled = False
End Sub
Private Sub xztsrk_Click()             '加载图书入库窗体
    Load main_rcyw_tsrk
    main_rcyw_tsrk.Show
    frm_main.Enabled = False
End Sub
Private Sub rkcx_Click()               '加载入库查询窗体
    Load main_rcyw_rkcx
    main_rcyw_rkcx.Show
    frm_main.Enabled = False
End Sub
Private Sub tsxs_Click()               '加载图书销售窗体
    Load main_rcyw_tsxs
    main_rcyw_tsxs.Show
    frm_main.Enabled = False
End Sub
Private Sub xscx_Click()               '加载销售查询窗体
    Load main_rcyw_xscx
    main_rcyw_xscx.Show
    frm_main.Enabled = False
End Sub
Private Sub kccx_Click()               '加载库存查询窗体
    Load main_rcyw_kccx
    main_rcyw_kccx.Show
    frm_main.Enabled = False
End Sub
Private Sub kcsxx_Click()              '加载库存上限、下限设置窗体
    Load main_rcyw_kcsxx
    main_rcyw_kcsxx.Show
    frm_main.Enabled = False
End Sub
Private Sub kcyj_Click()               '加载库存预警窗体
    Load main_rcyw_kcyj
    main_rcyw_kcyj.Show
    frm_main.Enabled = False
End Sub
Private Sub js_Click()                 '加载借书窗体
    Load main_jygl_js
    main_jygl_js.Show
    frm_main.Enabled = False
End Sub
Private Sub hs_Click()                 '加载还书窗体
    Load main_jygl_hs
    main_jygl_hs.Show
    frm_main.Enabled = False
End Sub
Private Sub jscx_Click()               '加载借书查询窗体
    Load main_jygl_jscx
    main_jygl_jscx.Show
```

```
      frm_main.Enabled = False
   End Sub
   Private Sub hscx_Click()          '加载还书查询窗体
      Load main_jygl_hscx
      main_jygl_hscx.Show
      frm_main.Enabled = False
   End Sub
   Private Sub jscq_Click()          '加载借书超期窗体
      Load main_jygl_szdqtx
      main_jygl_szdqtx.Show
      frm_main.Enabled = False
   End Sub
   Private Sub xlfx_Click()          '加载销量分析窗体
      Load main_jcfx_xlfx
      main_jcfx_xlfx.Show
      frm_main.Enabled = False
   End Sub
   Private Sub jyfx_Click()          '加载借阅分析窗体
      Load main_jcfx_jyfx
      main_jcfx_jyfx.Show
      frm_main.Enabled = False
   End Sub
   Private Sub kcfx_Click()          '加载库存分析窗体
      Load main_jcfx_kcfx
      main_jcfx_kcfx.Show
      frm_main.Enabled = False
   End Sub
   Private Sub czy_Click()           '加载操作员设置窗体
      Load main_xtgl_czysz
      main_xtgl_czysz.Show
      frm_main.Enabled = False
   End Sub
   Private Sub mmsz_Click()          '加载密码设置窗体
      Load main_xtgl_mmsz
      main_xtgl_mmsz.Show
      frm_main.Enabled = False
   End Sub
   Private Sub czyjbsz_Click()       '加载操作员级别设置窗体
      Load main_xtgl_czyjbsz
      main_xtgl_czyjbsz.Show
      frm_main.Enabled = False
   End Sub
   Private Sub qxsz_Click()          '加载权限管理窗体
      Load main_xtgl_qxgl
      main_xtgl_qxgl.Show
      frm_main.Enabled = False
   End Sub
   Private Sub xtcsh_Click()         '加载系统初始化窗体
      Load main_xtwh_xtcsh
      main_xtwh_xtcsh.Show
      frm_main.Enabled = False
   End Sub
```

14.5.3　图书类别管理

图书的内容包罗万象，涉及的信息很广泛，需要将图书分类进行管理。图书类别管理中记录着各图书类别及联系，在窗体下拉列表框中选择添加图书类别的级别，单击工具栏中的"添加"按钮，此时"保存"按钮变为可用状态，然后在窗体的文本框中输入图书类别的信息，最后单击"保存"按钮保存所编辑的信息。

图书类别管理模块的运行结果如图 14-17 所示。

1. 窗体设计

（1）在工程中新建一个窗体，将窗体的名称设置为 "main_jcxx_tslbsz"，BorderStyle 属性设置为 "1-Fixed Single"，MaxButton 属性设置为 False。

（2）在窗体上添加 TreeView 控件，由于该控件属于 ActiveX 控件，在使用之前必须从"部件"对话框中添加到工具箱。添加方法为：在"工程"→"部件"对话框中勾选 "Microsoft Windows Common Controls6.0" 列表项，单击"确定"按钮后即可将 TreeView 控件添加到工具箱当中。

（3）在窗体上添加 Adodc 控件。

（4）在窗体上添加一个 ImageList 控件，并向控件内插入图片。

（5）在窗体上添加 6 个按钮控件，并设置 Caption 属性分别为"添加"、"修改"、"保存"、"取消"、"删除"、"退出"。

（6）在窗体中添加一个 Frame 控件，在 Frame 控件上添加一个 ComboBox 控件与一个文本框控件数组，通过粘贴复制的方式在 Frame 控件上添加 3 个文本框控件，名称为 Text1（0）～Text1（2），为文本框控件与 ComboBox 控件配置标签控件，并且设置相应的 Caption 属性值。

图书类别管理窗体的设计结果如图 14-18 所示。

图 14-17　图书类别管理模块运行结果

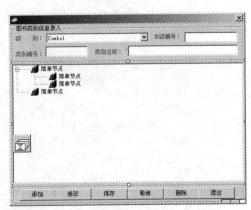

图 14-18　图书类别管理窗体的设计结果

2. 代码设计

在代码窗口的声明部分定义如下变量。

```
Dim i As Integer                    '定义整型变量
Dim rs1 As New ADODB.Recordset      '定义数据集对象
Dim SQL As String                   '定义字符串变量
```

在窗体启动时，除了"保存"和"取消"按钮不可用，其他按钮均可用。下面的代码是在窗体激活时 Activate 事件过程，实现窗体在启动时加载数据、控制按钮状态的功能。

```
Private Sub Form_Activate()
    '添加级别列表
    For i = 1 To 5
        Combo1.AddItem (i) & "级"
```

```
    Next i
        Combo1.ListIndex = 0
        '打开表
        rs1.Open "select * from tslbb order by 类别编号", Cnn, adOpenKeyset, adLockOptimistic
            If rs1.RecordCount > 0 Then
                For i = 1 To 3
                    '将字段值赋给 Text1 控件数组
                    If rs1.Fields(i) <> "" Then Text1(i).text = rs1.Fields(i)
                    Text1(i).Enabled = False
                Next i
                Combo1.text = rs1.Fields("级别")
            End If
        rs1.Close                           '关闭表
        Call Tree_change                    '调用显示数据过程
        CmdSave.Enabled = False
        CmdEsc.Enabled = False
    End Sub
```

窗体激活时调用过程 Tree_change 的事件用来显示树状数据，代码如下。

```
Public Sub Tree_change()                    '声明一个树状显示数据的过程
    On Error Resume Next
    Dim key, text As String
    rs1.Open "select * from tslbb order by 类别编号", Cnn, adOpenKeyset, adLockOptimistic
        If rs1.RecordCount > 0 Then
            With rs1
                .MoveFirst
                Do While .EOF = False
                    If Len(.Fields("类别编号")) = 2 Then
                        key = Trim(.Fields("类别名称"))
                        text = "(" & Trim(.Fields("类别编号")) & ")" & Trim(.Fields("类别
名称"))
                        Set Node1 = TreeView1.Nodes.Add(, , key, text, Val(.Fields("级
别")))
                    End If
                    If Len(.Fields("类别编号")) = 5 Then
                        key = Trim(.Fields("类别名称"))
                        text = "(" & Trim(.Fields("类别编号")) & ")" & Trim(.Fields("类别
名称"))
                        Set Node2 = TreeView1.Nodes.Add(Node1.Index, tvwChild, key, text,
Val(.Fields("级别")))
                    End If
                    If Len(.Fields("类别编号")) = 9 Then
                        key = Trim(.Fields("类别名称"))
                        text = "(" & Trim(.Fields("类别编号")) & ")" & Trim(.Fields("类别
名称"))
                        Set Node3 = TreeView1.Nodes.Add(Node2.Index, tvwChild, key, text,
Val(.Fields("级别")))
                    End If
                    If Len(.Fields("类别编号")) = 14 Then
                        key = Trim(.Fields("类别名称"))
```

```
                              text = "(" & Trim(.Fields("类别编号")) & ")" & Trim(.Fields("类别
名称"))
                              Set Node4 = TreeView1.Nodes.Add(Node3.Index, tvwChild, key, text,
Val(.Fields("级别")))
                        End If
                        If Len(.Fields("类别编号")) = 20 Then
                              key = Trim(.Fields("类别名称"))
                              text = "(" & Trim(.Fields("类别编号")) & ")" & Trim(.Fields("类别
名称"))
                              Set Node5 = TreeView1.Nodes.Add(Node4.Index, tvwChild, key, text,
Val(.Fields("级别")))
                        End If
                        .MoveNext
                        Loop
                 End With
           End If
        rs1.Close
     End Sub
```

单击“保存”按钮，通过 CmdSave_Click 事件过程，完成添加或修改的信息保存操作，实现的代码如下。

```
     Private Sub CmdSave_Click()                 '保存图书类别信息
        If Combo1.text = "" Then
           MsgBox "系统不允许【级别】为空！"
           Exit Sub
        End If
        If Text1(1).text = "" Then
           MsgBox "系统不允许【本级编号】为空！"
           Exit Sub
        End If
        If Text1(2).text = "" Then
           MsgBox "系统不允许【类别编号】为空！"
           Exit Sub
        End If
        If Text1(3).text = "" Then
           MsgBox "系统不允许【类别名称】为空！"
           Exit Sub
        End If
        Adodc2.RecordSource = "select * from tslbb where 类别编号='" + Text1(2).text + "'"
        Adodc2.Refresh
        If Adodc2.Recordset.RecordCount > 0 Then         '修改原有数据
           Cnn.Execute ("update tslbb set 类别名称='" + Text1(3).text + "' where 类别编号
='" + Text1(2).text + "'")
        Else
           '添加图书类别信息
           Adodc2.Recordset.AddNew
           For i = 1 To 3
              Adodc2.Recordset.Fields(i) = Trim(Text1(i).text)
              Text1(i).Enabled = False
           Next i
           Adodc2.Recordset.Fields("级别") = Combo1.text
           Adodc2.Recordset.Update                     '更新数据库
```

```
        End If
        Adodc2.Recordset.Close                          '关闭数据集对象
        TreeView1.Nodes.Clear
        Call Tree_change                                '调用函数
        '设置控件状态
        CmdSave.Enabled = False
        CmdEsc.Enabled = False
        CmdAdd.Enabled = True
        CmdDelete.Enabled = True
    End Sub
```

通过公共模块（Module1）中声明的 cnn()函数执行 SQL 语句删除相应类别，代码如下。

```
Private Sub CmdDelete_Click()                           '删除图书类别信息
    Dim rs2 As New ADODB.Recordset
    rs1.Open "select * from tslbb where 类别名称='" + Text1(3).text + "'order by 类别
编号", Cnn
    rs2.Open "select * from tslbb where 类别编号  like '" + Text1(2).text + "'+'0%'  order
by 类别编号 ", Cnn, adOpenKeyset, adLockOptimistic
    Dim con As New ADODB.Connection
    If rs2.RecordCount > 1 Then
        MsgBox "请先删除其子类,再删除该父类", , , "图书综合管理系统"
    Else
        con.ConnectionString = Cnn
        With rs1
            If .RecordCount > 0 Then
                a = MsgBox("您确实要删除这条数据吗?", vbYesNo)
                If a = vbYes Then
                    con.Open
                    con.Execute "delete from tslbb where 类别名称='" + Text1(3).text + "'"
                    con.Close
                    Adodc1.RecordSource = "select * from tslbb order by 类别编号"
                    Adodc1.Refresh
                    For i = 1 To 3
                        '将字段值赋给 Text1 控件数组
                        Text1(i).text = Adodc1.Recordset.Fields(i)
                    Next i
                    Combo1.text = Adodc1.Recordset.Fields("级别")
                    '设置按钮有效或无效
                    CmdSave.Enabled = False
                    CmdEsc.Enabled = False
                    CmdAdd.Enabled = True
                    CmdDelete.Enabled = True
                End If
            Else
                MsgBox ("没有要删除的数据! ")
            End If
        End With
    End If
    rs1.Close
    rs2.Close
    TreeView1.Nodes.Clear                                '清空 TreeView 中的数据
    Call Tree_change                                     '调用过程
End Sub
```

14.5.4 读者信息管理

读者信息管理主要完成读者信息的添加、修改、删除与查询等操作。

读者信息管理模块的运行结果如图 14-19 所示。

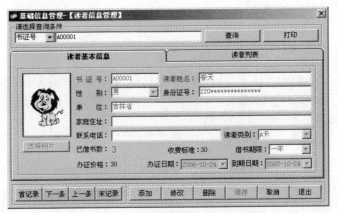

图 14-19 读者信息管理模块运行结果

1. 窗体设计

（1）在工程中新建一个窗体，将窗体的名称设置为"main_jcxx_dzxxsz"，BorderStyle 属性设置为"1-Fixed Single"，MaxButton 属性设置为 False。

（2）在窗体上添加一个 Adodc 控件、一个 CommonDialog 控件、一个 SSTab 控件。主要控件对象的属性如表 14-8 所示。

表 14-8　　　　　　　　　　　主要控件对象的属性列表

对　　象	属　　性	值
DataGrid1	DataSource	Adodc1
SSTab1	Caption	读者基本信息、读者列表
	Tab	0、1
	Tabs	2
	TabsPerRow	2
Command1	名称	CmdMD
	Index	0 ~ 3
Command2	名称	CmdAdd
	Caption	添加
Command3	名称	CmdDelete
	Caption	删除
Command4	名称	CmdSave
	Caption	保存
Command5	名称	CmdEsc
	Caption	取消
Command6	名称	CmdExit
	Caption	退出

（3）在窗体中添加的控件如图 14-20 所示。

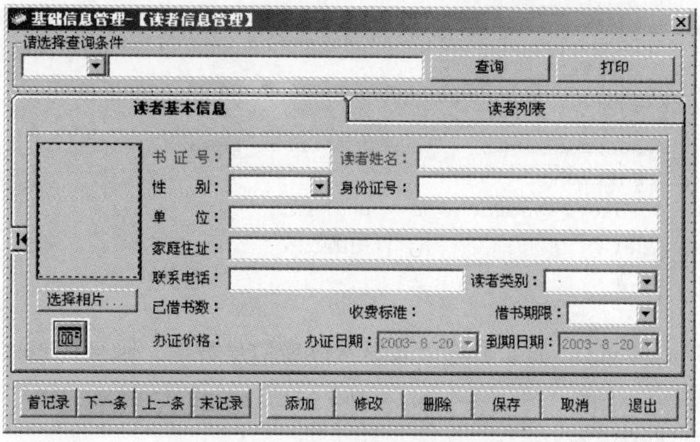

图 14-20　读者信息管理的设计界面

2. 代码设计

在代码窗口的声明部分定义如下变量。

```
Dim i, a, Mat As Integer              '声明整型变量
Dim rs1 As New ADODB.Recordset        '声明数据集对象
Dim mst As New ADODB.Stream
Dim con As New ADODB.Connection
```

在窗体加载时，使用数据集对象的 cnn()函数连接到数据库上。将数据表中相应字段的数据添加到 ComboBox 控件中。窗体加载时的事件代码如下。

```
Private Sub Form_Load()
    Adodc1.ConnectionString = Cnn
    '添加读者类别列表
    rs1.Open "select 类别名称 from dzlbb ", Cnn, adOpenKeyset, adLockOptimistic
    If rs1.RecordCount > 0 Then
        If rs1.BOF = False Then rs1.MoveFirst
        For i = 0 To rs1.RecordCount - 1
            Combo2.AddItem (Trim(rs1.Fields("类别名称")))
            rs1.MoveNext
        Next i
    End If
    rs1.Close
    If Combo2.ListCount > 0 Then Combo2.ListIndex = 0
        '添加性别列表
        Combo1.AddItem ("男")
        Combo1.AddItem ("女")
        Combo1.ListIndex = 1
        '添加查询字段列表
        Combo3.AddItem ("书证号")
        Combo3.AddItem ("姓名")
        Combo3.AddItem ("身份证")
        Combo3.AddItem ("单位")
        Combo3.AddItem ("读者类别")
        Combo3.AddItem ("期限")
```

```
                    Combo3.ListIndex = 0
                    '添加借书期限列表
                    Combo4.AddItem ("一年")
                    Combo4.AddItem ("半年")
                    Combo4.AddItem ("三个月")
                    Adodc1.RecordSource = "select * from reads"
                    Adodc1.Refresh
            If Adodc1.Recordset.RecordCount > 0 Then
                Call view_data                    '调用函数
            End If
        End Sub
```

在窗体加载中调用的 view_data 函数用来显示读者信息数据，函数代码如下。

```
    Private Sub view_data()                    '声明一个显示 reads 表中数据的过程
        With Adodc1.Recordset
                '将 reads 数据表中各字段的值赋给对应的控件
            If .RecordCount > 0 Then
                If .Fields("书证号") <> "" Then Text1.text = .Fields("书证号")
                If .Fields("姓名") <> "" Then Text2.text = .Fields("姓名")
                If .Fields("性别") <> "" Then Combo1.text = .Fields("性别")
                If .Fields("身份证") <> "" Then Text3.text = .Fields("身份证")
                If .Fields("单位") <> "" Then Text4.text = .Fields("单位")
                If .Fields("家庭住址") <> "" Then Text5.text = .Fields("家庭住址") Else
Text5.text = ""
                If .Fields("联系电话") <> "" Then Text6.text = .Fields("联系电话") Else
Text6.text = ""
                If .Fields("读者类别") <> "" Then Combo2.text = .Fields("读者类别")
                If .Fields("收费标准") <> "" Then Label3.Caption = .Fields("收费标准")
                If .Fields("期限") <> "" Then Combo4.text = .Fields("期限")
                If .Fields("办证价格") <> "" Then Label4.Caption = .Fields("办证价格")
                If .Fields("办证日期") <> "" Then DTPicker1.Value = .Fields("办证日期")
                If .Fields("到期日期") <> "" Then DTPicker2.Value = .Fields("到期日期")
                If .Fields("已借书数") <> "" Then jss.Caption = .Fields("已借书数")
                '显示数据库中的相片
                Set Picture1.DataSource = Adodc1
                Picture1.DataField = "相片路径"
                Image1.Picture = Picture1.Picture
                If .Fields("相片路径") Is Nothing Then
                    Picture1.Picture = LoadPicture()
                    MsgBox "此读者相片错误, 请更改! "
                    Picture1.Picture = LoadPicture("")
                End If
            End If
        End With
    End Sub
```

单击"保存"按钮，则调用"保存"按钮的单击事件过程保存录入的读者基本数据信息。在保存信息的时候，首先要判断是添加信息的保存还是修改信息的保存，代码如下。

```
    Private Sub CmdSave_Click()
```

```
        If a = 0 Then        '判断是添加信息的保存还是修改信息的保存。当变量 a=0 时为添加信息的保存
          '判断是否有填写不完整的读者信息项
        If Text2.text = "" And Combo1.text ="And Text3.text =""And Text4.text = "" And
Combo2.text = "" Then
            MsgBox ("请输入读者详细信息! ")
            Exit Sub
        End If
          If Picture1.Picture = LoadPicture("") Then
          MsgBox ("请输入读者相片! ")
          Exit Sub
        End If
        With Adodc1.Recordset
        '添加读者信息到 reads 表中
            .AddNew
            mst.Type = adTypeBinary
            mst.Open
            mst.LoadFromFile CDialog1.FileName
            .Fields("书证号") = Text1.text
            .Fields("姓名") = Text2.text
            .Fields("性别") = Combo1.text
            .Fields("身份证") = Text3.text
            .Fields("单位") = Text4.text
            .Fields("家庭住址") = Text5.text
            .Fields("联系电话") = Text6.text
            .Fields("读者类别") = Combo2.text
            .Fields("收费标准") = Val(Label3.Caption)
            .Fields("期限") = Combo4.text
            .Fields("办证价格") = Val(Label4.Caption)
            .Fields("办证日期") = DTPicker1.Value
            .Fields("到期日期") = DTPicker2.Value
            '保存相片数据
            .Fields("相片路径") = mst.Read
            .Fields("已借书数") = 0
            mst.Close
            .Update                          '更新数据表
        End With
        a = 2                                '设置变量 a=2
      Call Ena                               '调用设置控件有效或无效的过程
      ElseIf a = 1 Then                      '当变量 a=1 时为修改信息的保存
        Adodc1.Recordset.Close
        Adodc1.Recordset.Open "select * from reads where 书证号='" + Text1.text + "'", Cnn,
adOpenKeyset, adLockOptimistic
        Myval = MsgBox("是否要修改此记录? ", vbYesNo, "修改窗口")
        If Myval = vbYes Then
          With Adodc1.Recordset
              .Fields("书证号") = Text1.text
              .Fields("姓名") = Text2.text
              .Fields("性别") = Combo1.text
```

```
                    .Fields("身份证") = Text3.text

                    .Fields("单位") = Text4.text

                    .Fields("家庭住址") = Text5.text

                    .Fields("联系电话") = Text6.text

                    .Fields("读者类别") = Combo2.text

                    .Fields("收费标准") = Val(Label3.Caption)

                    .Fields("期限") = Combo4.text

                    .Fields("办证价格") = Val(Label4.Caption)

                    .Fields("办证日期") = DTPicker1.Value

                    .Fields("到期日期") = DTPicker2.Value

                mst.Type = adTypeBinary
                mst.Open
                '更新相片
                If CDialog1.FileName <> "" Then
                    mst.LoadFromFile CDialog1.FileName
                    .Fields("相片路径") = mst.Read
                End If
                .Update                              '更新数据库
            End With
            MsgBox "修改数据成功!"
            Adodc1.Refresh
            a = 2
            Call Ena
        End If
        mst.Close
    End If
End Sub
```

单击"删除"按钮，则调用"删除"按钮单击事件过程删除相应的读者数据信息，代码如下。

```
Private Sub CmdDelete_Click()            '删除读者信息
    If Adodc1.Recordset.RecordCount > 0 Then
        a = MsgBox("您确实要删除这条数据吗? ", vbYesNo)
        If a = vbYes Then
            '删除当前记录
            Adodc1.Recordset.Delete
            Adodc1.Recordset.Update
            If Adodc1.Recordset.EOF = False Then
                Adodc1.Recordset.MoveNext
            Else
                Adodc1.Recordset.MoveFirst
            End If
            Call view_data                '调用显示 reads 表中数据的过程
            '设置按钮有效或无效
            CmdSave.Enabled = False
            CmdEsc.Enabled = False
            CmdAdd.Enabled = True
            CmdModify.Enabled = True
            For i = 0 To 3
                CmdMD(i).Enabled = True
            Next i
        End If
```

```
      End If
  End Sub
```

14.5.5　入库管理

通过入库管理向数据库中添加新的图书信息，并将图书入库。一般情况下在进行图书入库时，都会同时有几十种或更多的图书同时入库，若每次只能进行一种图书的入库，显然会影响工作效率，而本模块在设计时充分考虑到这点，采用了批量入库的方式进行设计。

同时，还提供了图书的筛选功能，即输入相应书号返回与该书号相同的图书，以供操作员选择，大大提高了图书入库的效率。

入库管理模块的运行结果如图 14-21 所示。

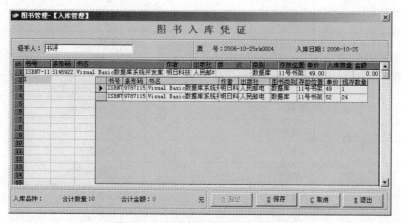

图 14-21　入库管理窗体的运行结果

1. 窗体设计

（1）在工程中新建一个窗体，将窗体的名称设置为"main_rcyw_tsrk"，BorderStyle 属性设置为"1-Fixed Single"，MaxButton 属性设置为 False。

（2）在窗体上添加 MSFlexGrid 控件，由于该控件属于 ActiveX 控件，在使用之前必须从"部件"对话框中添加到工具箱。添加方法为：在"工程"→"部件"对话框中勾选"Microsoft FlexGrid Control 6.0 (SP3)"列表项，单击"确定"按钮之后即可将 Adodc 控件添加到工具箱当中。

（3）在 main_rcyw_tsrk 窗体中放置 Adodc、DataGrid、MSFlexGrid、ComboBox、Label、TextBox 和 CommandButton 等控件。主要控件对象的属性如表 14-9 所示。

表 14-9　　　　　　　　　　　　　主要控件对象的属性列表

对　　　象	属　　　性	值
Adodc1	ConnectionString	DSN=NBooks
	RecordSource	select * from kcb
	Visible	False
Adodc2	ConnectionString	DSN=NBooks
	RecordSource	select * from rkb
	Visible	False
Adodc3	ConnectionString	DSN=NBooks
	RecordSource	select * from kcb
	Visible	False

续表

对　　象	属　　性	值
DataGrid1	名称	Grid
	DataSource	Adodc1
MSFlexGrid1	名称	MS1
Text1	Enabled	False
Text2	名称	jsr
Label5	名称	PH
Label6	名称	rq
Label7	名称	pz
Label8	名称	hjsl
Label9	名称	hjje
Command1	名称	CmdReg
	Caption	&D 登记
Command2	名称	CmdSave
	Caption	&S 保存
Command3	名称	CmdEsc
	Caption	&C 取消
Command4	名称	CmdEnd
	Caption	&E 退出

入库管理窗体的设计结果如图 14-22 所示。

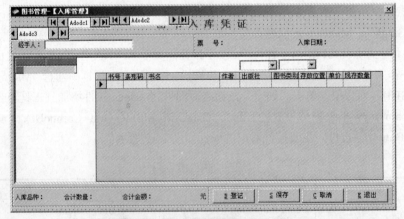

图 14-22　入库管理窗体的设计结果

2. 代码设计

在代码窗口的声明部分定义如下变量。

```
Dim s, Y, I                        '声明变量
'声明数据集对象
Dim rs1 As New ADODB.Recordset
Dim rs2 As New ADODB.Recordset
```

```
Dim rs3 As New ADODB.Recordset
Dim lsph As Integer                           '声明一个整型变量
```

图书入库采取表格进行多行数据添加，在添加数据之前，需要设置 MSFlexGrid 表格的列宽、表头信息等，通过窗体加载时的事件实现，具体代码如下。

```
Private Sub Form_Load()
    '定义连接
    Adodc1.ConnectionString = "DSN=NBooks"
    Adodc1.RecordSource = "select * from kcb"
    Adodc1.Refresh
    Adodc2.ConnectionString = "DSN=NBooks"
    Adodc2.RecordSource = "select * from rkb"
    Adodc2.Refresh
    Adodc3.ConnectionString = "DSN=NBooks"
    Adodc3.RecordSource = "select * from kcb"
    Adodc3.Refresh
    '定义 MS1 表的行数、列数
    MS1.Rows = 102
    MS1.Cols = 12
    '定义 MS1 表的列宽和表头信息
    s = Array("300", "800", "700", "2600", "800", "700", "1000", "800", "800", "600",
"800", "800", "800")
    Y = Array("xh", "书号", "条形码", "书名", "作者", "出版社", "版    次", "类别", "存放位
置", "单价", "入库数量", "金额")
    For i = 0 To 11
        MS1.ColWidth(i) = s(i)
        MS1.TextMatrix(0, i) = Y(i)
    Next i
    '定义 MS1 表的行号
    For i = 1 To 101
        MS1.TextMatrix(i, 0) = i
    Next i
    rq.Caption = Date                         '设置入库日期
    '添加图书类别列表
    Set rs1 = New ADODB.Recordset
    ' 打开连接对象
    rs1.Open "select 类别名称 from tslbb group by 类别名称", Cnn, adOpenKeyset,
adLockOptimistic
    If rs1.BOF = False Then rs1.MoveFirst
    For i = 0 To rs1.RecordCount - 1
        Combo1.AddItem (Trim(rs1.Fields("类别名称")))
        'Trim 函数返回 Variant (String)，其中包含指定字符串的拷贝，没有前导和尾随空白
        rs1.MoveNext
    Next i
    rs1.Close                                 '关闭对象
    '添加图书存放位置列表
    Set rs2 = New ADODB.Recordset
    '打开对象连接
    rs2.Open "select 存放位置 from tswzb group by 存放位置", Cnn, adOpenKeyset,
adLockOptimistic
    If rs2.BOF = False Then rs2.MoveFirst
    For i = 0 To rs2.RecordCount - 1
```

```
        Combo2.AddItem (Trim(rs2.Fields("存放位置")))
        rs2.MoveNext
    Next i
    rs2.Close                              '关闭对象
    jsr.Enabled = False
    MS1.Enabled = False
End Sub
```

查询书号类似的图书信息过程事件的代码如下。

```
Private Sub Text1_Change()
    MS1.text = text1.text                  '赋值给 MS1.text
    If MS1.Col = 1 Then
        '按书号查询库存图书信息
        Adodc1.RecordSource = "select * from kcb where 书号 like +'" + text1.text + "'+'%'"
        Adodc1.Refresh
        If text1.text = "" Then                           '当 text1.text 为空时
            Grid1.Visible = False                         'Grid1 不可见
        Else
            If Adodc1.Recordset.RecordCount > 0 Then      '当记录大于零时
            Grid1.Visible = True                          'Grid1 可见
            text1.Visible = True
            text1.SetFocus
            Else
                Grid1.Visible = False
            End If
        End If
    End If
    If MS1.Col = 9 Then MS1.TextMatrix(MS1.Row, 11) = Val(MS1.TextMatrix(MS1.Row, 9))
* Val(MS1. TextMatrix(MS1.Row, 10))
    'Val 函数返回包含于字符串内的数字，字符串中是一个适当类型的数值。
    If MS1.Col = 10 Then MS1.TextMatrix(MS1.Row, 11) = Val(MS1.TextMatrix(MS1.Row, 9))
* Val(MS1. TextMatrix(MS1.Row, 10))
    If MS1.Col = 7 Then
        text1.Visible = False
        Combo1.Visible = True
        Combo1.Width = MS1.CellWidth
        Combo1.Left = MS1.CellLeft + MS1.Left
        Combo1.Top = MS1.CellTop + MS1.Top
        Combo1.SetFocus
    End If
    Dim a, B As Single
    For i = 1 To 101
        a = Val(MS1.TextMatrix(i, 11)) + a
        B = Val(MS1.TextMatrix(i, 10)) + B
        If MS1.TextMatrix(i, 1) <> "" And MS1.TextMatrix(i, 10) <> "" Then pz.Caption
= i
    Next i
    '计算合计金额，合计数量
    hjje.Caption = a                                  '计算合计金额
    hjsl.Caption = B                                  '计算合计数量
End Sub
```

将所查询到的图书信息添加到 MSFlexGrid 表格中与查看其他类似图书信息时的事件代码如下。

```
Private Sub Text1_KeyDown(KeyCode As Integer, Shift As Integer)
    If KeyCode = vbKeyReturn Then                        '按回车键
        text1.text = MS1.text
        Adodc3.RecordSource = "select * from kcb where 条形码='" + MS1.TextMatrix(MS1.Row, 2) + "'"
        Adodc3.Refresh
        If Adodc3.Recordset.RecordCount > 0 Then         '当记录大于零时
            If MS1.Col = 2 Then
                With Adodc3.Recordset
                    '赋值给 MS1 表格
                    If .Fields("书号") <> "" Then MS1.TextMatrix(MS1.Row, 1) = .Fields("书号")

                    If .Fields("条形码") <> "" Then MS1.TextMatrix(MS1.Row, 2) = .Fields("条形码")

                    If .Fields("书名") <> "" Then MS1.TextMatrix(MS1.Row, 3) = .Fields("书名")

                    If .Fields("作者") <> "" Then MS1.TextMatrix(MS1.Row, 4) = .Fields("作者")

                    If .Fields("出版社") <> "" Then MS1.TextMatrix(MS1.Row, 5) = .Fields("出版社")

                    If .Fields("图书类别") <> "" Then MS1.TextMatrix(MS1.Row, 7) = .Fields("图书类别")

                    If .Fields("存放位置") <> "" Then MS1.TextMatrix(MS1.Row, 8) = .Fields("存放位置")

                    If .Fields("单价") <> "" Then MS1.TextMatrix(MS1.Row, 9) = .Fields("单价")

                    text1.text = MS1.text
                    MS1.Col = 6
                    Grid1.Visible = False
                    text1.SetFocus
                End With
            End If
        End If
        If Adodc1.Recordset.RecordCount > 0 Then          '当记录大于零时
            If MS1.Col = 1 Then
                With Adodc1.Recordset
                    '赋值给 MS1 表格
                    If .Fields("书号") <> "" Then MS1.TextMatrix(MS1.Row, 1) = .Fields("书号")

                    If .Fields("条形码") <> "" Then MS1.TextMatrix(MS1.Row, 2) = .Fields("条形码")

                    If .Fields("书名") <> "" Then MS1.TextMatrix(MS1.Row, 3) = .Fields("书名")

                    If .Fields("作者") <> "" Then MS1.TextMatrix(MS1.Row, 4) = .Fields("作者")

                    If .Fields("出版社") <> "" Then MS1.TextMatrix(MS1.Row, 5) = .Fields("出版社")

                    If .Fields("图书类别") <> "" Then MS1.TextMatrix(MS1.Row, 7) = .Fields("图书类别")
```

```
                If .Fields("存放位置") <> "" Then MS1.TextMatrix(MS1.Row, 8)
= .Fields("存放位置")
                If .Fields("单价") <> "" Then MS1.TextMatrix(MS1.Row, 9) = .Fields("
单价")

                MS1.Col = 6
                text1.text = MS1.text
                text1.SetFocus
            End With
        End If
        If MS1.Col = 6 Then MS1.Col = 9
        If MS1.Col = 10 Then
            MS1.Row = MS1.Row + 1
            MS1.Col = 1
        Else
            If MS1.Col + 1 <= MS1.Cols - 1 Then
                MS1.Col = MS1.Col + 1
            Else
                If MS1.Row + 1 <= MS1.Rows - 1 Then
                    MS1.Row = MS1.Row + 1
                    MS1.Col = 1
                End If
            End If
        End If
    Else
        If MS1.Col = 10 Then
            MS1.Row = MS1.Row + 1
            MS1.Col = 1
        Else
            If MS1.Col + 1 <= MS1.Cols - 1 Then
                MS1.Col = MS1.Col + 1
            Else
                If MS1.Row + 1 <= MS1.Rows - 1 Then
                    MS1.Row = MS1.Row + 1
                    MS1.Col = 1
                End If
            End If
        End If
    End If
End If
If KeyCode = vbKeyUp Then                          '按 KeyUp 键
    If MS1.Row > 1 Then MS1.Row = MS1.Row - 1
End If
If KeyCode = vbKeyDown And (MS1.TextMatrix(MS1.Row, 1)) <> "" Then '按 KeyDown 键
    If MS1.Row < 99 Then MS1.Row = MS1.Row + 1
End If
If KeyCode = vbKeyLeft Then                        '按 KeyLeft 键
    If text1.text <> "" Then
        text1.SelStart = 0
        text1.SelLength = Len(text1.text)
        'Len 函数返回 Long，其中包含字符串内字符的数目，或是存储一变量所需的字节数。
    End If
    If MS1.Col - 10 <= MS1.Cols + 1 Then
        MS1.Col = MS1.Col - 1
        If MS1.Col = 0 Then MS1.Col = 1
```

```
        Else
            If MS1.Row + 1 <= MS1.Row - 1 Then
                MS1.Row = MS1.Row + 1
                MS1.Col = 1
            End If
        End If
    End If
    If KeyCode = vbKeyRight Then                         '按 KeyRight 键
        If text1.text <> "" Then
            text1.SelStart = 0
            text1.SelLength = Len(text1.text)
        End If
        If MS1.Col + 1 <= MS1.Cols - 1 Then
            MS1.Col = MS1.Col + 1
        Else
            If MS1.Row + 1 <= MS1.Rows - 1 Then
                MS1.Row = MS1.Row + 1
                MS1.Col = 1
            End If
        End If
    End If
    If KeyCode = vbKeyPageDown And MS1.Col = 1 Then  '按 KeyPageDown 键
        Adodc1.RecordSource = "select * from kcb"
        Adodc1.Refresh
        Grid1.Visible = True
        Grid1.SetFocus
    End If
End Sub
```

单击"登记"按钮时自动生成入库票号过程事件的代码如下。

```
Private Sub CmdReg_Click()
'查询所有入库数据，并按票号排序
    Adodc2.RecordSource = "select * from rkb order by 票号"
    Adodc2.Refresh
    '创建入库票号
    If Adodc2.Recordset.RecordCount > 0 Then        '当记录数大于零
        If Not Adodc2.Recordset.EOF Then Adodc2.Recordset.MoveLast
        If Adodc2.Recordset.Fields("票号") <> "" Then
            lsph = Right(Trim(Adodc2.Recordset.Fields("票号")), 4) + 1
            'Right 函数返回 Variant (String)，其中包含从字符串右边取出的指定数量的字符。
            'Trim 函数返回 Variant (String)，其中包含指定字符串的拷贝，没有前导和尾随空白(Trim)。
            PH.Caption = Date & "rk" & Format(lsph, "0000")
        End If
    Else
        PH.Caption = Date & "rk" & "0001"
    End If
    '设置 jsr 有效
    jsr.Enabled = True
    'jsr 获得焦点
    jsr.SetFocus
    text1.Enabled = True
    MS1.Enabled = True
    '确定文本框在 MS1 表格中的位置
```

```
        text1.Width = MS1.CellWidth
        text1.Height = MS1.CellHeight
        text1.Left = MS1.CellLeft + MS1.Left
        text1.Top = MS1.CellTop + MS1.Top
        '设置按钮有效或无效
        CmdSave.Enabled = True
        CmdCancel.Enabled = True
        CmdReg.Enabled = False
        MS1.Enabled = True
        jsr.Enabled = True
    End Sub
```

14.5.6 入库查询

入库查询实现的是对图书入库信息的查询、删除及打印等操作。通过指定条件查询到相应的入库信息，可将这些信息打印出来，也可以将选定的信息删除掉。

入库查询模块的运行结果如图 14-23 所示。

图 14-23 入库查询模块运行结果

1. 窗体设计

（1）在工程中新建一个窗体，将窗体的名称设置为 "main_rcyw_rkcx"，BorderStyle 属性设置为 "1-Fixed Single"，MaxButton 属性设置为 False。

（2）在窗体中放置 Adodc、DataGrid、TextBox、DTPicker、CheckBox、ComboBox、Label 和 CommandButton 等控件。主要控件对象的属性如表 14-10 所示。

表 14-10 主要控件对象的属性列表

对 象	属 性	值
Adodc1 Adodc2	ConnectionString	DSN=NBooks
	RecordSource	select * from rkb
	Visible	False
DataGrid1	DataSource	Adodc1
DTPicker1	名称	DTP1
DTPicker2	名称	DTP2
Label3	名称	pz
Label4	名称	sl
Label5	名称	je

续表

对　象	属　性	值
Command1	名称	CmdFind
	Caption	&F 查询
Command2	名称	CmdDelete
	Caption	&D 删除
Command3	名称	CmdPrint
	Caption	&P 打印
Command4	名称	CmdEnd
	Caption	&E 退出

入库查询窗体的设计结果如图 14-24 所示。

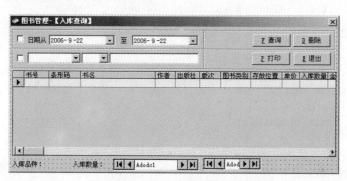

图 14-24　入库查询窗体的设计结果

2. 代码设计

当窗体启动时，设置 Ado 控件连接到数据库，并为 ComboBox 控件添加查询字段名称，以及指定 DTPicker 控件中显示的日期。实现代码如下。

```
Private Sub Form_Load()
    Adodc1.ConnectionString = "DSN=NBooks"
    Adodc1.RecordSource = "select * from rkb"
    Adodc1.Refresh
    Adodc2.ConnectionString = "DSN=NBooks"
    Adodc2.RecordSource = "select * from rkb"
    Adodc2.Refresh
    '添加字段列表
    Combo1.AddItem ("书号")
    Combo1.AddItem ("条形码")
    Combo1.AddItem ("书名")
    Combo1.AddItem ("作者")
    Combo1.AddItem ("出版社")
    Combo1.AddItem ("版次")
    Combo1.AddItem ("图书类别")
    Combo1.AddItem ("存放位置")
    Combo1.AddItem ("票号")
    Combo1.AddItem ("操作员")
```

```
        Combo1.AddItem ("经手人")
        Combo1.ListIndex = 0
        '添加查询条件列表
        Combo2.AddItem ("like")
        Combo2.AddItem ("=")
        Combo2.ListIndex = 0
        '设置查询日期
        DTP1.Value = Date - 10
        DTP2.Value = Date
        CmdFind_Click
End Sub
```

单击"查询"按钮，查询符合条件的信息，实现的具体代码如下。

```
Private Sub CmdFind_Click()
    Select Case Combo2.text
        Case Is = "like"
            If Check1.Value = 0 And Check2.Value = 1 Then
                Adodc1.RecordSource = "select * from rkb where rkb." + Combo1.text + "
like +'%'+'" + Text1.text + "'+'%'order by 票号"
                Adodc1.Refresh
                Adodc2.RecordSource = "select count(*)as 品种,sum(入库数量)as 合计数
量,sum(金额)as 合计金额 from rkb  where rkb." + Combo1.text + " like '%" + Text1.text + "%'"
                Adodc2.Refresh
                Call viewdata
            End If
            If Check1.Value = 1 And Check2.Value = 0 Then
                Adodc1.RecordSource = "Select * from rkb where 日期 between '" +
Str(DTP1.Value) + "' and '" + Str(DTP2.Value) + "' order by 票号"
                'Str 函数返回代表一数值的 Variant (String)。
                Adodc1.Refresh
                Adodc2.RecordSource = "select count(*)as 品种,sum(入库数量)as 合计数
量,sum(金额)as 合计金额 from rkb where 日期 between '" + Str(DTP1.Value) + "' and '" +
Str(DTP2.Value) + "'"
                Adodc2.Refresh
                Call viewdata
            End If
            If Check1.Value = 1 And Check2.Value = 1 Then
                Adodc1.RecordSource = "select * from rkb where rkb." & Combo1.text & "
" & " like+ '%'+'" + Text1.text + "'+'%'and 日期 between '" + Str(DTP1.Value) + "' and '" +
Str(DTP2.Value) + "' order by 票号"
                Adodc1.Refresh
                Adodc2.RecordSource = "select count(*)as 品种,sum(入库数量)as 合计数
量,sum(金额)as 合计金额 from rkb  where rkb." & Combo1.text & " " & "like +'%" + Text1.text +
"%'and 日期 between '" + Str(DTP1.Value) + "' and '" + Str(DTP2.Value) + "'"
                Adodc2.Refresh
                Call viewdata
            End If
        Case Is = "="
            If Check1.Value = 0 And Check2.Value = 1 Then
                Adodc1.RecordSource = "select * from rkb where rkb." & Combo1.text & "
" & "= '" + Text1.text + "'order by 票号"
                Adodc1.Refresh
```

```
            Adodc2.RecordSource = "select count(*)as 品种,sum(入库数量)as 合计数
量,sum(金额)as 合计金额 from rkb  where rkb." & Combo1.text & " " & "='" + Text1.text + "'"
            Adodc2.Refresh
            Call viewdata
         End If
         If Check1.Value = 1 And Check2.Value = 1 Then
            Adodc1.RecordSource = "select * from rkb where rkb." & Combo1.text & "
" & " ='" + Text1.text + "'and 日期 between '" + Str(DTP1.Value) + "'and '" + Str(DTP2.Value)
+ "' order by 票号"
            Adodc1.Refresh
            Adodc2.RecordSource = "select count(*)as 品种,sum(入库数量)as 合计数
量,sum(金额)as 合计金额 from rkb  where rkb." & Combo1.text & " " & "='" + Text1.text + "'and
日期 between '" + Str (DTP1.Value) + "' and '" + Str(DTP2.Value) + "'"
            Adodc2.Refresh
            Call viewdata
         End If
      End Select
   End Sub
```

查询时调用的 viewdata()过程，事件代码如下。

```
Private Sub viewdata()                 '声明显示入库品种、入库数量、入库金额的过程
   With Adodc2.Recordset
      If .Fields(0) <> "" Then pz.Caption = .Fields(0) Else pz.Caption = "0"
      If .Fields(1) <> "" Then sl.Caption = .Fields(1) Else sl.Caption = "0"
      If .Fields(2) <> "" Then je.Caption = Format(.Fields(2), "0.00") Else je.Caption
= "0.00"
      'Format 函数返回 Variant (String)，其中含有一个表达式，它是根据格式表达式中的指令来格
式化的。
   End With
End Sub
```

单击"打印"按钮将所查询的信息进行打印，实现的具体代码如下：

```
Private Sub CmdPrint_Click()
   Select Case Combo2.text
      Case Is = "like"
         If Check1.Value = 0 And Check2.Value = 1 Then
            DataE1.rsCommand2.Open "select * from rkb where rkb." + Combo1.text + "
like +'%'+'" + Text1.text + "'+'%'order by 票号"
         End If
         If Check1.Value = 1 And Check2.Value = 0 Then
            DataE1.rsCommand2.Open "Select * from rkb where 日期 between '" +
Str(DTP1.Value) + "' and '" + Str(DTP2.Value) + "' order by 票号"
         End If
         If Check1.Value = 1 And Check2.Value = 1 Then
            DataE1.rsCommand2.Open "select * from rkb where rkb." & Combo1.text & "
" & " like +'%'+'" + Text1.text + "'+'%'and 日期 between '" + Str(DTP1.Value) + "' and '"
+ Str(DTP2.Value) + "' order by 票号"
         End If
      Case Is = "="
         If Check1.Value = 0 And Check2.Value = 1 Then
            DataE1.rsCommand2.Open "select * from rkb where rkb." & Combo1.text & "
" & "= '" + Text1.text + "'order by 票号"
         End If
```

```
        If Check1.Value = 1 And Check2.Value = 1 Then
            DataE1.rsCommand2.Open "select * from rkb where rkb." & Combo1.text & "
" & " ='" + Text1.text + "'and 日期 between '" + Str(DTP1.Value) + "' and '" + Str(DTP2.Value)
+ "' order by 票号"
        End If
    End Select
    DR1_tsrkcx.Show
End Sub
```

14.5.7 库存上下限设置

图书入库后，需要对其库存设定存储上限和下限。这样做可以防止某种图书因为入库过多造成图书堆积，或者由于库存不足造成图书断货。通过上下限设置模块为图书设置上下限，从而满足其库存需求。

库存上下限设置模块的运行结果如图 14-25 所示。

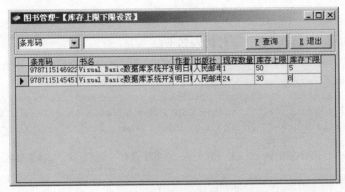

图 14-25　库存上下限设置模块运行结果

1. 窗体设计

（1）在工程中新建一个窗体，将窗体的名称设置为"main_rcyw_kcsxx"，BorderStyle 属性设置为"1-Fixed Single"，MaxButton 属性设置为 False。

（2）在窗体中放置 Adodc、DataGrid、TextBox和 ComboBox等控件。主要控件对象的属性如表 14-11 所示。

表 14-11　　　　　　　　　　　　主要控件对象的属性列表

对　　象	属　　性	值
Adodc1	ConnectionString	DSN=NBooks
	RecordSource	select * from kcb
	Visible	False
DataGrid1	DataSource	Adodc1
Command1	名称	CmdFind
	Caption	&F 查询
Command2	名称	CmdEnd
	Caption	&E 退出

库存上下限设置窗体的设计结果如图 14-26 所示。

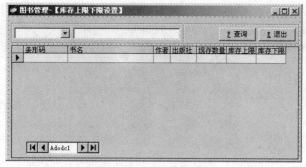

图 14-26　库存上下限设置窗体的设计界面

2. 代码设计

当窗体启动时，设置 Ado 控件连接到数据库，并为 ComboBox 控件添加查询字段名称，以及锁定 DataGrid 控件中前 5 列数据，使其不能在控件中修改。实现代码如下。

```
Private Sub Form_Load()
    '自动识别路径
    Adodc1.ConnectionString = "DSN=NBooks"
    Adodc1.RecordSource = "select * from kcb"
    Adodc1.Refresh
    '添加字段列表
    Combo1.AddItem ("书号")
    Combo1.AddItem ("条形码")
    Combo1.AddItem ("书名")
    Combo1.AddItem ("作者")
    Combo1.AddItem ("出版社")
    Combo1.AddItem ("图书类别")
    Combo1.AddItem ("存放位置")
    Combo1.ListIndex = 1
    '锁定 DataGrid1 表格的 0 至 5 列
    Dim a As Integer
    For a = 0 To 4
        DataGrid1.Columns(a).Locked = True
    Next a
    '按选择的字段和输入的内容模糊查询
    Adodc1.RecordSource = "select * from kcb "
    Adodc1.Refresh
End Sub
```

单击“查询”按钮，按条件查询相应的图书库存信息，实现的代码如下。

```
Private Sub CmdFind_Click()
    '按选择的字段和输入的内容模糊查询
    Adodc1.RecordSource = "select * from kcb where kcb." & Combo1.text & " " & " like
'%" + Text1.text + "%'order by 书号"
    Adodc1.Refresh
End Sub
```

14.5.8　销量分析

通过销量分析，可以完成当月图书销量的排行与分析工作。

销量分析模块的运行结果如图 14-27 所示。

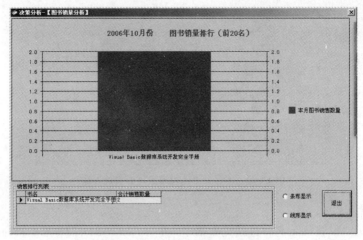

图 14-27　销量分析模块运行结果

1. 窗体设计

（1）在工程中新建一个窗体，将窗体的名称设置为"main_jcfx_xlfx"，BorderStyle 属性设置为"1-Fixed Single"，MaxButton 属性设置为 False。

（2）在 main_jcfx_xlfx 窗体中放置 Adodc、DataCombo、MSFlexGrid、MSChart、Label、TextBox 和 CommandButton 等控件。主要控件对象的属性如表 14-12 所示。

表 14-12　　　　　　　　　　　　主要控件对象的属性列表

对　　象	属　　性	值
Adodc1	ConnectionString	DSN=NBooks
	RecordSource	select * from xsb
	Visible	False
Adodc2	ConnectionString	DSN=NBooks
	RecordSource	select * from tslbb
	Visible	False
DataGrid1	DataSource	Adodc1

销量分析窗体的设计结果如图 14-28 所示。

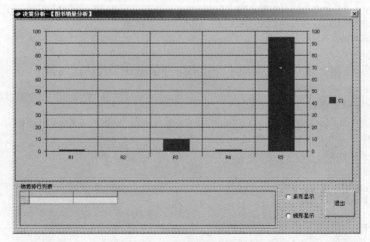

图 14-28　销量分析窗体的设计

2. 代码设计

窗体加载时，使用 SQL 语句检索汇总销量数据库中的信息，并以图表的形式显示出来。实现的代码如下。

```
Private Sub Form_Load()
    Adodc1.ConnectionString = "DSN=NBooks"
    Adodc1.RecordSource = "select * from xsb"
    Adodc1.Refresh
    Adodc2.ConnectionString = "DSN=NBooks"
    Adodc2.RecordSource = "select * from tslbb"
    Adodc2.Refresh
    Set rs1 = New ADODB.Recordset
    rs1.Open "select top 20 书名,sum(销售数量)as 合计销售数量 from xsb where  year(日期)='" +
Format(Date, "yyyy") + "'and month(日期)='" + Format(Date, "mm") + "' group by 书名,出版社 order
by 2 desc", Cnn, adOpenKeyset, adLockOptimistic
    With msChart1
        .ShowLegend = True
        .Title.text = "  " & Year(Date) & "年" & Month(Date) & "月份 " & DataCombo1.text
& "图书销量排行（前20名）"                              '设置图表名称
        .Title.VtFont.Size = 12                       '设置字体大小
        .Title.VtFont.VtColor.Set 255, 0, 0           '设置字体颜色
    End With
    Set msChart1.DataSource = rs1
    If rs1.RecordCount > 0 Then
        rs1.MoveFirst
        Set msChart1.DataSource = rs1
        msChart1.ColumnLabel = "本月图书销售数量"
    End If
    rs1.Close
    Adodc1.RecordSource = "select top 20 书名,sum(销售数量)as 合计销售数量 from xsb where
year (日期)='" + Format(Date, "yyyy") + "'and month(日期)='" + Format(Date, "mm") + "' group
by 书名,出版社 order by 合计销售数量 desc "
    'Left 函数返回 Variant (String)，其中包含字符串中从左边算起指定数量的字符。
    Adodc1.Refresh
    DataGrid1.Columns(0).Width = 3100
    DataGrid1.Columns(1).Width = 1500
End Sub
```

14.5.9　添加操作员

在进行图书管理时，不同操作员都有各自不同的职责和权限。为了使"图书综合管理系统"的操作不会乱，可以通过添加操作员模块来添加、删除操作员，以便高级操作员管理。

添加操作员模块的运行结果如图 14-29 所示。

1. 窗体设计

（1）在工程中新建一个窗体，将窗体的名称设置为"main_xtgl_czysz"，BorderStyle 属性设置为"1-Fixed Single"，MaxButton 属性设置为 False。

（2）窗体中添加 Adodc 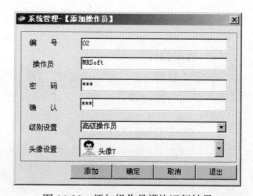 、ImageList 、

图 14-29　添加操作员模块运行结果

ImageCombo⊞、ComboBox▤、TextBox▥、LabelᴬＡ和 CommandButton▭等控件。主要控件对象的属性如表 14-13 所示。

表 14-13　　　　　　　　　　　　　主要控件对象的属性列表

对　　象	属　　性	值
Adodc1	ConnectionString	DSN=NBooks
	RecordSource	select * from qxb
	Visible	False
Text1	名称	TxtBH
Text2	名称	TxtCZY
Text3	名称	TxtMM
Text4	名称	TxtOK
Command1	名称	CmdAdd
	Caption	添加
Command2	名称	CmdOk
	Caption	确定
Command3	名称	CmdEsc
	Caption	取消
Command4	名称	CmdEnd
	Caption	退出

添加操作员窗体的设计结果如图 14-30 所示。

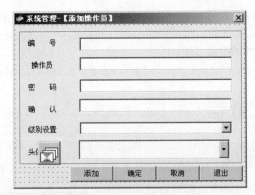

图 14-30　添加操作员窗体的设计结果

2. 代码设计

在窗体启动时，设置 Adodc 控件连接数据库，并向 ComboBox 控件与 ImageCombo 控件添加信息。实现的代码如下。

```
Private Sub Form_Load()
    '自动识别路径
    Adodc1.ConnectionString = "DSN=NBooks"
    Adodc1.RecordSource = "select * from qxb"
    Adodc1.Refresh
    Dim NewItem As ComboItem                    '声明一个 ComboItem 对象
```

```
    Dim i As Integer                          '声明一个整型变量
    Combo1.AddItem ("系统管理员")              '向 Combo 控件中添加数据项
    Combo1.AddItem ("高级操作员")              '向 Combo 控件中添加数据项
    Combo1.AddItem ("普通操作员")              '向 Combo 控件中添加数据项
    For i = 1 To 10
        Set NewItem = ImageCombo1.ComboItems.Add(i, "头像" & i, "头像" & i, "头像" & i)
    Next i
End Sub
```

单击"添加"按钮，自动生成操作员编号。代码如下。

```
Private Sub CmdAdd_Click()
    Adodc1.RecordSource = "select * from qxb"
    Adodc1.Refresh
    If Adodc1.Recordset.RecordCount > 0 Then   '如果数据记录大于零
        Adodc1.Recordset.MoveLast              '移至最后一条记录
        TxtBH.text = Format(Val(Adodc1.Recordset.Fields("编号")) + 1, "00")
        'Format 函数返回 Variant (String)，其中含有一个表达式，它是根据格式表达式中的指令来格式
化的。
    Else
        TxtBH.text = "01"
    End If
    TxtCZY.SetFocus                            '设置焦点
End Sub
```

单击"保存"按钮，将所添加的操作员信息保存到数据库中。代码如下。

```
Private Sub cmdOK_Click()
    '保存操作员及密码
    If TxtCZY.text = "" Then
        MsgBox "系统不允许操作员为空！", "图书综合管理系统"
        Exit Sub
    End If
    If TxtMM.text = "" Then
        MsgBox "密码不允许为空！", "图书综合管理系统"
        Exit Sub
    End If
    If TxtOk.text = "" Then
        MsgBox "确认密码不允许为空！", "图书综合管理系统"
        Exit Sub
    End If
    If TxtOk.text <> TxtMM.text Then
        MsgBox "密码与确认密码不同，请重新输入！", "图书综合管理系统"
        Exit Sub
    End If
    If Combo1.text = "" Then
        MsgBox "操作员级别不允许为空！", "图书综合管理系统"
        Exit Sub
    End If
    If ImageCombo1.text = "" Then
        MsgBox "操作员头像不允许为空！", "图书综合管理系统"
        Exit Sub
    End If
    Adodc1.RecordSource = "select * from qxb where 操作员='" + TxtCZY.text + "'"
```

```
    Adodc1.Refresh
    With Adodc1.Recordset
        If .RecordCount > 0 Then                    '如果数据记录大于零
            MsgBox "此操作员已存在，请重新输入! ", "图书综合管理系统"
        Else
            Adodc1.Recordset.Close
            Adodc1.Recordset.Open "select * from qxb", Cnn, 0, 3
            .AddNew
            .Fields("编号") = TxtBH.text
            .Fields("操作员") = TxtCZY.text
            .Fields("密码") = TxtMM.text
            .Fields("操作员级别") = Combo1.text
            .Fields("头像") = ImageCombo1.text
            .Update                                  '更新记录
            '清空控件信息
            TxtBH.text = ""
            TxtCZY.text = ""
            TxtMM.text = ""
            TxtOk.text = ""
            Combo1.text = ""
            ImageCombo1.text = ""
        End If
    End With
End Sub
```

14.5.10　库存打印报表

库存打印是将所查询的信息以报表的形式进行打印。

库存打印报表模块的运行结果如图 14-31 所示。

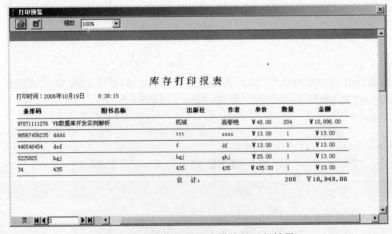

图 14-31　库存打印报表模块的运行结果

1. 窗体设计

若想设计数据报表，首先需要设计数据环境，设计数据环境的步骤如下。

（1）在 VB 开发环境中选择"工程"菜单下的"添加 Data Environment"，此时弹出如图 14-32 所示的窗口。

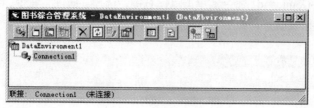

图 14-32 数据环境窗口

（2）在属性窗口中将数据环境的名称修改为 DataE1，在数据连接 Connection1 上单击鼠标右键，在弹出的菜单选择"属性"项，弹出数据链接属性对话框，如图 14-33 所示。

（3）在如图 14-33 所示的窗口当中选择"Microsoft OLE DB Provider for ODBC Drivers"，单击"下一步"按钮，弹出如图 14-34 所示的选择数据连接界面。

图 14-33 选择数据提供者

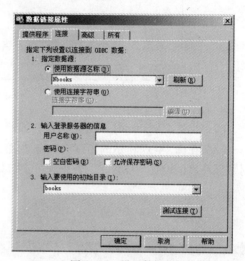

图 14-34 设置数据连接

（4）按照图 14-34 所示的界面设置完数据连接后，单击"测试连接"按钮，测试数据连接，最后单击"确定"按钮。

（5）在数据连接 Connection1 上单击鼠标右键，在弹出的菜单中选择"添加命令"项，为数据连接添加命令，如图 14-35 所示。

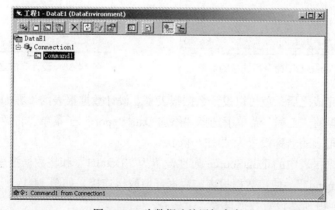

图 14-35 为数据连接添加命令

（6）在所添加的 Command1 命令上单击鼠标右键，选择"属性"命令，在弹出的对话框中设置该命令所连接的数据表信息，如图 14-36 所示。

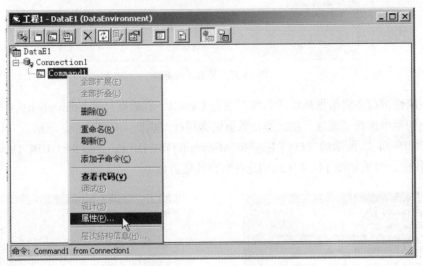

图 14-36　Command1 设置"属性"的命令

（7）设置 Command1 的连接对象，如图 14-37 所示。

（8）在图 14-37 所示的窗口中单击"确定"按钮，修改 Command1 名称为 Command3，完成对数据环境的设置。设置完的数据环境窗口如图 14-38 所示。

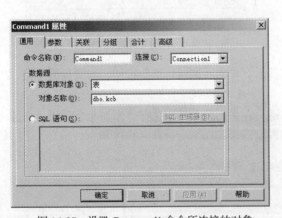

图 14-37　设置 Command1 命令所连接的对象

图 14-38　设计完成之后的数据环境窗口

数据环境设计完成之后，就可以设计数据报表了。设计数据报表的步骤如下。

（1）在 VB 工程的"工程"菜单下选择"添加 Data Report"子菜单，将数据报表添加到工程环境中，并将数据报表的名称设置为"DR1_kccx"。

（2）通过将数据报表中的 DataSource 属性设置为"DataE1"和将数据报表中的 DataMember 属性设置为"Command3"，使得数据报表与数据环境取得连接，如图 14-39 所示。

（3）按照图 14-40 所示设置数据报表。

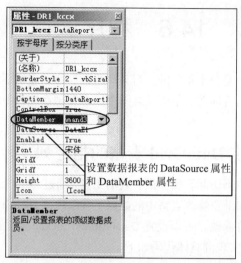

图 14-39　设置数据报表的 DataSource 属性和 DataMember 属性

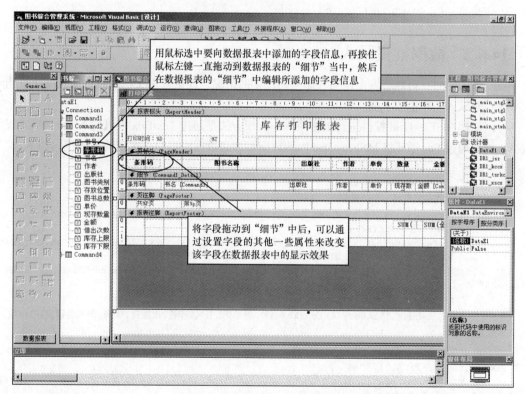

图 14-40　设置数据报表中的内容

2. 代码设计

在主窗体界面当中"报表管理"菜单中的"库存打印报表"子菜单中添加下面的代码，即可调用库存打印报表。代码如下。

```
Private Sub DataReport_QueryClose(Cancel As Integer, CloseMode As Integer)
    DataE1.rsCommand3.Close
End Sub
```

14.6　程序调试

程序调试在项目开发中是非常重要的，对某些函数、命令理解不深，在编写过程中疏忽大意等都会造成在程序调试中出现问题。下面结合图书综合管理系统当中的具体问题说明在程序调试中出现的常见问题。

14.6.1　如何锁定 DataGrid 表格的指定列

DataGrid 控件是进行数据访问和操作最有效的工具，通过 DataGrid 控件可直接以表格的形式对数据进行浏览和编辑。如果要修改表格中的数据，可以修改 DataGrid 控件的属性。如果只允许修改指定列，其他列不允许修改，可以设置 DataGrid 的 Locked 属性值为 True。下面代码将锁定 DataGrid 表格的 0～5 列。实现的具体代码如下。

```
Dim a As Integer
For a = 0 To 5
    DataGrid1.Columns(a).Locked = True
Next a
```

14.6.2　数据批量录入

在图书入库时，可能会发生图书入库类别过多的情况，如果采用文本框进行录入每次只能录入 1 条，对录入工作造成不便。

可以使用 MSFlexGrid 控件进行批量录入，实现方法是通过 TextBox 控件向 MSFlexGrid 添加数据，然后通过 For 循环将 MSFlexGrid 内的数据添加到数据库当中。实现的具体代码如下。

```
For i = 1 To 101
  If MS1.TextMatrix(i, 1) <> "" Then
  '添加入库商品信息到"rkb"表中
    If MS1.TextMatrix(i, 1) <> "" And MS1.TextMatrix(i, 2) <> "" And MS1.TextMatrix(i,
3) <> "" And MS1.TextMatrix(i, 4) <> "" _
      And MS1.TextMatrix(i, 5) <> "" And MS1.TextMatrix(i, 6) <> "" And MS1.TextMatrix(i,
7) <> "" And MS1.TextMatrix(i, 8) <> "" _
      And MS1.TextMatrix(i, 9) <> "" And MS1.TextMatrix(i, 10) <> "" And MS1.TextMatrix(i,
11) <> "" And jsr.text <> "" And _
      PH.Caption <> "" And jsr.text <> "" And rq.Caption <> "" Then
        Cnn.Execute ("insert into rkb(书号,条形码,书名,作者,出版社,版次,图书类别,存放位置,单
价,入库数量,金额" & _
        ",经手人,票号,操作员,日期) values('" & MS1.TextMatrix(i, 1) & "','" &
MS1.TextMatrix(i, 2) & "','" & _
        MS1.TextMatrix(i, 3) & "','" & MS1.TextMatrix(i, 4) & "','" & MS1.TextMatrix(i,
5) & "','" & MS1.TextMatrix(i, 6) & _
        "','" & MS1.TextMatrix(i, 7) & "','" & MS1.TextMatrix(i, 8) & _
        "','" & MS1.TextMatrix(i, 9) & "','" & MS1.TextMatrix(i, 10) & "','" &
MS1.TextMatrix(i, 11) & _
        "','" & jsr.text & "','" & PH.Caption & "','" & frm_main.St1.Panels(3).text & "','"
& rq.Caption & "') ")
      Else
      MsgBox "请输入完整信息", , ""
      End If
```

```
'查找库存图书信息
Set rs2 = New ADODB.Recordset
rs2.Open "select * from kcb where 书号='" + MS1.TextMatrix(i, 1) + "'", Cnn, adOpenKeyset,
adLockOptimistic
If rs2.RecordCount = 0 Then
 '添加入库图书信息到"kcb"表中
    If MS1.TextMatrix(i, 1) <> "" And MS1.TextMatrix(i, 2) <> "" And MS1.TextMatrix(i,
3) <> "" And MS1.TextMatrix(i, 4) <> "" _
        And MS1.TextMatrix(i, 5) <> "" And MS1.TextMatrix(i, 7) <> "" And MS1.TextMatrix(i,
8) <> "" _
        And MS1.TextMatrix(i, 9) <> "" And MS1.TextMatrix(i, 10) <> "" And
MS1.TextMatrix(i, 11) <> "" Then
        Cnn.Execute ("insert into kcb(书号,条形码,书名,作者,出版社,图书类别,存放位置,单
价,现存数量,图书总数,金额,借出次数) " & _
        "values('" & MS1.TextMatrix(i, 1) & "','" & MS1.TextMatrix(i, 2) & "','" &
_
        MS1.TextMatrix(i, 3) & "','" & MS1.TextMatrix(i, 4) & "','" & MS1.TextMatrix(i,
5) & _
        "','" & MS1.TextMatrix(i, 7) & "','" & MS1.TextMatrix(i, 8) & "','" &
MS1.TextMatrix(i, 9) & _
        "','" & MS1.TextMatrix(i, 10) & "','" & MS1.TextMatrix(i, 10) & "','" &
MS1.TextMatrix(i, 11) & "',0) ")
    Else
        MsgBox "请输入完整信息", , ""
    End If
Else
 '更新"kcb"表中的"库存"及"库存金额"
Adodc1.Recordset.Fields("现存数量") = Val(MS1.TextMatrix(i, 10)) +
Val(Adodc1.Recordset.Fields ("现存数量"))
    'Val 函数返回包含于字符串内的数字, 字符串中是一个适当类型的数值。
Adodc1.Recordset.Fields("图书总数") = Val(MS1.TextMatrix(i, 10)) +
Val(Adodc1.Recordset.Fields("图书总数"))
Adodc1.Recordset.Fields("金额") = Val(Adodc1.Recordset.Fields("图书总数")) *
Val(Adodc1.Recordset.Fields("单价"))
Adodc1.Recordset.Update
End If
End If
Next i
```

14.6.3 字段长度问题导致数据添加失败

图 14-41 所示的错误是在添加数据时, 输入字符的长度超过字段的长度时的提示信息。

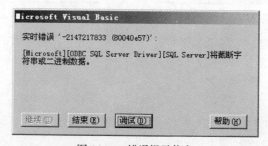

图 14-41 错误提示信息

当出现上述错误时，可以通过改变数据库中相应字段的长度避免此类错误，或通过代码判断添加数据的长度是否大于数据库字段的长度。例如，数据库字段长度为 10，现将 Text1 控件中的文本添加到数据库中，可以通过如下代码判断 Text1 控件中的文本长度是否超过数据库字段的长度。代码如下。

```
If Len(Text1.Text) > 10 Then
    MsgBox "输入的字符长度过长，最多可以输入 10 个字符。"
Else
    '添加字段代码
    ...
End If
```

14.6.4　ADO 控件记录源命令类型设置错误出现的问题

在设置 ADO 属性时，如果在记录源选项卡的命令类型中选择 2-adCmdTable，并在程序代码编写过程中出现如下代码。

```
Adodc1.RecordSource = " select * from jsb order by 书证号"
Adodc1.Refresh
```

运行程序时，会出现图 14-42 和图 14-43 所示的错误。

图 14-42　错误提示

解决该问题时，可以将 ADO 属性中的记录源的命令类型设置为 1-adCmdText，并在下面的命令文本中添加相应的 SQL 语句，如图 14-44 所示。

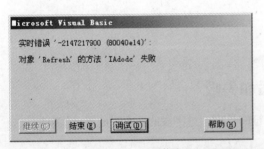

图 14-43　错误信息

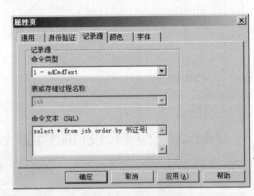

图 14-44　ADO 属性页

第 **15** 章

课程设计——ASP.NET+SQL Server 2008 实现图书馆管理系统

本章要点：

- 图书馆管理系统的设计目的
- 图书馆管理系统的的开发环境要求
- 图书馆管理系统的功能结构及业务流程
- 图书馆管理系统的数据库设计
- 主要功能模块的界面设计
- 主要功能模块的关键代码
- 图书馆管理系统的调试运行

随着网络技术的高速发展，计算机应用的普及，利用计算机对图书馆的日常工作进行管理势在必行。虽然目前很多大型的图书馆已经有一整套比较完善的管理系统，但是在一些中小型的图书馆中，大部分工作仍需由手工完成，工作起来效率比较低，管理员不能及时了解图书馆内各类图书的借阅情况，读者需要的图书难以在短时间内找到，不便于及时调整图书结构。为了更好地适应当前读者的借阅需求，解决手工管理中存在的许多弊端，越来越多的中小型图书馆正在逐步向计算机信息化管理转变。本章将会介绍使用 ASP.NET+SQL Server 2008 开发一个中小型的图书馆管理系统的实现过程。

15.1　课程设计目的

本章提供了"图书馆管理系统"作为这一学期的课程设计之一，本次课程设计旨在提升学生的动手能力，加强大家对专业理论知识的理解和实际应用。本次课程设计的主要目的如下。

- ☐ 掌握 SQL Server 2008 数据库的设计。
- ☐ 掌握图书馆管理系统用到的数据表设计。
- ☐ 掌握图书馆管理系统用到的视图设计。
- ☐ 掌握如何在 ASP.NET 中操作 SQL Server 2008 数据库。
- ☐ 熟悉 ASP.NET 网站的基本开发流程。

- ❑ 熟悉 ASP.NET 中的三层架构设计。
- ❑ 培养分析问题、解决实际问题的能力。

15.2　功能描述

图书馆管理系统是一个中小型的对图书馆中图书借还信息及读者信息等进行管理的网站。该网站的主要功能如下。

- ❑ 界面设计友好、美观。
- ❑ 数据存储安全、可靠。
- ❑ 信息分类清晰、准确。
- ❑ 强大的查询功能，保证数据查询的灵活性。
- ❑ 实现对图书借阅和归还过程的全程数据信息跟踪。
- ❑ 提供图书借阅排行榜，为图书馆管理员提供了真实的数据信息。
- ❑ 提供灵活、方便的权限设置功能，使整个系统的管理分工明确。
- ❑ 具有易维护性和易操作性。

15.3　总体设计

15.3.1　构建开发环境

图书馆管理系统的开发环境具体要求如下。

- ❑ 开发平台：Microsoft Visual Studio 2010。
- ❑ 开发语言：ASP.NET+C#+HTML+JavaScript。
- ❑ 数据库：SQL Server 2008。
- ❑ 开发平台：Windows XP（SP2）/Windows Server 2003（SP2）/Windows 7。
- ❑ 系统框架：Microsoft .NET Framework 4.0。
- ❑ IIS 服务器：IIS 7.x 版本。
- ❑ 浏览器：IE 8.0 以上版本、Firefox 等。
- ❑ 分辨率：最佳效果 1024 像素×768 像素。

15.3.2　网站功能结构

根据图书馆管理系统的特点，可以将其分为系统设置、读者管理、图书管理、图书借还、系统查询和排行榜 6 个部分，其中各个部分及其包括的具体功能结构如图 15-1 所示。

15.3.3　业务流程图

图书馆管理系统的业务流程图如图 15-2 所示。

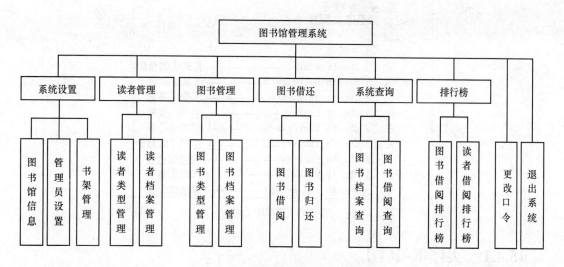

图 15-1 图书馆管理系统的功能结构图

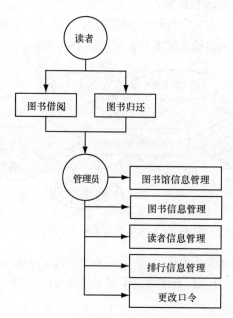

图 15-2 图书馆管理系统站的业务流程图

15.4 数据库设计

图书馆管理系统站采用 SQL Server 2008 数据库，该数据库作为目前常用的数据库，在安全性、准确性和运行速度方面有绝对的优势，处理数据量大、效率高，而且可与 SQL Server 2000、SQL Server 2005 数据库无缝连接。本系统的数据库名称为 db_LibraryMS，其中包含 9 张数据表，分别用于存储不同的信息，如图 15-3 所示。

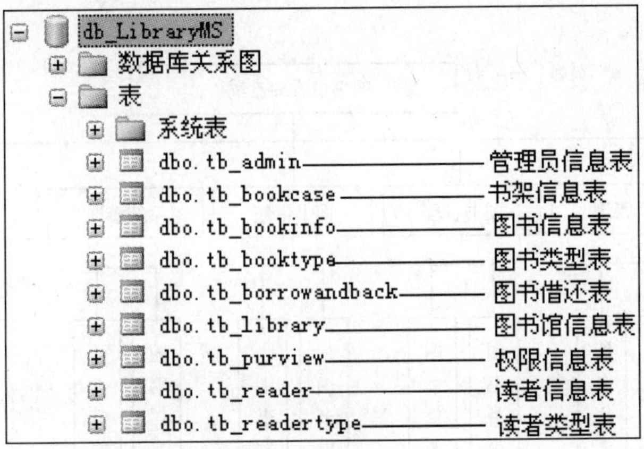

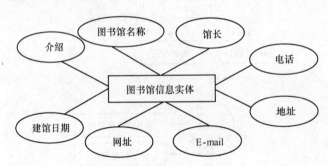

图 15-3　数据库结构

15.4.1　实体 E-R 图

通过对图书馆管理系统进行的需求分析、业务流程设计以及系统功能结构的确定，规划出系统中使用的数据库实体对象及实体 E-R 图。

作为一个图书馆管理系统，首先需要有图书馆信息，为此需要创建一个图书馆信息实体，用来保存图书馆的详细信息。图书馆信息实体 E-R 图如图 15-4 所示。

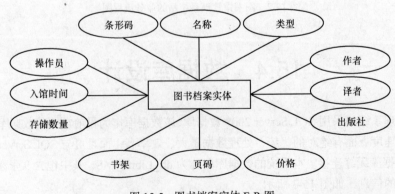

图 15-4　图书馆信息实体 E-R 图

图书馆管理系统中最重要的是要有图书，如果一个图书馆中连图书都没有，又何谈图书馆呢？这里创建了一个图书档案实体，用来保存图书馆中图书的详细信息。图书档案实体 E-R 图如图 15-5 所示。

图 15-5　图书档案实体 E-R 图

读者是图书馆的重要组成部分，可以说如果没有读者，一个图书馆就无法生存下去，这里创建了一个读者档案实体，用来保存读者的详细信息。读者档案实体 E-R 图如图 15-6 所示。

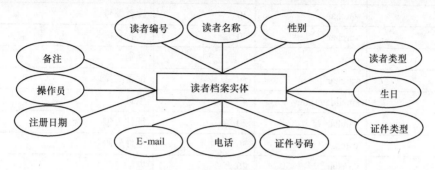

图 15-6　读者档案实体 E-R 图

图书借还是图书馆管理系统中的一项重要工作，办理图书馆管理系统的主要目的就是为了方便读者借阅和归还图书，因此需要创建一个图书借还实体，用来保存读者借阅和归还图书的详细信息。图书借还实体 E-R 图如图 15-7 所示。

为了增加系统的安全性，每个管理员只有在系统登录模块验证成功后才能进入主界面。这时，就要在数据库中创建一个存储登录用户名和密码的管理员实体。管理员实体 E-R 图如图 15-8所示。

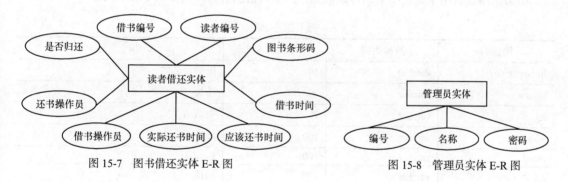

图 15-7　图书借还实体 E-R 图　　　　　　　图 15-8　管理员实体 E-R 图

15.4.2　数据表设计

根据设计好的 E-R 图在数据库中创建数据表，下面给出比较重要的数据表结构。

1．tb_admin（管理员信息表）

管理员信息表用来保存管理员的基本信息，管理员信息表的结构如表 15-1 所示。

表 15-1　　　　　　　　　　　　　　　管理员信息表

字段名	数据类型	字段大小	描　　述
id	varchar	50	管理员编号
name	varchar	50	管理员名称
pwd	varchar	30	密码

2．tb_reader（读者信息表）

读者信息表用于保存读者的详细信息，读者信息表的结构如表 15-2 所示。

表 15-2　　　　　　　　　　　　　　　　　读者信息表

字段名	数据类型	字段大小	描　　述
id	varchar	30	读者编号
name	varchar	50	读者名称
sex	char	4	性别
type	varchar	50	读者类型
birthday	smalldatetime	4	生日
papertype	varchar	20	证件类型
papernum	varchar	30	证件号码
tel	varchar	20	电话
email	varchar	50	E-mail
createdate	smalldatetime	4	注册日期
oper	varchar	30	操作员
remark	text	16	备注
borrownum	int	4	借阅次数

3. tb_library（图书馆信息表）

图书馆信息表用于保存图书馆详细信息，图书馆信息表的结构如表 15-3 所示。

表 15-3　　　　　　　　　　　　　　　　　图书馆信息表

字段名	数据类型	字段大小	描　　述
libraryname	varchar	50	图书馆名称
curator	varchar	20	馆长
tel	varchar	20	电话
address	varchar	100	地址
email	varchar	100	E-mail
url	varchar	100	网址
createdate	smalldatetime	4	建馆日期
introduce	text	16	介绍

4. tb_bookinfo（图书信息表）

图书信息表用于保存图书详细信息，图书信息表的结构如表 15-4 所示。

表 15-4　　　　　　　　　　　　　　　　　图书信息表

字段名	数据类型	字段大小	描　　述
bookcode	varchar	30	图书条形码
bookname	varchar	50	图书名称
type	varchar	50	图书类型
autor	varchar	50	作者
translator	varchar	50	译者
pubname	varchar	100	出版社

续表

字段名	数据类型	字段大小	描　　述
price	money	8	价格
page	int	4	页码
bcase	varchar	50	书架
storage	bigint	8	存储数量
inTime	smalldatetime	4	入馆时间
oper	varchar	30	操作员
borrownum	int	4	被借次数

5. tb_borrowandback（图书借还信息表）

图书借还信息表用于保存图书的借阅和归还信息，图书借还信息表的结构如表 15-5 所示。

表 15-5　　　　　　　　　　　　　　　图书借还信息表

字段名	数据类型	字段大小	描　　述
id	varchar	30	借书编号
readid	varchar	20	读者编号
bookcode	varchar	30	图书条形码
borrowTime	smalldatetime	4	借书时间
ygbackTime	smalldatetime	4	应该还书时间
sjbackTime	smalldatetime	4	实际还书时间
borrowoper	varchar	30	借书操作员
backoper	varchar	30	还书操作员
isback	bit	1	是否归还

6. tb_purview（管理员权限信息表）

管理员权限信息表用于保存管理员的权限信息，该表中的 id 字段与管理员信息表（tb_admin）中的 id 字段相关联，管理员权限信息表的结构如表 15-6 所示。

表 15-6　　　　　　　　　　　　　　　管理员权限信息表

字段名	数据类型	字段大小	描　　述
id	varchar	50	管理员编号
sysset	bit	1	系统设置
readset	bit	1	读者管理
bookset	bit	1	图书管理
borrowback	bit	1	图书借还
sysquery	bit	1	系统查询

15.4.3　视图设计

视图是一种常用的数据库对象，使用时，可以把它看成虚拟表或者存储在数据库中的查询，它为查询和存取数据提供了另外一种途径。与在表中查询数据相比，使用视图查询可以简化数据操作，并提供数据库的安全性。

本系统用到了两个视图，分别为 view_AdminPurview 和 view_BookBRInfo。下面对它们分别进行介绍。

1. view_AdminPurview

视图 view_AdminPurview 主要用于保存管理员的权限信息，创建该视图的 SQL 代码如下。

```
CREATE VIEW [dbo].[view_AdminPurview]
AS
SELECT
dbo.tb_admin.id,dbo.tb_admin.name,dbo.tb_purview.sysset,dbo.tb_purview.readset,dbo.tb_
purview.bookset,dbo. tb_purview.borrowback, dbo.tb_purview.sysquery
    FROM  dbo.tb_admin INNER JOIN dbo.tb_purview ON dbo.tb_admin.id = dbo.tb_purview.id
```

2. view_ BookBRInfo

视图 view_BookBRInfo 主要用于保存读者借书和还书的详细信息，创建该视图的 SQL 代码如下。

```
CREATE VIEW [dbo].[view_BookBRInfo]
AS
SELECT           dbo.tb_borrowandback.id,           dbo.tb_borrowandback.readerid,
dbo.tb_borrowandback.bookcode, dbo. tb_bookinfo. bookname, dbo.tb_bookinfo.pubname,
    dbo.tb_bookinfo.price,   dbo.tb_bookinfo.bcase,   dbo.tb_borrowandback.borrowTime,
dbo.tb_borrowandback.ygbackTime,     dbo.tb_borrowandback.isback,     dbo.tb_reader.name,
dbo.tb_reader.id AS Expr1
    FROM  dbo.tb_bookinfo INNER JOIN
      dbo.tb_borrowandback ON dbo.tb_bookinfo.bookcode = dbo.tb_borrowandback.bookcode
INNER JOIN
      dbo.tb_reader ON dbo.tb_borrowandback.readerid = dbo.tb_reader.id
```

15.5　实现过程

15.5.1　母版页设计

图书馆管理系统基于母版页进行设计，母版页中主要提供系统导航的功能。母版页设计效果如图 15-9 所示。

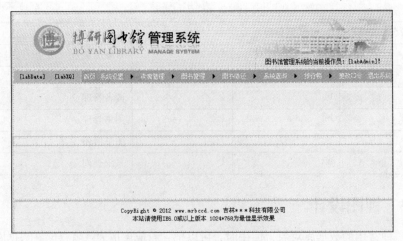

图 15-9　母版页设计效果

1. 界面设计

母版页是在 MainMasterPage.master 中实现的。该文件中所涉及的主要控件如表 15-7 所示。

表 15-7　　　　　　　　　　MainMasterPage.master 中用到的控件及说明

控件类型	控件名称	用　　途
A Label	labAdmin	显示当前操作员
	labDate	显示当前日期
	labXQ	显示当前星期
Menu	menuNav	系统导航菜单

2. 关键代码

母版页中，主要根据登录用户的身份显示相应的权限。如果登录身份为读者，则只能实现图书借阅和归还功能；如果登录身份为管理员，则根据管理员的权限显示其可以执行的操作。关键代码如下。

```
protected void Page_Load(object sender, EventArgs e)
{
    if (Session["role"] == "Reader")                     //判断是否读者登录
    {
        menuNav.Items[1].Enabled = false;
        menuNav.Items[2].Enabled = false;
        menuNav.Items[3].Enabled = false;
        menuNav.Items[5].Enabled = false;
    }
    else
    {

        labDate.Text = DateTime.Now.Year + " 年 " + DateTime.Now.Month + " 月 " +
DateTime.Now.Day + " 日";                                 //显示当前日期
        labXQ.Text = operatorclass.getWeek();            //显示当前是星期几
        labAdmin.Text = Session["Name"].ToString();
        adminmanage.Name = Session["Name"].ToString();
        //根据管理员姓名获取权限信息
        DataSet adminds = adminmanage.GetAllAdminByName(adminmanage, "tb_admin");
        string strAdminID = adminds.Tables[0].Rows[0][0].ToString();
        purviewmanage.ID = strAdminID;
        DataSet pviewds = purviewmanage.FindPurviewByID(purviewmanage, "tb_purview");
        bool sysset = Convert.ToBoolean(pviewds.Tables[0].Rows[0][1].ToString());
        bool readset = Convert.ToBoolean(pviewds.Tables[0].Rows[0][2].ToString());
        bool bookset = Convert.ToBoolean(pviewds.Tables[0].Rows[0][3].ToString());
        bool borrowback = Convert.ToBoolean(pviewds.Tables[0].Rows[0][4].ToString());
        bool sysquery = Convert.ToBoolean(pviewds.Tables[0].Rows[0][5].ToString());
        if (sysset == true)                              //判断管理员是否具有系统设置权限
        {
            menuNav.Items[1].Enabled = true;
```

```
        }
        else
        {
            menuNav.Items[1].Enabled = false;
        }
        if (readset == true)                                //判断管理员是否具有读者管理权限
        {
            menuNav.Items[2].Enabled = true;
        }
        else
        {
            menuNav.Items[2].Enabled = false;
        }
        if (bookset == true)                                //判断管理员是否具有图书管理权限
        {
            menuNav.Items[3].Enabled = true;
        }
        else
        {
            menuNav.Items[3].Enabled = false;
        }
        if (borrowback == true)                             //判断管理员是否具有图书借还权限
        {
            menuNav.Items[4].Enabled = true;
        }
        else
        {
            menuNav.Items[4].Enabled = false;
        }
        if (sysquery == true)                               //判断管理员是否具有系统查询权限
        {
            menuNav.Items[5].Enabled = true;
        }
        else
        {
            menuNav.Items[5].Enabled = false;
        }
    }
}
```

15.5.2　图书馆管理系统首页设计

图书馆管理系统首页主要包含以下内容。

❑　系统菜单导航（包括首页、系统设置、读者管理、图书管理、图书借还、系统查询、排行榜、更改口令和退出系统等）。

❑　当前系统操作员和当前系统日期。

❑　图书借阅排行榜和读者借阅排行榜。

图书馆管理系统首页如图 15-10 所示。

图 15-10　图书馆管理系统首页

1. 界面设计

图书馆管理系统首页是在 Default.aspx 页中实现的。该页面中所涉及的主要控件如表 15-8 所示。

表 15-8　　　　　　　　　　　Default.aspx 页中用到的控件及说明

控件类型	控件名称	用　　途
A HyperLink	hpLinkBookSort	查看所有图书借阅排行
	hpLinkReaderSort	查看所有读者借阅排行
GridView	gvBookSort	显示图书借阅排行
	gvReaderSort	显示读者借阅排行

2. 关键代码

图书馆管理系统首页中实现的主要功能是：将图书借阅排行信息和读者借阅排行信息显示在 GridView 控件中。关键代码如下。

```
protected void Page_Load(object sender, EventArgs e)
{
//得到图书排行信息，并填充到 DataSet 数据集
    DataSet bookds = bookmanage.GetBookSort("tb_bookinfo");
    gvBookSort.DataSource = bookds;          //指定显示图书排行 GridView 控件的数据源
    gvBookSort.DataBind();                   //对显示图书排行的 GridView 控件进行绑定
//得到读者排行信息，并填充到 DataSet 数据集
```

```
DataSet readerds = readermanage.GetReaderSort("tb_reader");
gvReaderSort.DataSource = readerds;        //指定显示读者排行 GridView 控件的数据源
gvReaderSort.DataBind();                   //对显示读者排行的 GridView 控件进行绑定
}
```

15.5.3 图书馆信息页设计

图书馆信息页主要用来显示图书馆的详细信息，管理员可以在这里修改图书馆信息。图书馆信息页运行效果如图 15-11 所示。

图 15-11 图书馆信息页

1. 界面设计

图书馆信息页是在 LibraryInfo.aspx 页中实现的，该页面中所涉及的主要控件如表 15-9 所示。

表 15-9   LibraryInfo.aspx 页中用到的控件及说明

控件类型	控件名称	用　　途
abl TextBox	txtLibName	图书馆名称
	txtCurator	馆长
	txtTel	联系电话
	txtAddress	地址
	txtEmail	E-mail 地址
	txtUrl	网址
	txtCDate	建馆时间
	txtIntroduce	图书馆介绍
ab Button	btnSave	保存图书馆信息
	btnCancel	重新填写图书馆信息

2. 关键代码

图书馆信息页面中，管理员用户可以对图书馆的基本信息进行添加或者修改。实现关键代码如下。

```
protected void btnSave_Click(object sender, EventArgs e)
{
    if (txtLibName.Text == "")
    {
        Response.Write("<script>alert('图书馆名称不能为！');location='javascript:
history.go(-1)';</script>");
        return;
    }
    if (!validate.validateNum(txtTel.Text))
    {
        Response.Write("<script>alert('电话输入有误！');location='javascript:history.
go(-1)';</script>");
        return;
    }
    if (!validate.validateEmail(txtEmail.Text))
    {
        Response.Write("<script>alert('E-mail 地址输入有误！');location='javascript:
history.go(-1)';</script>");
        return;
    }
    if (!validate.validateNAddress(txtUrl.Text))
    {
        Response.Write("<script>alert('网址格式输入有误！');location='javascript:
history.go(-1)';</script>");
        return;
    }
    librarymanage.LibraryName = txtLibName.Text;
    librarymanage.Curator = txtCurator.Text;
    librarymanage.Tel = txtTel.Text;
    librarymanage.Address = txtAddress.Text;
    librarymanage.Email = txtEmail.Text;
    librarymanage.URL = txtUrl.Text;
    librarymanage.CreateDate                                              =
Convert.ToDateTime(Convert.ToDateTime(txtCDate.Text).ToShortDateString());
    librarymanage.Introduce = txtIntroduce.Text;
    if (btnSave.Text == "保存")
    {
        librarymanage.UpdateLib(librarymanage);     //更新图书馆信息
        Response.Write("<script language=javascript>alert('图书馆信息保存成功！')
</script z>");
    }
    else if (btnSave.Text == "添加")
    {
        librarymanage.AddLib(librarymanage);        //添加图书馆信息
        Response.Write("<script language=javascript>alert('图书馆信息添加成功！')
</script>");
        btnSave.Text = "保存";
        txtLibName.ReadOnly = true;
    }
}
```

15.5.4 查看图书信息页设计

查看图书信息页面中主要以表格形式查看图书的基本信息，并且提供"添加图书信息"和查看某一种图书详细信息的超链接，另外，该页中还可以删除某种图书信息。查看图书信息页如图 15-12 所示。

图 15-12　查看图书信息页

1. 界面设计

查看图书信息页是在 BookManage.aspx 页中实现的，该页面中所涉及的主要控件如表 15-10 所示。

表 15-10　　　　　　　　　　　BookManage.aspx 页中用到的控件及说明

控件类型	控件名称	用　途
A HyperLink	hpLinkAddBook	转到"添加图书信息页面"
GridView	gvBookInfo	显示图书信息

2. 关键代码

查看图书信息页中实现的主要功能是：以表格形式显示图书基本信息和删除某种图书信息。实现以表格形式显示图书基本信息的关键代码如下。

```
private void gvBind()
{
    DataSet ds = bookmanage.GetAllBook("tb_bookinfo");    //获取所有图书信息
    gvBookInfo.DataSource = ds;                           //指定 GridView 控件的数据源
    gvBookInfo.DataKeyNames = new string[] { "bookcode" };//指定绑定到的主键字段
    gvBookInfo.DataBind();                                //对 GridView 控件进行数据绑定
```

```
}
```

实现删除某种图书信息的关键代码如下。

```
protected void gvBookInfo_RowDeleting(object sender, GridViewDeleteEventArgs e)
{
    //指定要删除的图书编号
    bookmanage.BookCode = gvBookInfo.DataKeys[e.RowIndex].Value.ToString();
    bookmanage.DeleteBook(bookmanage);                    //删除指定的图书信息
    Response.Write("<script>alert('图书信息删除成功')</script>");
    gvBind();
}
```

15.5.5 添加/修改图书信息页设计

添加/修改图书信息页中，主要实现图书信息的添加或者修改功能，该页面如图 15-13 所示。

图 15-13 添加/修改图书信息页

1. 界面设计

添加/修改图书信息页是在 AddBook.aspx 页中实现的。该页面中所涉及的主要控件如表 15-11 所示。

表 15-11　　　　　　　　　　　　　AddBook.aspx 页中用到的控件及说明

控件类型	控件名称	用　　途
abl TextBox	txtBCode	图书条形码
	txtBName	图书名称
	txtAuthor	作者

控件类型	控件名称	用　　途
abl TextBox	txtTranslator	译者
	txtPub	出版社
	txtPrice	价格
	txtPage	页码
	txtStorage	库存数量
	txtInTime	入馆时间
	txtOper	操作员
	txtRemark	备注
DropDownList	ddlBType	选择图书类型
	dlBCase	选择书架
ab Button	btnAdd	添加图书信息
	btnSave	修改图书信息
	btnCancel	重新输入图书信息

2. 关键代码

实现添加图书信息的关键代码如下。

```
protected void btnAdd_Click(object sender, EventArgs e)
{
    ValidateFun();
    bookmanage.BookCode = txtBCode.Text;
    if (bookmanage.FindBookByCode(bookmanage, "tb_bookinfo").Tables[0].Rows.Count > 0)
    {
        Response.Write("<script>alert('该图书已经存在！')</script>");
        return;
    }
    bookmanage.BookName = txtBName.Text;
    bookmanage.Type = ddlBType.SelectedValue;
    bookmanage.Author = txtAuthor.Text;
    bookmanage.Translator = txtTranslator.Text;
    bookmanage.PubName = txtPub.Text;
    bookmanage.Price = Convert.ToDecimal(txtPrice.Text);
    bookmanage.Page = Convert.ToInt32(txtPage.Text);
    bookmanage.Bcase = ddlBCase.SelectedValue;
    bookmanage.Storage = Convert.ToInt32(txtStorage.Text);
    bookmanage.InTime = Convert.ToDateTime(txtInTime.Text);
    bookmanage.Oper = txtOper.Text;
    bookmanage.AddBook(bookmanage);                       //添加图书信息
    Response.Redirect("BookManage.aspx");                 //跳转到图书档案管理页面
}
```

实现修改图书信息的关键代码如下。

```
protected void btnSave_Click(object sender, EventArgs e)
{
    ValidateFun();
    bookmanage.BookCode = txtBCode.Text;
    bookmanage.BookName = txtBName.Text;
```

```
bookmanage.Type = ddlBType.SelectedValue;
bookmanage.Author = txtAuthor.Text;
bookmanage.Translator = txtTranslator.Text;
bookmanage.PubName = txtPub.Text;
bookmanage.Price = Convert.ToDecimal(txtPrice.Text);
bookmanage.Page = Convert.ToInt32(txtPage.Text);
bookmanage.Bcase = ddlBCase.SelectedValue;
bookmanage.Storage = Convert.ToInt32(txtStorage.Text);
bookmanage.InTime = Convert.ToDateTime(txtInTime.Text);
bookmanage.Oper = txtOper.Text;
bookmanage.UpdateBook(bookmanage);                      //修改图书信息
Response.Redirect("BookManage.aspx");                   //跳转到图书档案管理页面
}
```

15.5.6 图书借阅页设计

图书借阅页面中可以查看读者的图书借阅信息，并借阅图书。该页如图 15-14 所示。

图 15-14　图书借阅页

1. 界面设计

图书借阅页是在 BorrowBook.aspx 页中实现的，该页面中所涉及的主要控件如表 15-12 所示。

表 15-12　　　　　　　　　　　BorrowBook.aspx 页中用到的控件及说明

控件类型	控件名称	用　　途
abl TextBox	txtReaderID	输入读者编号
	txtReader	显示读者姓名
	txtSex	显示读者性别

续表

控件类型	控件名称	用 途
abl TextBox	txtPaperType	显示读者证件类型
	txtPaperNum	显示读者证件号码
	txtRType	显示读者类型
	txtBNum	显示读者可借天数
ab Button	btnSure	根据读者编号获取读者信息
GridView	gvBookInfo	显示所有可借图书，读者可以选择借阅
	gvBorrowBook	显示读者借阅的图书

2. 关键代码

图书借阅页中实现的主要功能是：当用户单击某种图书后面的"借阅"按钮时，将读者编号和选中的图书信息添加到图书借还表中。关键代码如下。

```
protected void gvBookInfo_RowUpdating(object sender, GridViewUpdateEventArgs e)
{
    if (Session["readerid"] == null)
    {
        Response.Write("<script>alert('请输入读者编号! ')</script>");
    }
    else
    {
        borrowandbackmanage.ID = borrowandbackmanage.GetBorrowBookID();
        borrowandbackmanage.ReadID = Session["readerid"].ToString();
        borrowandbackmanage.BookCode                                        =
gvBookInfo.DataKeys[e.RowIndex].Value.ToString();
        borrowandbackmanage.BorrowTime                                      =
Convert.ToDateTime(DateTime.Now.ToShortDateString());
        btypemanage.TypeName = gvBookInfo.Rows[e.RowIndex].Cells[2].Text;
        int    days    =    Convert.ToInt32(btypemanage.FindBTypeByName(btypemanage,
"tb_booktype"). ables[0]. Rows[0][2].ToString());           //获取可借天数
    //将可借天数转换为相应的TimeSpan时间段
        TimeSpan tspan = TimeSpan.FromDays((double)days);
        //设置图书应该归还时间
        borrowandbackmanage.YGBackTime = borrowandbackmanage.BorrowTime + tspan;
        borrowandbackmanage.BorrowOper = Session["Name"].ToString();
        borrowandbackmanage.AddBorrow(borrowandbackmanage);   //添加借书信息
        gvBRBookBind();
        bookmanage.BookCode = gvBookInfo.DataKeys[e.RowIndex].Value.ToString();
        DataSet bookds = bookmanage.FindBookByCode(bookmanage, "tb_bookinfo");
        bookmanage.BorrowNum                                               =
Convert.ToInt32(bookds.Tables[0].Rows[0][12].ToString()) + 1;
        bookmanage.UpdateBorrowNum(bookmanage);               //更新图书借阅次数
        readermanage.ID = Session["readerid"].ToString();
        DataSet readerds = readermanage.FindReaderByCode(readermanage, "tb_reader");
        readermanage.BorrowNum                                             =
Convert.ToInt32(readerds.Tables[0].Rows[0][12].ToString()) + 1;
        readermanage.UpdateBorrowNum(readermanage);           //更新读者借阅次数
    }
}
```

15.5.7　图书归还页设计

图书归还页面中可以归还某读者所借的图书，该页如图 15-15 所示。

图 15-15　图书归还页

1. 界面设计

图书归还页是在 ReturnBook.aspx 页中实现的，该页面中所涉及的主要控件如表 15-13 所示。

表 15-13　　　　　　　　　　　ReturnBook.aspx 页中用到的控件及说明

控件类型	控件名称	用　途
abl TextBox	txtReaderID	输入读者编号
	txtReader	显示读者姓名
	txtSex	显示读者性别
	txtPaperType	显示读者证件类型
	txtPaperNum	显示读者证件号码
	txtRType	显示读者类型
	txtBNum	显示读者可借天数
ab Button	btnSure	根据读者编号获取读者信息
GridView	gvBorrowBook	显示读者借阅的图书，读者可以选择归还

2. 关键代码

图书归还页中实现的主要功能是：当用户单击图书借阅列表中某种图书后面的"归还"按钮时，将图书归还信息更新到图书借还表中。关键代码如下。

```
protected void gvBorrowBook_RowUpdating(object sender, GridViewUpdateEventArgs e)
```

```
        {
            if (Session["readerid"] == null)
            {
                Response.Write("<script>alert('请输入读者编号! ')</script>");
            }
            else
            {
            //指定借书编号
            borrowandbackmanage.ID = gvBorrowBook.DataKeys[e.RowIndex].Value.ToString();
            borrowandbackmanage.SJBackTime                                              =
Convert.ToDateTime(DateTime.Now.ToShortDateString());
            borrowandbackmanage.BackOper = Session["Name"].ToString();
            borrowandbackmanage.IsBack = true;
            //更新借书信息
            borrowandbackmanage.UpdateBackBook(borrowandbackmanage);
            gvBRBookBind();
            }
        }
```

15.6 调试运行

图书馆管理系统中会遇到这样的问题：在借阅图书时，需要自动计算图书的归还日期，而这个日期又不是固定不变的，它是需要根据系统日期和数据表中保存的各类图书的最多借阅天数来计算的，即图书归还日期= "系统日期" + "最多借阅天数"。

本系统中是这样解决该问题的：首先获取系统时间，然后从数据表中查询出该类图书的最多借阅天数，最后计算归还日期。计算归还日期的具体方法如下。

首先取出所借图书的最多借阅天数，然后根据图书的最多借阅天数，使用 TimeSpan.FromDays 方法返回一个 TimeSpan（TimeSpan 表示一个时间间隔），最后使用当前时间与先前返回的 TimeSpan 时间间隔相加。自动计算图书归还日期的关键代码如下。

```
int         days        =       Convert.ToInt32(btypemanage.FindBTypeByName(btypemanage,
"tb_booktype").Tables[0].Rows [0][2]. ToString());              //获取可借天数
//将可借天数转换为相应的 TimeSpan 时间段
TimeSpan tspan = TimeSpan.FromDays((double)days);
//设置图书应该归还时间
borrowandbackmanage.YGBackTime = borrowandbackmanage.BorrowTime + tspan;
```

15.7 课程设计总结

本次课程设计使用 ASP.NET 结合 SQL Server 2008 数据库开发了一个图书馆管理系统。通过该课程设计，大家最重要的是学会如何根据系统的功能设计合理的数据库，并掌握如何在 ASP.NET 中操作 SQL Server 2008 数据库。

第16章

课程设计——JSP+SQL Server 2008 实现博客网站

本章要点:

- 博客网站的设计目的
- 博客网站的的开发环境要求
- 博客网站的功能结构及业务流程
- 博客网站的数据库设计
- 主要功能模块实现过程
- 博客网站的调试运行

博客网站通常是由简短而且经常更新的帖子构成,所有文章都是按照年份和日期排列。博客网站看上去平淡无奇,毫无可炫耀之处,但它可以让每个人零成本、零维护地创建自己的网络媒体,每个人都可以随时把自己的思想火花和灵感更新到自己的博客中。本章将会介绍使用 JSP+SQL Server 2008 开发一个中小型的博客网站的实现过程。

16.1 课程设计目的

本章提供了"博客网站"作为这一学期的课程设计之一。本次课程设计旨在提升学生的动手能力,加强大家对专业理论知识的理解和实际应用。本次课程设计的主要目的如下。

- 掌握 SQL Server 2008 数据库的设计。
- 掌握数据实体 E-R 图的绘制。
- 掌握博客网站用到的数据表设计。
- 掌握如何使用 JDBC 操作 SQL Server 2008 数据库。
- 熟悉 JSP 网站的基本开发流程。
- 熟悉 JavaBean 与 Serlvet 技术的使用。
- 培养分析问题、解决实际问题的能力。

16.2　功能描述

博客网站主要实现网站建设者与访问者之间的相互交流，展现网站建设者的思想。该网站的主要功能如下。

- 全面展示博客网站的主题思想。
- 通过发表"我的文章"，表达作者的想法和观点，实现与访问者的相互交流。
- 通过上传个人相册，使访问者对网站建设者有进一步的了解。
- 用户可以查看文章，并可以对文章发表意见。
- 展现最新的博客列表，方便访问者浏览。
- 对文章信息进行管理。通过选择文章类别名称添加文章内容，并可以查询、修改和删除文章内容。
- 对相册信息进行管理。通过选择相册类别名称上传相册图片信息，并可以查看和删除相册内容。
- 可以修改管理员登录信息。

16.3　总体设计

16.3.1　构建开发环境

博客网站的开发环境具体要求如下。

- 开发平台：MyEclipse。
- 开发技术：JSP+JavaBean+Serlvet+JDBC。
- 数据库：SQL Server 2008。
- 开发平台：Windows XP（SP2）/Windows Server 2003（SP2）/Windows 7。
- Web 服务器：Tomcat 6.0 以上版本。
- Java 开发包：JDK 1.5 以上版本。
- 浏览器：IE 6.0 以上版本、Firefox 等。
- 分辨率：最佳效果 1024 像素×768 像素。

16.3.2　网站功能结构

博客网站是一个 JSP 与数据库结合技术的典型应用程序，由前台用户模块和后台管理员模块组成。其规划功能模块如下。

1. 前台用户模块

主要包括用户登录、用户注册、修改用户个人信息、文章查询和留言、公告信息查询及相片查询等功能。

2. 后台管理员模块

主要包括博客文章管理、公告管理、投票管理、个人相册设置、朋友圈、用户设置及博主设置等功能。

博客网站的前台功能结构图如图 16-1 所示。

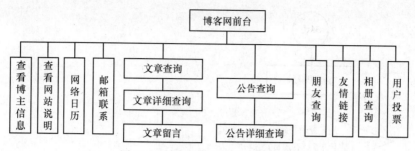

图 16-1　博客网站的前台功能结构图

博客网站的后台功能结构图如图 16-2 所示。

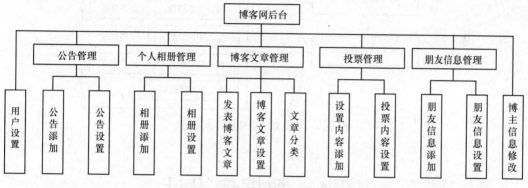

图 16-2　博客网站的后台功能结构图

16.3.3　业务流程图

为了更加清晰地表达系统的业务功能模块，下面给出博客网站的业务流程图。对于不同的角色，其所承担的任务也各自不同，流程图也不一样，包括面向用户的客户端流程图和面向系统管理员的流程图。

面向用户的客户端流程图如图 16-3 所示。

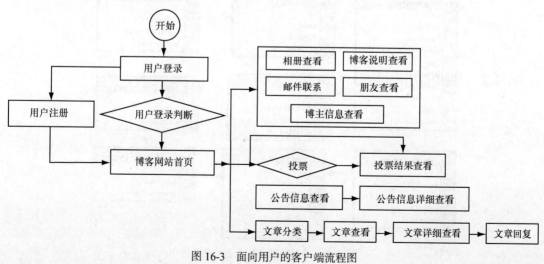

图 16-3　面向用户的客户端流程图

面向系统管理员的流程图如图 16-4 所示。

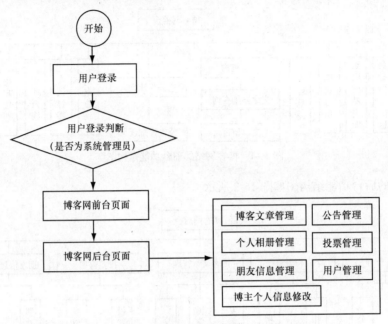

图 16-4　面向系统管理员的流程图

16.4　数据库设计

博客网站采用 SQL Server 2008 数据库。该数据库作为目前常用的数据库，在安全性、准确性和运行速度方面有绝对的优势，处理数据量大、效率高，而且可与 SQL Server 2000、SQL Server 2005 数据库无缝连接。本网站的数据库名称为 db_BoldMay，其中包含 8 张数据表，分别用于存储不同的信息，如图 16-5 所示。

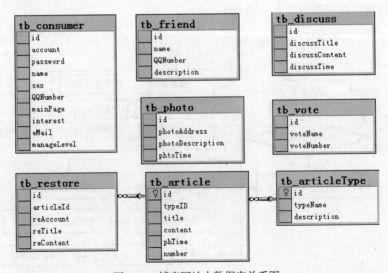

图 16-5　博客网站中数据表关系图

16.4.1　实体 E–R 图

根据实际调查对网站所做的需求分析，规划出本网站中使用的数据库实体主要有用户信息、公告信息、个人相片信息、博客文章信息、投票信息及朋友信息实体。下面分别介绍各实体的 E-R 图。

1. 用户信息实体 E–R 图

用户信息实体包括：用户名、密码、姓名、性别、QQ 号码、主页、兴趣、E-mail 地址、管理级别属性。如图 16-6 所示。

2. 公告信息实体 E–R 图

公告信息实体包括：公告题目、公告内容以及公告发布时间属性，如图 16-7 所示。

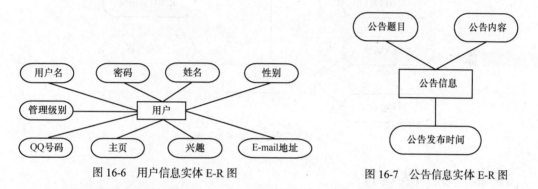

图 16-6　用户信息实体 E-R 图　　　　　　图 16-7　公告信息实体 E-R 图

3. 个人相片信息实体 E–R 图

个人相片信息实体包括：相片服务器地址、相片描述信息及相片上传时间。如图 16-8 所示。

4. 朋友信息实体 E–R 图

朋友信息实体包括：朋友姓名、朋友 QQ 号码及朋友描述信息。如图 16-9 所示。

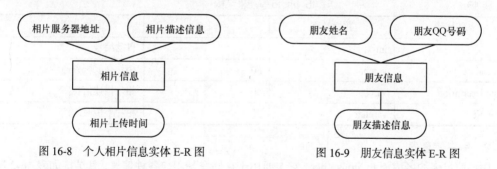

图 16-8　个人相片信息实体 E-R 图　　　　图 16-9　朋友信息实体 E-R 图

5. 投票信息实体 E–R 图

投票信息实体包括：投票内容以及投票票数。如图 16-10 所示。

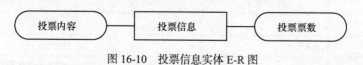

图 16-10　投票信息实体 E-R 图

6. 博客文章信息实体 E–R 图

博客文章信息实体为文章类型、文章信息及文章回复信息 3 个实体，文章类型与文章信息之间是一对多的关系，文章信息与文章回复信息之间是一对多的关系。其中文章类型包括：文章类型信息和文章描述信息。文章信息包括：文章题目、文章内容、文章发布时间及文章访问数量。文章回复信息包括：回复人账号、回复题目以及回复内容。如图 16-11 所示。

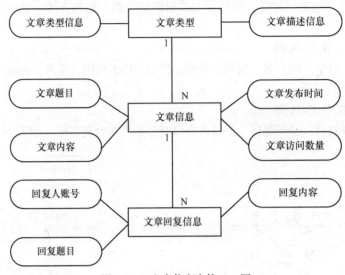

图 16-11　文章信息实体 E-R 图

16.4.2　数据表设计

根据设计好的 E-R 图在数据库中创建数据表，下面给出比较重要的数据表结构。

1. 相片信息表

相片信息表的名称为 tb_photo，它主要用于存储相片信息，其结构如表 16-1 所示。

表 16-1　　　　　　　　　　　　　tb_photo 信息表结构

字段名称	数据类型	字段大小	说明
id	int	4	自动编号
photoaddress	varchar	50	相片存放服务器端地址
photodescription	varchar	50	相片描述信息
phtotime	varchar	50	相片上传时间

2. 用户信息表

用户信息表的名称为 tb_consumer，它主要用于存储登录用户各种信息，其结构如表 16-2 所示。

表 16-2　　　　　　　　　　　　　tb_consumer 信息表结构

字段名称	数据类型	字段大小	说　　明
id	int	4	自动编号
account	varchar	10	用户名
password	varchar	10	用户登录密码
name	varchar	50	用户真实姓名
sex	char	5	用户性别

续表

字段名称	数据类型	字段大小	说　明
QQNumber	int	4	用户 QQ 号码
mainPage	varchar	50	主页地址
Interest	varchar	50	用户爱好
eMail	varchar	50	电子邮件
manageLevel	varchar	10	用户登录级别

3. 文章类型表

文章类型表的名称为 tb_articleType，它主要用于存储文章类型信息，其结构如表 16-3 所示。

表 16-3　　　　　　　　　　　tb_articleType 信息表结构

字段名称	数据类型	字段大小	说　明
id	int	4	自动编号
typename	varchar	50	文章类别名称
description	varchar	50	文章类别描述

4. 文章信息表

文章信息表的名称为 tb_article，它主要用于存储文章信息，其结构如表 16-4 所示。

表 16-4　　　　　　　　　　　tb_article 信息表结构

字段名称	数据类型	字段大小	说　明
id	int	4	自动编号
typeID	int	4	文章类型表的外键
title	varchar	30	文章题目
content	varchar	2000	文章内容
phTime	varchar	30	文章发布时间
number	int	4	文章访问次数

16.5　实现过程

16.5.1　系统配置

本网站采用 Servlet 和 JavaBean 技术开发的，JavaBean 技术实现对数据库的操作，它不需要在 XML 文件中做任何的配置，而正常运行 Servlet 程序还需要进行适当的配置，配置文件为 web.xml。下面将通过本网站详细介绍在 web.xml 文件中 Servlet 的配置，关键代码如下。

```
<?xml version="1.0" encoding="UTF-8"?>
<web-app version="2.4"
    xmlns="http://java.sun.com/xml/ns/j2ee"
    xmlns:xsi="http://www.w3.org/2001/XMLSchema-instance"
    xsi:schemaLocation="http://java.sun.com/xml/ns/j2ee
    http://java.sun.com/xml/ns/j2ee/web-app_2_4.xsd">
```

```
<servlet>
  <servlet-name>ConsumerServlet</servlet-name>
  <servlet-class>com.wy.webiter.ConsumerServlet</servlet-class>
</servlet>
<servlet>
  <servlet-name>FriendServlet</servlet-name>
  <servlet-class>com.wy.webiter.FriendServlet</servlet-class>
</servlet>
<!--此处省略了其他<servlet></servelt>-->
  <servlet-mapping>
   <servlet-name>ConsumerServlet</servlet-name>
   <url-pattern>/ConsumerServlet</url-pattern>
  </servlet-mapping>
  <servlet-mapping>
   <servlet-name>FriendServlet</servlet-name>
   <url-pattern>/FriendServlet</url-pattern>
  </servlet-mapping>
<!--此处省略了其他<servlet-mapping></servlet-mapping>-->
  <welcome-file-list>
   <welcome-file>index.jsp</welcome-file>
  </welcome-file-list>
</web-app>
```

16.5.2 系统登录模块设计

系统登录是博客网站系统最先使用的功能，是系统的入口。下面将分别介绍实现系统登录的页面设计和功能实现。

1. 页面设计

在设计用户登录页面中，笔者将一个用户登录的整个图片作为一个大表格的背景（background="images/login.jpg"），然后在这个表格中嵌套一个表格，该表格的各个部分存放用户登录的表单元素，通过 Dreamweaver 网页开发工具打开用户登录页面，如图 16-12 所示。

图 16-12　查看用户登录页面的设计效果

图 16-12 所示为用户登录页面，登录表单的位置可以在 Dreamweaver 开发工具的视图中进行拖曳，该页面中涉及的表单元素如表 16-5 所示。

表 16-5　　　　　　　　　　　用户登录页面所涉及的表单元素

名　　称	元素类型	重要属性	含　　义
form1	form	action="ConsumerServlet?method=0&sign=0"　　onSubmit="return userCheck()"	用户登录表单
account	text		用户名
password	password		用户登录密码
image	image	src="images/land.gif"	"保存"按钮

图 16-12 中的"重置"和"注册"按钮实际是两个图片的超链接，超链接的代码如下。

```
<a href="#" onClick="javascript:form1.reset()"><img src="images/reset.gif"></a>
<a href="consumer/accountAdd.jsp"><img src="images/register.gif"></a>
```

2. 功能实现

实现用户登录功能需要实现以下 7 个步骤操作。

❑　实现用户信息 getXXX() 和 setXXX() 方法的类。

用户信息涉及的数据表是用户信息表（tb_consumer），通过这个表可以获得完整的用户信息，根据这些信息来创建用户信息 form 实现类，具体代码如下。

```
package com.wy.form;
public class ConsumerForm {
    private Integer id = 0;                    //用户 ID 号
    private String account = null;            //用户名
    private String password = null;           //用户登录密码
    private String name = null;               //用户真实姓名
    private String sex = null;                //用户性别
    private String QQNumber = null;           //用户 QQ 号码
    private String mainPage = null;           //用户主页地址
    private String interest = null;           //用户兴趣爱好
    private String eMail = null;              //电子邮件
    private String manageLevel = null;        //用户登录级别
    public Integer getId() {
        return id;
    }
    public void setId(Integer id) {
        this.id = id;
    }
……//此处省略了其他属性的 setXXX() 和 getXXX() 方法
}
```

❑　创建用户的 Servlet 实现类。

Serlvet 的核心在于控制器类继承 HttpServlet，并实现 doGet() 和 doPost() 方法，这两个方法参数类型都是 HttpServletRequest 和 HttpServletResponse。当调用该 Servlet 的控制器时，doGet() 和 doPost() 方法会被自动执行，这两个方法本身没有具体的事务，它是根据通过 HttpServletRequest 的 getParameter() 方法获取 method 参数值执行相应的方法。

用户模块的 Servlet 实现类的关键代码如下。

```
package com.wy.webiter;
import java.io.*;
import java.sql.*;
import javax.servlet.*;
import javax.servlet.http.*;
import com.wy.dao.ConsumerDao;
import com.wy.form.ConsumerForm;
import com.wy.tool.*;
public class ConsumerServlet extends HttpServlet {
    private ConsumerDao consumerDao = null;
    private int method;
    public void doGet(HttpServletRequest request, HttpServletResponse response)
            throws ServletException, IOException {
        method = Integer.parseInt(request.getParameter("method"));
        if (method == 0) {
            checkConsumer(request, response);            //用户登录操作
        }
        if (method == 1) {
            registerConsumer(request, response);         //用户注册操作
        }
        if (method == 2) {
            queryConsumerForm(request, response);        //后台对一个用户进行查询
        }
        if (method == 3) {
            deleteConsumerForm(request, response);       //后台对用户进行删除操作
        }
        if (method == 4) {
            queryConsumerHostForm(request, response);    //后台对博主的查询操作
        }
        if (method == 5) {
            updateConsumerHostForm(request, response);   //后台对博主信息的修改操作
        }
        if (method == 6) {
            front_updateConsumerForm(request, response); //前台用户对登录用进行修改
        }
    }
    public void doPost(HttpServletRequest request, HttpServletResponse response)
            throws ServletException, IOException {
        doGet(request, response);
    }
}
```

❑　用户登录 Servlet 的实现方法。

在用户页面的用户名和密码文本框中输入正确的用户名和密码后，单击"登录"按钮，网页会访问一个 URL，这个 URL 是"ConsumerServlet?method=0&sign=0"。从该 URL 地址中可以知道用户登录涉及的 method 的参数值为"0"，也就是当 method=0 时，会调用验证用户身份的方法 registerConsumer()。验证用户身份的方法 registerConsumer()的具体代码如下。

```
public void checkConsumer(HttpServletRequest request,
        HttpServletResponse response) throws ServletException, IOException {
    request.setCharacterEncoding("gb2312");
    String account = request.getParameter("account");
    consumerDao = new ConsumerDao();
```

```
ConsumerForm consumerForm = consumerDao.getConsumerForm(account);
if (consumerForm == null) {                    //判断输入的用户是否存在
    request.setAttribute("information", "您输入的用户名不存在，请重新输入！");
} else if (!consumerForm.getPassword().equals(        //判断输入的密码是否正确
        request.getParameter("password"))) {
    request.setAttribute("information", "您输入的登录密码有误，请重新输入！");
} else {
    request.setAttribute("form", consumerForm);
}
RequestDispatcher requestDispatcher = request
        .getRequestDispatcher("dealwith.jsp");
requestDispatcher.forward(request, response);
}
```

❑　编写用户登录的 ConsumerDao 类的方法。

用户登录页面使用的 ConsumerDao 类的方法是 getConsumerForm()。该方法通过用户在页面中输入用户名的信息作为参数，根据用户名信息查询该用户是否存在，如果存在则通过 return 关键字返回该用户的全部信息。getConsumerForm()方法的具体实现代码如下。

```
public ConsumerForm getConsumerForm(String account) {
    String sql = "select * from tb_consumer where account='" + accountt+ "'";
    try {
        ResultSet rs = connection.executeQuery(sql);
        while (rs.next()) {
            consumerForm = new ConsumerForm();
            consumerForm.setId(Integer.valueOf(rs.getString(1)));
            consumerForm.setAccount(rs.getString(2));
            consumerForm.setPassword(rs.getString(3));
            consumerForm.setName(rs.getString(4));
            consumerForm.setSex(rs.getString(5));
            consumerForm.setQQNumber(rs.getString(6));
            consumerForm.setMainPage(rs.getString(7));
            consumerForm.setInterest(rs.getString(8));
            consumerForm.setEMail(rs.getString(9));
            consumerForm.setManageLevel(rs.getString(10));
        }
    } catch (SQLException e) {
        e.printStackTrace();
    }
    return consumerForm;
}
```

在验证用户身份时，先判断用户名，再判断密码，这样可以防止用户输入恒等式后直接登录信息。

❑　web.xml 文件配置。

在 web.xml 文件中配置用户 Servlet 的关键代码如下。

```
<servlet>
  <servlet-name>ConsumerServlet</servlet-name>
  <servlet-class>com.wy.webiter.ConsumerServlet</servlet-class>   <!-- 指向用户
Servlet 的路径-->
  </servlet>
```

```
<servlet-mapping>
  <servlet-name>ConsumerServlet</servlet-name>
  <url-pattern>/ConsumerServlet</url-pattern>
</servlet-mapping>
```

❑ 用户信息保存在客户端 session 操作。

当用户登录成功后，将用户信息在 dealwith.jsp 页面中显示，并且该页面中将用户信息保存在客户端中。具体实现代码如下。

```
Integer sign = Integer.valueOf(request.getParameter("sign"));
    if (sign == 0) {
        if (request.getAttribute("information") != null) {
            String information = (String) request
            .getAttribute("information");
            out.print("<script language=javascript>alert('"
            + information + "');history.go(-1);</script>");
        } else {
            //将用户信息保存在客户端 session 中
            session.setAttribute("form", request.getAttribute("form"));
            out.print("<script  language=javascript>alert(' 用 户 登 录 成 功 !
');window.location.href='head_main.jsp';</script>");
        }
    }
```

当传递的参数 sign 为 0 时，执行上述代码。

❑ 防止非法用户登录系统。

从网站的角度考虑，仅仅上面介绍的系统登录页面不能有效地保证系统的安全，一旦系统主页面的地址被其他人获取，可以通过在地址栏中输入系统的主页面而直接进入到系统中。由于系统的头页面 head_top.jsp 几乎包含整个页面系统的每个页面，所以笔者将验证用户是否登录的代码放置在该页中。验证用户是否登录的具体代码如下。

```
if(session.getAttribute("form")==null){
out.print("<script language=javascript>alert(' 您 已 经 与 服 务 器 断 开 ， 请 重 新 登 录 !
');window.location.href='index.jsp';</script>");
}
```

在页面中包含头页面 head_top.jsp 的代码如下。

```
<jsp:include page="head_top.jsp" flush="true" />
```

这样，当系统调用每个页面时，都会判断 session 变量中 form 对象是否存在，如果不存在，将页面重定向到系统登录页面。

16.5.3 用户注册模块设计

在网站登录页面中，通过单击页面中的"注册"按钮，进入用户注册的页面。下面将分别介绍实现用户注册的页面设计和功能实现。

1. 页面设计

设计用户注册页面与用户登录页面的设计方式是完全一样的，这里就不再赘述了。通过 Dreamweaver 网页开发工具打开用户注册页面如图 16-13 所示。

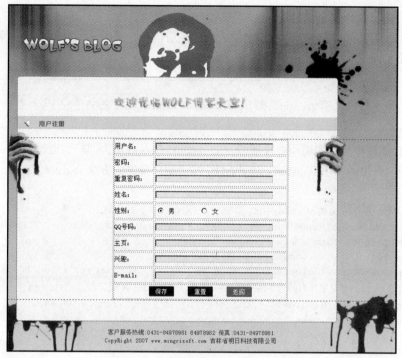

图 16-13　查看用户注册页面的设计效果

图 16-13 所示为用户注册页面，注册表单的位置可以在 Dreamweaver 开发工具的视图中进行拖曳，该页面中涉及的表单元素如表 16-6 所示。

表 16-6　　　　　　　　　用户注册页面所涉及的表单元素

名称	元素类型	重要属性	含义
form	form	action="../ConsumerServlet?method=1&sign=1"	用户注册表单
account	text		用户名
password	password		用户登录密码
repeatPassword	password		重复密码
sex	radio		性别
QQnumber	text		QQ 号码
mainPage	text		主页
interest	text		兴趣
E-mail	text		E-mail 地址
image	image	src="../images/save.gif"	"保存" 按钮

图 16-13 中的 "重置" 和 "返回" 按钮实际是两个图片的超链接，超链接的代码如下。

```
<a href="#" onClick="javascript:form.reset()"><img src="../images/reset.gif"></a>
<a          href="#"          onClick="window.location.href='../index.jsp'"><img
src="../images/back.gif"></a>
```

2．功能实现

在介绍用户登录功能时，已经将整个设计功能详细的说明，下面将实现用户注册的关键步骤进行介绍。

❑   用户注册 Serlvet 的实现方法。

在用户注册页面中，在各个文本框中输入用户注册信息，单击"保存"按钮，网页会访问一个 URL，这个 URL 是 "../ConsumerServlet?method=1&sign=1"。

用户注册页面 accountAdd.jsp 存放在 consumer 文件夹中。"../"代表查找上一层目录。

从该 URL 地址中可以知道用户注册涉及的 method 的参数值为"1"，也就是当 method=1 时，会调用注册用户身份的方法 registerConsumer()。注册用户身份的方法 registerConsumer()的具体代码如下。

```java
public void registerConsumer(HttpServletRequest request,
        HttpServletResponse response) throws ServletException, IOException {
    ConsumerForm form = new ConsumerForm();
    consumerDao = new ConsumerDao();
    form.setAccount(Chinese.toChinese(request.getParameter("account")));
    /*通过 request 对象获取的表单信息是乱码,需要通过 Chinese 类中的 tbChinese()方法将中文转码*/
    form.setPassword(Chinese.toChinese(request.getParameter("password")));
    form.setName(Chinese.toChinese(request.getParameter("name")));
    form.setSex(Chinese.toChinese(request.getParameter("sex")));
    form.setQQNumber(request.getParameter("QQnumber"));
    form.setMainPage(request.getParameter("mainPage"));
    form.setInterest(Chinese.toChinese(request.getParameter("interest")));
    form.setEMail(request.getParameter("eMail"));
    form.setManageLevel("普通");
    /*前台注册的用户都是普通用户，因此在管理级别设置为"普通" */
    String result = "fail";
    //查找注册用户是否存在
    if (consumerDao.getConsumerForm(form.getAccount()) == null) {
        if (consumerDao.addConsumerForm(form)) {            //实现用户添加功能
            request.setAttribute("form",
consumerDao.getConsumerForm(form.getAccount()));
            result = "success";
        }
    }
    request.setAttribute("result", result);
    RequestDispatcher                              requestDispatcher                      =
request.getRequestDispatcher("dealwith.jsp");
    requestDispatcher.forward(request, response);
}
```

❑   编写用户注册的 addConsumerForm()类的方法。

用户注册页面中用到了 ConsumerDao 类的 addConsumerForm()方法。addConsumerForm()方法是执行一条添加的 SQL 语句，通过这条语句实现用户注册的功能。该方法的具体实现代码如下。

```java
public boolean addConsumerForm(ConsumerForm form) {
    boolean flag = false;
    String sql = "insert into tb_consumer values ('" + form.getAccount()
            + "','" + form.getPassword() + "','" + form.getName() + "','"
            + form.getSex() + "','" + form.getQQNumber() + "','"
            + form.getMainPage() + "','" + form.getInterest() + "','"
            + form.getEMail() + "','" + form.getManageLevel() + "')";
    if (connection.executeUpdate(sql)) {
```

```
        flag = true;
    }
    return flag;                          //根据 flag 变量的值不同，执行添加 SQL 语句的不同
}
```

❏　显示注册结果页面。

当用户注册成功后，将用户信息在 dealwith.jsp 页面中显示，并且该页面中将用户信息保存在客户端中，直接进入网站的首页。具体实现代码如下。

```
if (sign == 1) {
    String result = (String) request.getAttribute("result");
    if (result.equals("success")) {      //当用户注册成功显示的脚本信息
        session.setAttribute("form", request.getAttribute("form"));
        out
        .print("<script language=javascript>alert('用户注册成功！');window.location.
href='head_main.jsp';</script>");
    }
    if (result.equals("fail")) {          //当用户注册失败显示的脚本信息
        out
        .print("<script language=javascript>alert('用户注册失败！');history.go(-1);
</script>");
    }
}
```

当传递的参数 sign 为 1 时，执行上述代码。

16.5.4　文章管理模块设计

文章管理模块主要是博主通过网站后台实现对文章的添加、删除等操作，当用户登录网站前台后，浏览博主发布文章内容。由于文章管理模块操作很多及篇幅有限的关系，下面只介绍发表文章、删除文章以及查询文章操作。

1. 发表文章

单击后台页面左侧的"发表博客文章"，进入发表博客文章的页面，运行结果如图 16-14 所示。

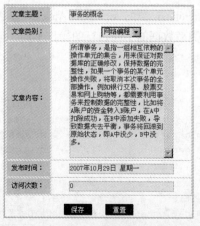

图 16-14　发表博客文章页面

如图 16-14 所示，实现发表博客文章的表单信息如表 16-7 所示。

表 16-7　　　　　　　　　　实现发表博客文章的 form 表单

名称	元素类型	重要属性	含义
form	form	action="ArticleServlet?method=2"	文章表单
title	text		文章题目
typeId	select		选择文章类型
content	textarea		文章内容
phTime	text	value="<%=countTime.currentlyTime()%>"readonly="readonly" onclick="alert('此文本框已设为只读，用户不能修改')"	文章发布时间
number	text	value="0" readonly="readonly" onclick="alert('此文本框已设为只读，用户不能修改')"	文章访问次数
image	image	src="images/land.gif"	"保存"按钮

如图 16-14 所示，单击"保存"按钮，实现的 URL 地址为"ArticleServlet?method=2"，当 method=2 时，执行的是 addArticle()方法。该方法实现添加文章信息功能，代码如下。

```
public void addArticle(HttpServletRequest request,
    HttpServletResponse response) throws ServletException, IOException {
    ArticleForm articleForm = new ArticleForm();
    articleForm.setTypeId(Integer.valueOf(request.getParameter("typeId")));
    articleForm.setTitle(Chinese.toChinese(request.getParameter("title")));
    articleForm.setNumber(Integer.valueOf(request.getParameter("number")));
    articleForm.setContent(Chinese.toChinese(request.getParameter("content")));
    articleForm.setPhTime(Chinese.toChinese(request.getParameter("phTime")));
    articleDao = new ArticleDao();
    String result = "文章添加失败！";
    //参数值为添加，实现文章添加功能
    if (articleDao.operationArticle("添加", articleForm)) {
        result = "文章添加成功！";
    }
    request.setAttribute("result", result);
    RequestDispatcher                    requestDispatcher            =
request.getRequestDispatcher("back_ArticleAdd.jsp");
    requestDispatcher.forward(request, response);
}
```

文章添加页面使用了 ArticleDao 类的 operationArticle()方法，参数类型分别为 String 和 ArticleForm 类型。根据 String 类型数据的不同执行的操作不同。该方法的具体实现代码如下。

```
public boolean operationArticle(String operation, ArticleForm form) {
    boolean flag = false;
    String sql = null;
    if (operation.equals("添加"))                //设置添加文章的 SQL 语句
        sql = "insert into tb_article values ('" + form.getTypeId() + "','"
                + form.getTitle() + "','" + form.getContent() + "','"
                + form.getPhTime() + "','" + form.getNumber() + "')";
    if (operation.equals("修改"))                //设置修改文章的 SQL 语句
        sql = "update tb_article set typeID='" + form.getTypeId()
                + "',title='" + form.getTitle() + "',content='"
                + form.getContent() + "' where id='" + form.getId() + "'";
    if (operation.equals("删除"))                //设置删除文章的 SQL 语句
        sql = "delete from tb_article where id='" + form.getId() + "'";
```

```
        if (operation.equals("增加"))                          //设置增加文章访问数量的 SQL 语句
            sql = "update tb_article set number=number+1 where id='"
                    + form.getId() + "'";
        if (connection.executeUpdate(sql)) {
            flag = true;
        }
        return flag;
    }
```

　　　　对 tb_article 文章信息表中字段内容实现的 setXXX()和 getXXX()请读者参考光盘中的源程序。

2．删除文章

　　实现删除文章的操作与发布文章的操作基本相同，同样调用 ArticleTypeDao 类中的 operationArticle()，只不过参数值为"删除"，实现删除文章的操作。在 Servlet 实现类中删除文章操作的代码如下。

```
public void deleteArticle(HttpServletRequest request,
        HttpServletResponse response) throws ServletException, IOException {
    response.setContentType("text/html;charset=GBK");
    PrintWriter out = response.getWriter();
    ArticleForm articleForm = new ArticleForm();
    articleForm.setId(Integer.valueOf(request.getParameter("id")));
    articleDao = new ArticleDao();
    if (articleDao.operationArticle("删除", articleForm)) {          //判断删除结果
        out.print("<script language=javascript>alert('删除文章成功，请重新查询！
');window.location.href='back_ArticleSelect.jsp';</script>");
    } else {
        out.print("<script language=javascript>alert('删除文章失败！');history.go(-1);
</script>");
    }
}
```

3．查询文章

　　查询文章功能在整个博客网站中是核心内容，它主要分为前台查询和后台查询，这里以前台查询为例，介绍查询文章的操作。

　　当用户登录后，在博客网站的首页面右侧操作区，单击"文章"超链接后，在主操作区中分页显示文章的信息，运行结果如图 16-15 所示。

　　如图 16-15 所示，文章是通过分页显示的。通过分页显示文章的关键代码如下。

```
<jsp:directive.page import="com.wy.form.ArticleForm"/>
<jsp:useBean           id="pagination"           class="com.wy.tool.MyPagination"
scope="session"></jsp:useBean>
<jsp:useBean               id="articleDao"               scope="session"
class="com.wy.dao.ArticleDao"></jsp:useBean>
<%
Integer typeId=null;
if(request.getParameter("typeId")!=null){
typeId=Integer.valueOf(request.getParameter("typeId"));
}
String str=(String)request.getParameter("Page");
int Page=1;
```

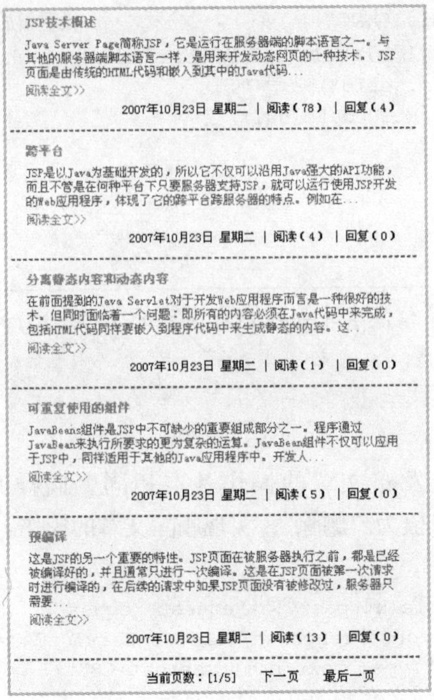

图 16-15　前台分页显示文章信息

```
List articleList=null;
if(str==null){
    articleList=articleDao.queryArticle(typeId);
    int pagesize=5;                                          //指定每页显示的记录数
    articleList=pagination.getInitPage(articleList,Page,pagesize);//初始化分页信息
}else{
    Page=pagination.getPage(str);
    articleList=pagination.getAppointPage(Page);             //获取指定页的数据
}
for(int articleI=0;articleI<articleList.size(); articleI++){
ArticleForm articleForm=(ArticleForm)articleList.get(articleI);
String articleContent=articleForm.getContent ();
if(articleContent.length()>100){                            //当文章内容的文字控制在 100 个字符以内
articleContent=articleContent.substring(0,100)+"...";
}
%>
<table width="380" border="0" align="center">
  <tr>
    <td                     width="377"                     height="22"><font
color="BE9110"><b><%=articleForm.getTitle()%></b></font></td>
    </tr>
    <tr>
    <td valign="top"><span class="style7"><%=articleContent%></span></td>
    </tr>
    <tr>
    <td                     height="17"                     class="head-02"><a
href="head_ArticleForm.jsp?id=<%=articleForm.getId()%>" class="head-02">阅读全文&gt;&gt;
</a></td>
    </tr>
    <tr>
```

```
      <td height="17" align="right"><%=articleForm.getPhTime()%> |  阅 读
(<%=articleForm.getNumber()%>)  |  回复 (<%=restoreDao.queryRestore(articleForm.
getId()).size()%>) </td>
    </tr>
  </table>
  <hr>
  <%} %>
  <%=pagination.printCtrl(Page) %>
```

16.5.5　相册管理模块设计

相册管理模块主要实现相片的查询和上传功能，博主可以将自己的相片通过后台上传，前台用户可以浏览。下面将分别介绍查看相册功能和个人相片上传功能。

1．查看相册

查看相册功能主要分为前台显示和后台显示，其中前台显示可以通过 2 分栏显示相片。当用户登录后，单击右侧按钮"相册"超链接，在主操作区中显示博主在后台中上传的相片，运行结果如图 16-16 所示。

如图 16-16 所示，相片显示形式采用的 2 分栏。实现 2 分拦操作的关键代码如下。

图 16-16　2 分栏显示相片内容

```
<jsp:directive.page import="java.util.List"/>
<jsp:directive.page import="com.wy.form.PhotoForm"/>
<jsp:useBean                  id="pagination"                  class="com.wy.tool.MyPagination"
scope="session"></jsp:useBean>
<jsp:useBean id="photoDao" class="com.wy.dao.PhotoDao" scope="session"></jsp:useBean>
<%
String str=(String)request.getParameter("Page");
int Page=1;
```

```
    List list=null;
    if(str==null){
        list=photoDao.queryPhoto();
        int pagesize=6;                                    //指定每页显示的记录数
        list=pagination.getInitPage(list,Page,pagesize);//初始化分页信息
    }else{
        Page=pagination.getPage(str);
        list=pagination.getAppointPage(Page);              //获取指定页的数据
    }
%>
    <%for(int i=0;i<list.size();i++){
    PhotoForm photoForm=(PhotoForm)list.get(i);
    if(i % 2 ==0 ){                                        //当相片数量整除2时，显示相片的形式
%>
        <tr bgcolor="#FFFFFF">
          <td width="166">
             <table    width="160"    border="0"    align="center"    cellpadding="0"
cellspacing="0">
                <tr>
                  <td                        height="150"><a                         href="#"
onClick="window.open('photoSelectOne.jsp?image=<%=photoForm.getPhotoAddress()%>','','w
idth=600,height=700');"><img    src="<%=photoForm.getPhotoAddress()%>"    width="160"
height="140"></a></td>
                </tr>
                <tr><td height="20"><%=photoForm.getPhotoDescription()%></td></tr>
                <tr><td height="20"><%=photoForm.getPhtoTime()%></td></tr>
             </table>
          </div></td>
        <%}else{                        //当相片数量不整除2时，显示相片的形式            %>
          <td width="162"><div align="center">
             <table    width="160"    border="0"    align="center"    cellpadding="0"
cellspacing="0">
                <tr>
                  <td                        height="150"><a                         href="#"
onClick="window.open('photoSelectOne.jsp?image=<%=photoForm.getPhotoAddress()%>','','w
idth=600,height=700');"><img    src="<%=photoForm.getPhotoAddress()%>"    width="160"
height="140"></a></td>
                </tr>
                <tr><td height="20"><%=photoForm.getPhotoDescription()%></td></tr>
                <tr><td height="20"><%=photoForm.getPhtoTime()%></td></tr>
             </table>
          </td>
        </tr>
        <%}
        }%>
        <%if(list.size()%2 ==1){              //当相片数量不整除2时，将显示空白表格    %>
    <td bgcolor="#FFFFFF">
        <table width="141" border="0" align="center" cellpadding="0" cellspacing="0">
          <tr><td width="141" height="150"></td></tr>
          <tr><td height="20"></td></tr>
          <tr> <td height="20"></td></tr>
        </table>
    </td>
</tr>
<%}%>
    </table>
<%=pagination.printCtrl(Page) %>
```

在上述代码中，通过 JavaBean 技术，调用 PhotoDao 类中的 queryPhoto()方法，该方法的返回值类型为 List。queryPhoto()方法主要实现的功能是将查询的关于相片的所有信息存放在 List 集合中，并通过 renturn 关键字返回。queryPhoto()方法的实现代码如下。

```
public List queryPhoto() {
    List list = new ArrayList();
    PhotoForm form = null;
    //以字段 id 为条件，降序查询数据
    String sql = "select * from tb_photo order by id desc";
    ResultSet rs = connection.executeQuery(sql);
    try {
        while (rs.next()) {
            form = new PhotoForm();
            form.setId(Integer.valueOf(rs.getString(1)));
            form.setPhotoAddress(rs.getString(2));
            form.setPhotoDescription(rs.getString(3));
            form.setPhtoTime(rs.getString(4));
            list.add(form);                    //将所查询的结果存放在 list 集合中
        }
    } catch (SQLException e) {
        e.printStackTrace();
    }
    return list;
}
```

2. 相片上传

相片上传功能是博主在后台进行操作的。当博主进入后台管理页面中，单击左侧功能区中的"相片添加"超链接，进入上传相片的 form 表单页面，运行结果如图 16-17 所示。

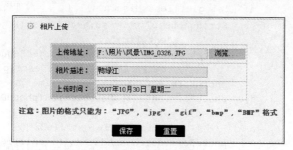

图 16-17　相片上传页面

如图 16-17 所示，相片上传页面所涉及的 form 表单内容如表 16-8 所示。

表 16-8　　　　　　　　　　相片上传的 form 表单

名称	元素类型	重要属性	含义
form	form	action="PhotoSerlvet?method=0" enctype="multipart/form-data"	相片上传表单
photoAddress	text		相片上传客户端地址
photoDescription	text		相片描述信息
phtoTime	text	onclick="alert('此文本框已设为只读，用户不能修改')"　value="<%=countTime.currentlyTime() %>" size="30" readonly="readonly"	相片上传时间
image	image	src="images/save.gif"	图片上传

如图 16-17 所示，单击"保存"按钮，实现的 URL 地址为"PhotoSerlvet?method=0"，当 method=0
时，执行的是 addPhoto()方法。该方法实现上传照片的功能。代码如下。

```java
public void addPhoto(HttpServletRequest request,
    HttpServletResponse response) throws ServletException, IOException {
    photoDao = new PhotoDao();
    PhotoForm photoForm = new PhotoForm();
    com.jspsmart.upload.SmartUpload su = new com.jspsmart.upload.SmartUpload();
    Integer maxID = 0;
    if (photoDao.MaxQueryID() != null) {
        maxID = photoDao.MaxQueryID();
    }
    String result = "上传的照片格式和大小有问题,上传照片失败!";
    String type = null;
    String imageType[] = { "JPG", "jpg", "gif", "bmp", "BMP" };
    String filedir = "file/";
    long maxsize = 2 * 1024 * 1024;                         //设置每个上传文件的大小,为 2MB
    try {
        su.initialize(this.getServletConfig(), request, response);
        su.setMaxFileSize(maxsize);                         //限制上传文件的大小
        su.upload();                                        // 上传文件
        Files files = su.getFiles();                        //获取所有的上传文件
        for (int i = 0; i < files.getCount(); i++) {        //逐个获取上传的文件
            File singlefile = files.getFile(i);
            type = singlefile.getFileExt();
            for (int ii = 0; ii < imageType.length; ii++) {
                if (imageType[ii].equals(type)) {
                    if (!singlefile.isMissing()) {          //如果选择了文件
                        String photoTime = su.getRequest().getParameter(
                                "phtoTime");
                        String photoDescription = su.getRequest()
                                .getParameter("photoDescription");
                        photoForm.setPhtoTime(photoTime);
                        photoForm.setPhotoDescription(photoDescription);
                        filedir = filedir + maxID + "."
                                + singlefile.getFileExt();
                        photoForm.setPhotoAddress(filedir);
                        if (photoDao.operationPhoto("添加", photoForm)) {
                            singlefile.saveAs(filedir, File.SAVEAS_VIRTUAL);
                            result = "上传照片成功!";
                        }
                    }
                }
            }
        }
    } catch (Exception e) {
        e.printStackTrace();
    }
    //将相片的上传结果通过 setAttribute()方法传递给 result
    request.setAttribute("result", result);
    RequestDispatcher                              requestDispatcher      =
request.getRequestDispatcher("back_PhotoInsert.jsp");
    requestDispatcher.forward(request, response);
}
```

16.6　调试运行

由于博客网站的实现比较简单，没有太多复杂的功能，因此，对于本程序的调试运行，总体上情况良好，在调试程序代码时，没有发现大问题。但在开发该网站时，有时需要在当前窗口中打开框架页中的超链接页面，而在框架页中设置超链接时，如果不加任何设置，则超链接页面会在当前框架页内打开，因此在遇到本网站中这样的情况时，可以使用如下代码来实现在当前窗口中打开框架页中的超链接页面。

```
<a href="" onclick="return newwin();">打开链接</a>
<script language=javascript>
  function newwin(){
  parent.location.href="index.asp"
}
</script>
```

parent 为当前页面的父窗口。如果当前页面是框架页，则 parent 代表的就是承载框架页的窗口。

另外，为了保证网站的安全性，博客网站中实现了禁止用户复制页面内容的功能。实现的方法很简单，只要在<body>体中加入相关程序代码就可以实现该功能，代码如下。

```
<body onselectstart="return false">
......
</body>
```

上面代码中用到了 body 的 onselectstart 事件，该事件用来在对象将要被选中时触发。

16.7　课程设计总结

本次课程设计使用 JSP 结合 SQL Server 2008 数据库开发了一个博客网站。通过该课程设计，大家最重要的是学会如何根据系统的功能设计合理的数据库，掌握如何使用 JDBC 中操作 SQL Server 2008 数据库，并熟悉 JSP 网站中的 JavaBean+Servlet 技术的使用。